"十三五"职业教育国家规划教材

职业教育园林园艺类专业系列教材

园林工程预决算

主　编　陈振锋

副主编　彭莉霞　兰　玉

参　编　罗　中　杨敏丹

主　审　李国达

机械工业出版社

本书以一个园林绿化工程预决算案例为基础，全面系统地介绍了在园林工程定额计价和清单计价两种模式下预决算编制的过程和方法。全书着力于园林工程预决算实践技能编写和计价规范知识的介绍，可操作性强。本书主要内容包括园林工程预算基础知识、工程量计算、预算、施工阶段合同价款调整与结算、竣工验收与决算五个项目。

本书按照园林工程实际施工中预决算的程序进行编写，内容系统、符合实际，实用性、指导性和参考性强，适合中高职学生、园林工程预决算编制人员使用，也可供园林景观设计、园林工程施工人员和园林工程预算相关岗位培训人员参考使用。

为方便教学，本书配有 PPT 电子课件、项目图纸和微课视频，凡选用本书作为授课教材的教师均可登录 www. cmpedu. com，以教师身份免费注册下载，也可以加入机工社园林园艺专家 QQ 群 425764048 索取。如有疑问，请拨打编辑电话 010-88379373。

图书在版编目（CIP）数据

园林工程预决算/陈振锋主编．—北京：机械工业出版社，2018. 3（2023. 1 重印）

职业教育园林园艺类专业系列教材

ISBN 978-7-111-59109-2

Ⅰ. ①园⋯　Ⅱ. ①陈⋯　Ⅲ. ①园林－工程施工－建筑经济定额－高等职业教育－教材　Ⅳ. ①TU986. 3

中国版本图书馆 CIP 数据核字（2018）第 022128 号

机械工业出版社（北京市百万庄大街 22 号　邮政编码 100037）

策划编辑：陈紫青　责任编辑：陈紫青　于伟蓉

责任校对：郑　婕　封面设计：马精明

责任印制：任维东

北京圣夫亚美印刷有限公司印刷

2023 年 1 月第 1 版第 7 次印刷

210mm × 285mm · 14 印张 · 420 千字

标准书号：ISBN 978-7-111-59109-2

定价：45. 00 元

电话服务

客服电话：010-88361066

010-88379833

010-68326294

网络服务

机　工　官　网：www. cmpbook. com

机　工　官　博：weibo. com/cmp1952

金　书　网：www. golden-book. com

机工教育服务网：www. cmpedu. com

关于“十三五”职业教育国家规划教材的出版说明

2019 年 10 月，教育部职业教育与成人教育司颁布了《关于组织开展“十三五”职业教育国家规划教材建设工作的通知》（教职成司函〔2019〕94 号），正式启动“十三五”职业教育国家规划教材遴选、建设工作。我社按照通知要求，积极认真组织相关申报工作，对照申报原则和条件，组织专门力量对教材的思想性、科学性、适宜性进行全面审核把关，遴选了一批突出职业教育特色、反映新技术发展、满足行业需求的教材进行申报。经单位申报、形式审查、专家评审、面向社会公示等严格程序，2020 年 12 月教育部办公厅正式公布了“十三五”职业教育国家规划教材（以下简称“十三五”国规教材）书目，同时要求各教材编写单位、主编和出版单位要注重吸收产业升级和行业发展的新知识、新技术、新工艺、新方法，对入选的“十三五”国规教材内容进行每年动态更新完善，并不断丰富相应数字化教学资源，提供优质服务。

经过严格的遴选程序，机械工业出版社共有 227 种教材获评为“十三五”国规教材。按照教育部相关要求，机械工业出版社将坚持以习近平新时代中国特色社会主义思想为指导，积极贯彻党中央、国务院关于加强和改进新形势下大中小学教材建设的意见，严格落实《国家职业教育改革实施方案》《职业院校教材管理办法》的具体要求，秉承机械工业出版社传播工业技术、工匠技能、工业文化的使命担当，配备业务水平过硬的编审力量，加强与编写团队的沟通，持续加强“十三五”国规教材的建设工作，扎实推进习近平新时代中国特色社会主义思想进课程教材，全面落实立德树人根本任务。同时突显职业教育类型特征，遵循技术技能人才成长规律和学生身心发展规律，落实根据行业发展和教学需求及时对教材内容进行更新的要求；充分发挥信息技术的作用，不断丰富完善数字化教学资源，不断提升教材质量，确保优质教材进课堂；通过线上线下多种方式组织教师培训，为广大专业教师提供教材及教学资源的使用方法培训及交流平台。

教材建设需要各方面的共同努力，也欢迎相关使用院校的师生反馈教材使用意见和建议，我们将组织力量进行认真研究，在后续重印及再版时吸收改进，联系电话：010-88379375，联系邮箱：cmpgaozhi@sina. com。

机械工业出版社

前　言

近年来，随着我国园林事业的发展，园林行业预决算人员需求量越来越大。为满足社会上园林行业的人才需求和培养园林专业中高职学生预决算职业能力，我们编写了这本以工作任务为驱动导向的教材。

本书知识体系框架是以一个景观绿化工程实例为工作任务，将一个完整预决算程序贯穿其始终。从园林工程预算基础知识开始，引导学生识读园林工程图纸，然后到工程量计算，再到园林工程预算、结算、竣工验收，直到最终的决算。工作任务采用“能力目标—知识目标—任务描述—任务分析—知识准备—任务实施—任务考核—巩固练习”的体例结构，让学生在工作任务中学习园林预决算知识和技能，实现中高职学生职业能力的培养。

本书以最新《园林绿化工程工程量计算规范》（GB 50858—2013）和《建设工程工程量清单计价规范》（GB 50500—2013）为基本依据，采用定额计价和清单计价两种模式进行编写。工作任务的案例部分是以《2008 年辽宁省建设工程费用标准》《2008 年辽宁省园林绿化工程定额》为基础，结合其他专业工程定额和 2016 年 10 月辽宁省朝阳市工程造价信息中材料价格信息及市场价进行编制的。我国由于地域不同，各省造价政策和信息有所不同，在教学中，要根据本省造价行业具体情况进行调整。

本书被评为“十三五”职业教育国家规划教材之后，为了更好地体现数字化资源的优势，将符合出版要求的微课视频以二维码形式放入书中，使学生可以随时随地学习；为了落实立德树人、德技并修的要求，每个任务均加入了【思政目标】，将育人元素渗透到教学、教材的各个环节。

本书由辽宁省朝阳工程技术学校陈振锋担任主编，广东生态工程职业学院彭莉霞和成都农业科技职业学院兰玉担任副主编，广东生态工程职业学院罗中和杨敏丹参加了编写。具体的编写分工如下：陈振锋编写项目一中的任务一、任务三和全书任务实施部分；彭莉霞编写项目二中的任务二、项目三中的任务一和任务二；兰玉编写项目四、项目五；罗中编写项目一中的任务二、项目三中的任务三；杨敏丹、赵娜编写项目二中的任务一和任务三。

辽宁省朝阳市龙城区投资审核中心的造价工程师李国达担任全书的主审工作，辽宁朝阳工程技术学校贾玉芬老师给予了热情帮助，在此向各位老师深表谢意。在本书编写过程中，参考了一些著作和资料，在此一并致谢！

由于编者水平有限，书中不足和疏漏之处在所难免，敬请广大师生和读者批评指正。

编　者

微课视频列表

目　录

项目一　园林工程预算基础知识

项目概述

随着国民经济的发展，人民生活水平的提高，园林建设事业越来越得到重视。而随着园林建设事业的发展，建设市场的日趋成熟和规范，园林工程招投标也越来越离不开园林工程预算。

园林工程预算是指在园林建设过程中，根据不同建设阶段设计文件的具体内容和有关定额、指标及取费标准，对可能的消耗进行研究、预算、评估，并对上述的结果进行编辑、确定而形成的相关技术经济文件。这类文件是园林建设中最基础资料。

园林工程预算基础知识主要包括园林工程预算费用的组成、园林工程定额的使用和换算以及园林工程图纸的识读等。

技能要求

1. 能进行定额计价和清单计价两种方式下预算费用的编制。
2. 能进行园林工程预算定额套用并换算。
3. 能读懂并领会园林工程施工图纸意图。

知识要求

1. 了解建设工程计价的分类。
2. 熟悉园林工程预算分类。
3. 掌握两种不同计价方式园林工程预算费用的组成。
4. 掌握园林工程预算定额的基础知识。
5. 掌握园林工程图纸基本知识。

任务一　园林工程预算费用组成与编制

【能力目标】

1. 能编制定额计价方式下的预算费用的组成。
2. 能编制清单计价方式下的预算费用的组成。

【知识目标】

1. 掌握园林工程预算的概念和类型。
2. 掌握用定额计价方式确定园林工程预算的方法。
3. 掌握用工程量清单计价方式确定园林工程预算的方法。

【思政目标】

1. 通过学习园林工程预决算的基础知识，树立“绿水青山就是金山银山”的发展理念，认识生态环境的重要性。

2. 通过了解园林工程预决算的职业特点，培养良好的职业道德和工匠精神。

【任务描述】

辽宁省朝阳市某园林公司承接某园林工程，工程施工需要人工费35万元，材料费110万元，机械费15万元。企业管理费为人工费和机械费之和的13.65%；利润为人工费和机械费之和的17.55%；安全文明施工措施费为人工费和机械费之和的13.30%；综合规费为人工费和机械费之和的1.8%（辽建价发［2009］5号《关于施工企业规费计取标准核定有关问题的通知》中第三条，未取得规费计取标准的施工企业，规费计取标准统一按人工费加机械费之和为取费基数，费率按综合系数1.80%计取，此公司未取得规费计取标准），增值税税金11%，请根据定额计价方式和工程量清单计价方式计算园林工程预算费用。

【任务分析】

我国在不同的经济发展时期，建设工程产品有不同的价格形式，不同的定价主体，不同的价格形成机制。建设市场不同发展阶段过程中形成了两种计价方式：定额计价方式和工程量清单计价方式。目前，两种计价方式并存，定额计价方式适用于园林工程施工图预算，工程量清单计价方式适用于招投标工程。

本任务是通过两种不同的计价方式来掌握园林工程预算费用的编制，这就需要熟悉两种不同计价方式费用组成和计价程序。

【知识准备】

一、园林工程预算概念

园林工程预算是指在工程建设过程中，根据不同的设计阶段设计文件的具体内容和有关定额、指标及取费标准，预先计算和确定建设项目的全部工程费用的文件。

二、园林工程预算基本原理

工程预算的基本原理就在于项目的分解与组合，也就是将建设项目细分至最基本的构造单元，找到适当的计量单位及当地当时的单价，采取一定的预算的方法，进行分部组合汇总，计算出相应工程造价。

工程预算的基本原理公式为

分部分项工程费 = Σ［基本构造单元工程量（定额项目或清单项目）×定额单价或综合单价］

三、园林工程预算的分类

园林工程预算按不同的设计阶段和不同的编制依据，一般可分为设计概算、施工图预算、施工预算，简称为“三算”。

1. 设计概算

设计概算是初步设计文件的重要组成部分。它是由设计单位在初步设计阶段，根据初步设计图纸，按照有关工程概算定额（或概算指标）、各项费用定额（或取费标准）等有关资料，预先计算和确定工程费用的文件。

2. 施工图预算

施工图预算是以施工图设计文件为依据，按照规定的程序、方法和依据，在工程施工前对工程项目的工程费用进行预测与计算的文件。

3. 施工预算

施工预算是施工单位内部编制的一种预算。它是指施工阶段在施工图预算的控制下，施工企业根据施工图计算的工程量、施工定额、单位工程施工组织设计等资料，通过工料分析，预先计算和确定工程所需的人工、材料、机械台班消耗量及其相应费用的文件。

四、园林工程计价方式

园林工程预决算的类型

（一）计价方式的概念

工程造价计价方式是指根据不同的计价原则、计价依据、造价计算方法和计价目的确定工程造价的计价方法。

（二）计价方式的分类

1. 按经济体制分类

（1）计划经济体制下的计价方式　计划经济体制下的计价方式是指以国家行政主管部门统一颁发的概算指标、概算定额、预算定额、费用定额等为依据，按照国家行政主管部门规定的计算程序、取费项目和计算方法确定工程造价的计价方法。

（2）市场经济体制下的计价方式　市场经济的重要特征是具有竞争性。当园林工程标的物及有关条件明确后，通过公开竞价来确定工程造价和承包商，这种方式符合市场经济的基本规律。根据建设工程工程量清单计价相关规范，采用清单计价方式，通过招标投标来确定工程造价，体现了市场经济规律的基本要求。因此，工程量清单计价是较典型的市场经济体制下的计价方式。

2. 按编制的依据分类

（1）定额计价　定额计价方式是以图纸为依据，根据定额计算规则计算工程量，套用定额子目，按照费用定额标准和计价程序，并调整地区人工、材料、机械台班的市场价格来确定工程造价的计价方法。施工图预算主要通过定额计价方式来确定工程造价。

（2）清单计价　清单计价方式是指按照建设工程工程量清单计价相关规范，根据招标文件发布的工程量清单和企业自身的条件，自主选择消耗量定额、工料机单价和有关费率来确定工程造价的计价方法。

3. 按不同阶段发挥的作用分类

（1）在招标投标阶段发挥作用　工程量清单计价方式一般在工程招标投标中确定中标价和中标人时发挥作用。

（2）在工程造价控制的各个阶段发挥作用　定额计价方式确定工程造价，在建设工程项目的决策阶段、设计阶段、招标投标阶段、施工阶段、竣工验收阶段均发挥作用。因此，定额计价方式在工程造价控制的各个阶段都发挥作用。

园林工程计价方式

五、园林工程费用组成

园林工程费用组成分两种：一是定额计价方式下的费用组成，二是工程量清单计价方式下的费用组成。

（一）定额计价方式下的费用组成

定额计价方式下的园林工程费用由直接费、间接费、利润和税金组成，如图 1-1 所示。

1. 直接费

直接费由直接工程费和措施费组成。

（1）直接工程费　直接工程费是指施工过程中耗费的构成工程实体的各项费用。包括：人工费、材料费、施工机具使用费。

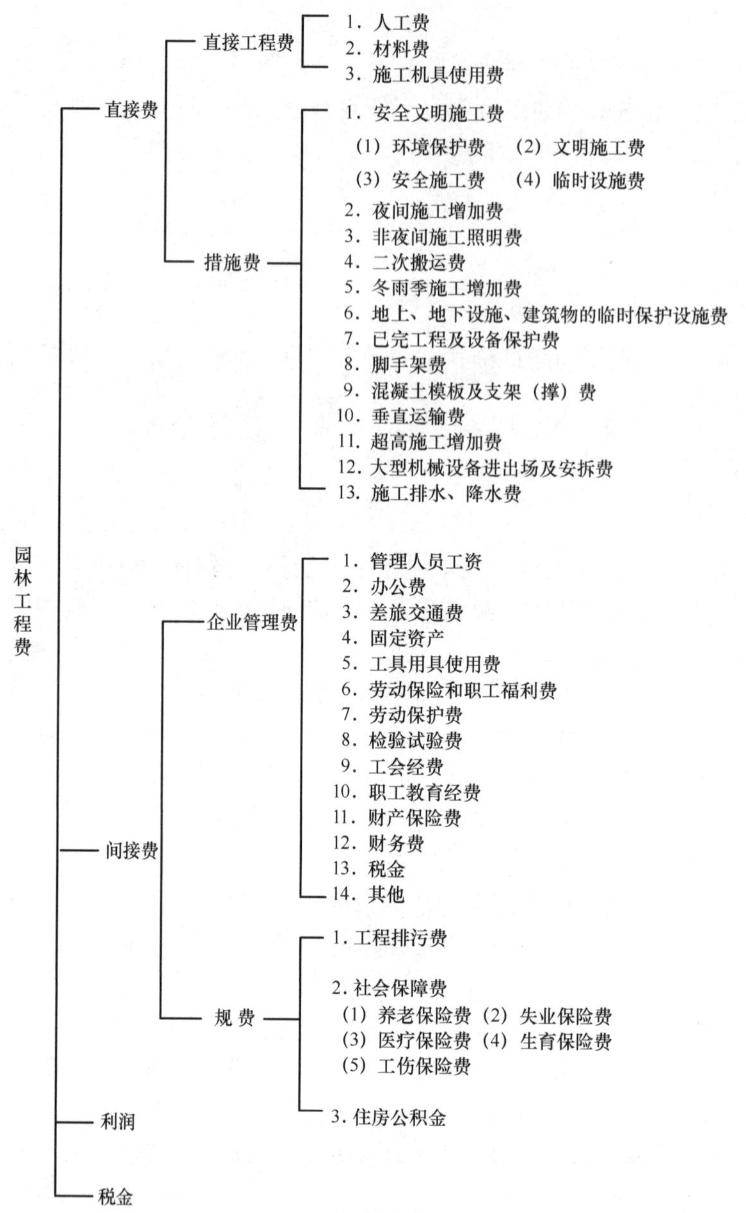

图 1-1 定额计价方式下的费用组成

1）人工费。人工费是指直接从事建设工程施工的生产工人的开支和各项费用。具体费用包括：基本工资、工资性津贴、劳动保护费、福利费、工人辅助工资。计算人工费的基本要素是人工工日消耗量和人工日工资单价，基本计算公式为

$$人工费 = \sum(工日消耗量 \times 日工资单价)$$

2）材料费。材料费是指施工过程中耗用的构成工程实体的原材料、辅助材料、构配件、零件、半成品的费用和周转性使用材料的摊销（或租赁）费用。内容包括：材料原价（或供应价格）、运输损耗费、采购及保管费。计算材料费的基本要素是材料消耗量和材料单价。材料消耗量包括材料净用量和材料不可避免的损耗量。材料单价是指材料从其来源地运到施工工地仓库直至出库形成的综合平均单价，包括材料原价、材料运杂费、运输损耗费、采购及保管费等。材料类的基本计算公式为

$$材料费 = \sum(材料消耗量 \times 材料单价)$$

3）施工机具使用费。施工机具使用费是指施工作业所发生的施工机械、仪器仪表使用费或其租赁费。它以施工机械台班耗用量乘以施工机械台班单价表示，即

$$施工机具使用费 = \sum(施工机械台班消耗量 \times 机械台班单价)$$

施工机械台班单价应由下列七项费用组成：

① 折旧费：是指施工机械在规定的使用年限内，陆续收回其原值的费用。

② 大修理费：是指施工机械按规定的大修理间隔台班进行必要的大修理，以恢复其正常功能所需的费用。

③ 经常修理费：是指施工机械除大修理以外的各级保养和临时故障排除所需的费用。包括：为保障机械正常运转所需替换设备与随机配备工具附具的摊销和维护费用，机械运转中日常保养所需润滑与擦拭的材料费用及机械停滞期间的维护和保养费用等。

④ 安拆费及场外运费。安拆费是指施工机械（大型机械除外）在现场进行安装与拆卸所需的人工、材料、机械和试运转费用，以及机械辅助设施的折旧、搭设、拆除等费用。场外运费是指施工机械整体或分体自停放地点运至施工现场或由一施工地点运至另一施工地点的运输、装卸、辅助材料及架线等费用。

⑤ 人工费：是指机上司机（司炉）和其他操作人员的人工费。

⑥ 燃料动力费：是指施工机械在运转作业中所消耗的各种燃料及水、电等产生的费用。

⑦ 税费：是指施工机械按照国家规定应缴纳的车船使用税、保险费及年检费等。

施工机具使用费中的仪器仪表使用费，是指工程施工所需使用的仪器仪表的摊销及维修费用。

（2）措施费　措施费是指为完成工程项目施工，发生于该工程施工前和施工过程中非工程实体项目的费用。

2. 间接费

间接费由企业管理费和规费组成。

（1）企业管理费　企业管理费是指园林工程施工企业组织施工生产和经营管理所需的费用。内容包括：管理人员工资、办公费、差旅交通费、固定资产使用费、劳动保险和职工福利费、劳动保护费、检验试验费和税金等。

- 管理人员工资：是指按规定支付给管理人员的计时工资、奖金、津贴补贴、加班加点工资及特殊情况下支付的工资等。
- 办公费：是指企业管理办公用的文具、纸张、账表、印刷、邮电、书报、办公软件、现场监控、会议、水电、烧水和集体取暖降温（包括现场临时宿舍取暖降温）等费用。
- 差旅交通费：是指职工因公出差、调动工作的差旅费、住勤补助费，市内交通费和误餐补助费，职工探亲路费，劳动力招募费，职工退休、退职一次性路费，工伤人员就医路费，工地转移费以及管理部门使用的交通工具的油料、燃料等费用。
- 固定资产使用费：是指管理和试验部门及附属生产单位使用的属于固定资产的房屋、设备、仪器等的折旧、大修、维修或租赁费。
- 工具用具使用费：是指企业施工生产和管理使用的不属于固定资产的工具、器具、家具、交通工具和检验、试验、测绘、消防用具等的购置、维修和摊销费。
- 劳动保险和职工福利费：是指由企业支付的职工退职金、按规定支付给离休干部的经费，集体福利费、夏季防暑降温、冬季取暖补贴、上下班交通补贴等。
- 劳动保护费：是企业按规定发放的劳动保护用品的支出。如工作服、手套、防暑降温饮料以及在有碍身体健康的环境中施工的保健费用等。
- 检验试验费：是指施工企业按照有关标准规定，对建筑以及材料、构件和建筑安装物进行一般鉴定、检查所发生的费用，包括自设试验室进行试验所耗用的材料等费用。不包括新结构、新材料的试验费，对构件做破坏性试验及其他特殊要求检验试验的费用和建设单位委托检测机构进行检测的费用，对此类检测发生的费用，由建设单位在工程建设其他费用中列支。但对施工企业提供的具有合格证明的材料进行检测不合格的，该检测费用由施工企业支付。
- 工会经费：是指企业按《工会法》规定的全部职工工资总额比例计提的工会经费。
- 职工教育经费：是指按职工工资总额的规定比例计提，企业为职工进行专业技术和职业技能培训，专业技术人员继续教育、职工职业技能鉴定、职业资格认定以及根据需要对职工进行各类文化教育所发生的费用。

• 财产保险费：是指施工管理用财产、车辆等的保险费用。

• 财务费：是指企业为施工生产筹集资金或提供预付款担保、履约担保、职工工资支付担保等所发生的各种费用。

• 税金：是指企业按规定缴纳的房产税、车船使用税、土地使用税、印花税等。

• 其他：包括技术转让费、技术开发费、投标费、业务招待费、绿化费、广告费、公证费、法律顾问费、审计费、咨询费、保险费等。

（2）规费　规费是指按国家法律、法规规定，由省级政府和省级有关权力部门规定必须缴纳或计取的费用。规费包括：社会保险费（养老保险费、失业保险费、医疗保险费、工伤保险费、生育保险费）、住房公积金、工程排污费。

1）社会保险费：

• 养老保险费：是指企业按照规定标准为职工缴纳的基本养老保险费。

• 失业保险费：是指企业按照规定标准为职工缴纳的失业保险费。

• 医疗保险费：是指企业按照规定标准为职工缴纳的基本医疗保险费。

• 生育保险费：是指企业按照规定标准为职工缴纳的生育保险费。

• 工伤保险费：是指企业按照规定标准为职工缴纳的工伤保险费。

2）住房公积金：是指企业按规定标准为职工缴纳的住房公积金。

3）工程排污费：是指按规定缴纳的施工现场工程排污费。

其他应列而未列入的规费，按实际发生计取。

3. 利润

利润是施工企业完成合同工程获得的盈利，由施工企业根据企业自身需求并结合园林市场实际自主确定。

4. 税金

增值税方案下的税金是指国家税法规定应计入园林工程造价的增值税销项税额。

定额计价方式下的费用组成

（二）工程量清单计价方式下的费用组成

工程量清单计价方式是市场经济条件下建设工程计价的一种方法，是采用工程量清单和综合单价的方式，编制和确定设计概算、招标标底或控制价、投标报价、施工图预算、合同价、工程结算的计价方法。

园林工程费用项目组成包括：分部分项工程费、措施项目费、其他项目费、规费和税金，如图 1-2 所示。

1. 分部分项工程费

分部分项工程费是完成单位分部分项工程量清单中一个规定计量单位项目所需的人工费、材料费、施工机具使用费、企业管理费和利润，并考虑风险因素等费用。

$$分部分项工程费 = \sum(分部分项工程量 \times 综合单价)$$

$$综合单价 = 人工费 + 材料费 + 施工机具使用费 + 企业管理费 + 利润 + 一定范围的风险费用$$

2. 措施项目费

措施项目费是指为完成工程项目施工，发生于该工程施工准备和施工过程中的技术、生活、安全、环境保护等方面的项目费用。在报价时，这些费用除了安全文明施工费外（安全文明施工费必须按国家或省级、行业建设主管部门的规定计算，不得作为竞争性费用），其余的由编制人按照相关的规定进行计算。

3. 其他项目费

其他项目费是根据拟建工程的具体情况列项，一般包括以下几方面。

（1）暂列金额　是指招标人为这个工程在工程建设过程中发生变更而导致工程费用增加而预留的费用，一般情况，一个工程的预留金按工程造价的 5% 考虑。

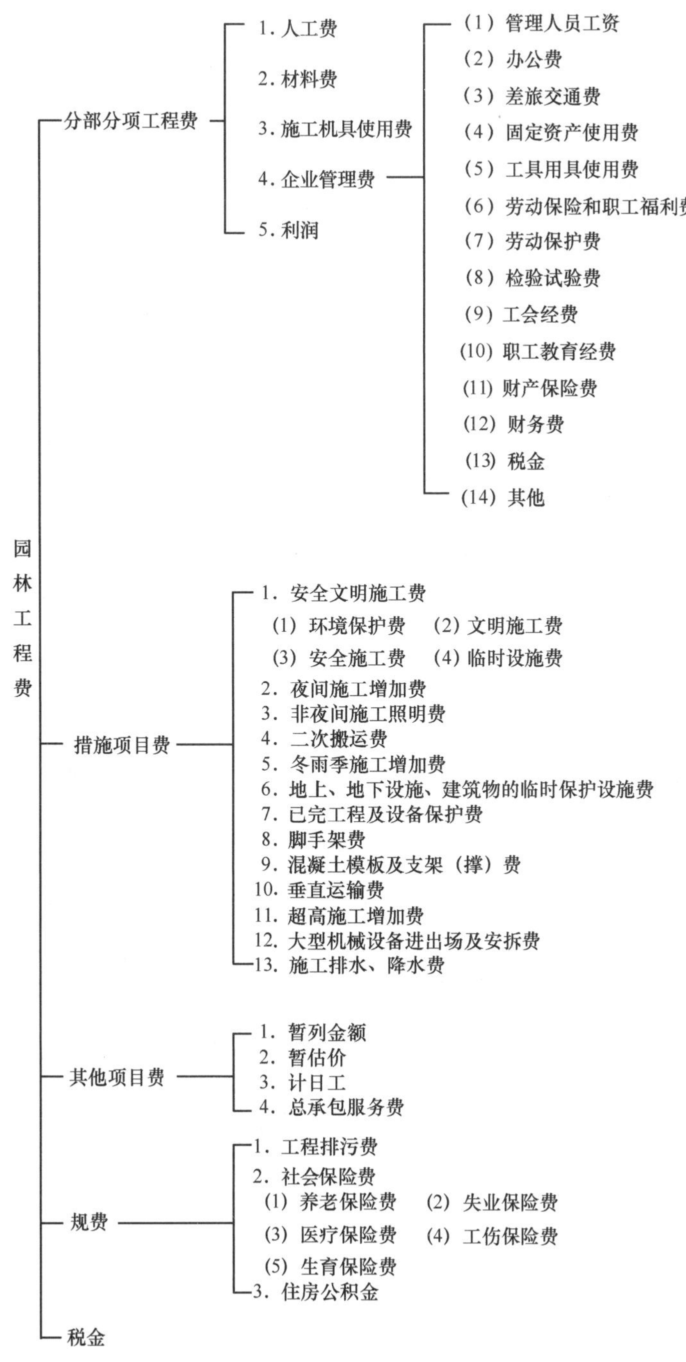

图 1-2　工程量清单计价费用组成

（2）暂估价　是指发包人在工程量清单中给定的用于支付必然发生但暂时不能确定价格的材料、设备以及专业工程的金额。

（3）计日工　是指为了解决在施工过程中，完成发包人提出的施工图纸以外的零星项目或工作所需的费用。按合同中约定的综合单价计价。

（4）总承包服务费　是指总承包人为配合、协调建设单位进行的专业工程发包，对建设单位自行采购的材料、工程设备等进行保管以及施工现场管理、竣工资料汇总整理等服务所需的费用。一般按合同价的1%~3%计算。

工程量清单计价方式下的费用组成

4. 规费和税金

规费和税金的构成与定额计价费用组成部分相同。增值税方案下税金是指国家税法规定应计入园林工程造价的增值税销项税额。

六、园林工程费用计价

目前园林工程费用计价方法一般分为工料单价法和综合单价法。

（一）工料单价法造价程序

工料单价法是指分部分项工程的单价为直接工程费单价，以分部分项工程量乘以对应分部分项工程单价后的合计为单位直接工程费，直接工程费汇总后另加措施费、间接费、利润、税金生成施工图预算造价。其计算程序分为以下三种。

1. 以直接费为计算基础（表1-1）

表1-1　以直接费为基础的工料单价法计价程序

序　　号	费用项目	计算方法	备　　注
1	直接工程费	按预算表	
2	措施费	按规定标准计算	
3	小计	1+2	
4	间接费	3×相应费率	
5	利润	(3+4)×相应利润率	
6	税前造价合计	3+4+5	
7	税金	6×税金率	
8	含税造价	6+7	

2. 以人工费和机械费为计算基础（表1-2）

表1-2　以人工费和机械费为基础的工料单价法计价程序

序　　号	费用项目	计算方法	备　　注
1	直接工程费	按预算表	
2	直接工程费中人工费和机械费	按预算表	
3	措施费	按规定标准计算	
4	措施费中人工费和机械费	按规定标准计算	
5	小计	1+3	
6	人工费和机械费小计	2+4	
7	间接费	6×相应费率	
8	利润	6×相应利润率	
9	税前造价合计	5+7+8	
10	税金	9×税金率	
11	含税造价	9+10	

3. 以人工费为计算基础（表1-3）

表1-3　以人工费为基础的工料单价法计价程序

序　　号	费用项目	计算方法	备　　注
1	直接工程费	按预算表	
2	直接工程费中人工费	按预算表	
3	措施费	按规定标准计算	

（续）

序　　号	费 用 项 目	计 算 方 法	备　　注
4	措施费中人工费	按规定标准计算	
5	小计	1+3	
6	人工费小计	2+4	
7	间接费	6×相应费率	
8	利润	6×相应利润率	
9	税前造价合计	5+7+8	
10	税金	9×税金率	
11	含税造价	9+10	

（二）综合单价法计价程序

综合单价法的分部分项工程单价为部分费用单价，部分费用单价经综合计算后生成，其内容包括直接工程费、间接费、利润和风险因素（措施费也可按此方法生成全费用价格）。各分项工程量乘以综合单价的合价汇总后，再加规费和税金，便可生成园林工程造价。

由于分部分项工程中的人工、材料、机械含量的比例不同，各分项工程可根据其材料费占人工费、材料费、机械费合计的比例（以字母“C”代表该项比值）在以下三种计算程序中选择一种，计算其综合单价。

1）当 $C>C_0$（C_0 为本地区原费用定额测算所选典型工程材料占人工费、材料费、机械费合计的比例）时，可采用以人工费、材料费、机械费合计为基数计算该分项的间接费和利润（表1-4），即此时以直接工程费为计算基础。

表1-4　以直接工程费为基础的综合单价法计价程序

序　　号	费 用 项 目	计 算 方 法	备　　注
1	分项直接工程费	人工费+材料费+机械费	
2	间接费	1×相应费率	
3	利润	(1+2)×相应利润率	
4	合计	1+2+3	
5	税金	4×税金率	
6	含税造价	4+5	

2）当 $C<C_0$ 值的下限时，采用以人工费和机械费合计为基数计算该分项的间接费和利润（表1-5）。

表1-5　以人工费和机械费为基础的综合单价计价程序

序　　号	费 用 项 目	计 算 方 法	备　　注
1	分项直接工程费	人工费+材料费+机械费	
2	分项直接工程费中人工费和机械费	人工费+机械费	
3	间接费	2×相应费率	
4	利润	2×相应利润率	
5	合计	1+3+4	
6	税金	5×税金率	
7	含税造价	5+6	

3）当该分项的直接费仅为人工费，无材料费和机械费时，可采用以人工费为基数计算该分项的间接费和利润（表1-6）。

表 1-6　以人工费为基础的综合单价计价程序

序　号	费用项目	计算方法	备　注
1	分项直接工程费	人工费 + 材料费 + 机械费	
2	分项直接工程费中人工费	人工费	
3	间接费	2 × 相应费率	
4	利润	2 × 相应利润率	
5	合计	1 + 3 + 4	
6	税金	5 × 税金率	
7	含税造价	5 + 6	

【任务实施】

1）根据本任务的已知条件和辽宁省建设工程费用标准工程费用取费程序表中的规定，以人工费和机械费为计算基础计算相关费用。

2）列表计算定额计价方式下园林工程预算费用（表 1-7）。

表 1-7　定额计价方式下园林工程预算费用计算

序　号	费用代码	名　称	计算基数	费率（%）	金额（元）
1	A	直接费			1666500.00
1.1	A1	直接工程费	人工费		350000.00
			材料费		1100000.00
			机械费		150000.00
	A2	其中：人工费 + 机械费			500000.00
1.2	A3	措施费			66500.00
	A31	安全文明施工措施费	A2	13.30	66500.00
	A32	其他措施费			
2	B	间接费	A2		77250.00
2.1	B1	企业管理费	A2	13.65	68250.00
2.2	B2	规费	A2	1.8	9000.00
3	C	利润	A2	17.55	87750.00
4	D	税金	A + B + C	11	201465.00
5	E	工程总造价	A + B + C + D		2032965.00

3）列表计算清单计价方式园林工程预算费用（表 1-8）。

表 1-8　清单计价方式下园林工程预算费用计算

序　号	费用代码	名　称	计算基数	费率（%）	金额（元）
1	A	分部分项工程费			1756000.00
1.1	A1	人工费			350000.00
1.2	A2	材料费			1100000.00
1.3	A3	机械费			150000.00
1.4	A4	其中：人工费 + 机械费			500000.00
1.5	A5	管理费	A4	13.65	68250.00
1.6	A6	利润	A4	17.55	87750.00
2	B	措施项目费			66500.00
	B1	安全文明施工措施费	A4	13.30	66500.00
	B2	其他措施费	0	0	0

（续）

序　号	费用代码	名　称	计算基数	费率（%）	金额（元）
3	C	其他项目费	0	0	0
4	D	规费	A4	1.8	9000.00
5	E	税金	A+B+C+D	11	201465.00
6	F	工程总造价	A+B+C+D+E		2032965.00

【任务考核】

序号	考核项目	评分标准	配　分	得　分	备　注
1	工程费用组成	按照不同计价模式，工程费用组成正确	20		
2	利润	取费基数、费率正确	20		
3	管理费	取费基数、费率正确	20		
4	税金	取费基数、费率正确	20		
5	工程造价	总价合计正确	20		
			100		

实训指导教师签字：　　　　　　　　　　　　　　　　　　年　　月　　日

【巩固练习】

某工程采用工程量清单方式确定了园林工程费用。合同内容包括六项分项工程。其分项工程工程量、综合单价见表1-9，该工程安全文明施工等措施项目费用6万元，其他项目费8万元；规费以分项工程费、总价措施项目和其他项目之和为计算基数，费率为6%；税金率为11%。试计算该园林工程费用。

表1-9　分部分项工程量、综合单价明细表

分项工程	A	B	C	D	E	F
清单工程量	200	150	300	380	420	360
综合单价（元）	180	2200	160	240	150	1500
分项工程费用（万元）	3.6	33	4.8	9.12	6.3	54

任务二　园林工程定额

【能力目标】

1. 能够根据本地区园林工程计价定额项目表，查出人工、材料和机械消耗量及定额基价。
2. 能够根据园林工程具体施工分项进行预算定额套用并换算。

【知识目标】

1. 了解工程定额概念及分类。
2. 掌握园林工程预算定额项目表内容。
3. 掌握园林工程预算定额的分类。

【思政目标】

1. 通过对工程定额的学习，树立正确的劳动观念和时间观念。
2. 通过任务实施，培养严谨、认真的工作态度。

【任务描述】

本任务是以××广场景观绿化工程中的四个分项工程为工作任务，以辽宁省2008年园林绿化工程计价定额项目表为依据，完成预算定额的套用及换算。

工作1：在绿化工程中，起挖带土球直径80cm的乔木9株，计算该分项工程的直接费。

工作2：在绿化工程中，栽植带土球直径80cm的乔木9株，计算该分项工程的直接费以及工料需用量。

工作3：在园路卵石铺装分项工程中，满铺卵石地面29.10m^2，需要分色拼花，计算该分项工程的直接费以及工料需用量。

工作4：在广场花岗岩石材铺装分项工程中，花岗岩铺装面积234.00m^2，设计图纸要求1∶1水泥砂浆粘结层，30mm厚1∶3水泥砂浆找平层，计算该分项工程的直接费以及工料需要量。

【任务分析】

正确套用园林工程预算定额是园林工程预算的重要环节。预算定额单价是基准价，当设计内容和定额项目内容不一致时，要进行人工、材料以及系数换算。因此要完成本任务必须认真阅读施工图纸，熟悉施工内容，掌握园林工程当地材料、机械台班市场价格或政府信息指导价。

【知识准备】

一、工程定额概念

所谓“定”，就是规定；“额”，就是额度或限额。工程定额指的是在正常的施工条件下，完成某一合格单位产品或完成一定量的工作所需消耗的人力、材料、机械台班和财力的数量标准（或额度）。工程定额反映的是一种社会平均水平。

二、工程定额的性质

（1）科学性　定额是应用科学的方法，在认真研究客观规律的基础上，通过长期观察、测定、总结生产实践及广泛搜集资料的基础上制定的。它是对工时分析、动作研究、现场布置、工具设备改革，以及生产技术与组织的合理配合等各方面进行科学的综合研究后制定的。

（2）法令性　定额的法令性，是指定额一经国家、地方主管部门或授权单位颁发，各地区及有关施工企业单位，都必须严格遵守和执行，不得随意变更定额的内容和水平。定额的法令性保证了园林工程统一的造价与核算尺度。

（3）群众性　定额的拟定和执行，都要有广泛的群众基础。定额的拟定，通常采取工人、技术人员和专职定额人员三结合方式，使拟定定额时能够从实际出发，反映园林工人的实际水平，并保持一定的先进性，使定额容易为广大职工所掌握。

（4）稳定性和时效性　园林工程定额中的任何一种定额，一般在5～10年之内都表现出稳定的状

态。但是，任何一种园林工程定额，都只能反映一定时期的生产力水平，当生产力向前发展了，定额就会变得陈旧。所以，园林工程定额在具有稳定性特点的同时，也具有显著的时效性。当定额不能起到它应有作用的时候，园林工程定额就要重新修订了。

（5）地域性　定额数据采集的依据都来自各地的园林施工企业以及当地的园林材料市场，因此，不仅各省之间实行的定额有所区别，就是在同一个省中的不同的城市有时也会有所不同。

三、工程定额分类

工程定额是一个综合概念，按照不同的原则和方法可以分为许多种类定额。

1. 按生产要素消耗内容分类

按定额反映的生产要素消耗内容分类，可以分为劳动消耗定额、机械消耗定额、材料消耗定额。

（1）劳动消耗定额　这是指在正常的施工技术和组织条件下，完成规定计量单位的合格的园林产品所消耗的人工工日的数量标准。劳动消耗定额主要表现形式是时间定额或产量定额。时间定额和产量定额互为倒数。

1）时间定额：是指某种专业、某种技术等级的工人班组或个人，在合理的劳动组织、合理的材料使用和合理的施工机械配合条件下，完成某种单位合格产品所必需的工作时间。

2）产量定额：是指在合理的材料使用和合理的施工机械配合条件下，某一工种、某一等级的工人在单位工日内完成的合格产品数量。

（2）机械消耗定额　这是指在正常的施工技术和组织条件下，完成规定计量单位的合格的园林产品所消耗的施工机械台班的数量标准。机械消耗定额以一台机械一个工作班为计量单位，所以又称为机械台班定额。机械消耗定额主要表现形式是机械时间定额或产量定额。

1）机械时间定额：是指在一定的操作内容、质量和安全要求的前提下，完成单位数量产品或任务所需作业量（如台时、台班等）的数量标准。

2）机械产量定额：是指在一定的操作内容、质量和安全要求的前提下，每单位作业量（如台时、台班等）完成的产品或任务的数量标准。

（3）材料消耗定额　这是在正常的施工技术和组织条件下，完成规定计量单位的合格的园林产品所消耗的原材料、成品、半成品、构配件、燃料以及水电等动力资源的数量标准。

材料消耗定额，包括材料净用量和必要的损耗量。材料净用量是指直接用于构成产品实体的材料消耗量。损耗量是指材料从工地仓库、现场加工堆放点至操作或安放地点的运输、施工操作和临时堆放损耗等。材料的损耗一般按损耗率计算。材料总耗量的计算公式为

$$总耗量 = 净用量 + 损耗量 = 净用量 \times (1 + 损耗率)$$

2. 按编制程序和用途分类

按定额的编制程序和用途分类，可分为施工定额、预算定额、概算定额、概算指标、估算指标五种。

（1）施工定额　施工定额是完成一定计量单位的某一施工过程或基本工序所需消耗的人工、材料和机械台班的数量标准。施工定额是施工企业直接用于工程施工管理的一种定额。施工定额是由劳动定额、材料消耗定额和机械台班定额组成，是最基本的定额。

（2）预算定额　预算定额是在正常的施工条件下，完成一定计量单位的合格的分项工程所需的人工、材料和机械台班的数量及其费用标准。预算定额是一种计价定额，也是编制概算定额的基础。

（3）概算定额　概算定额是指生产一定计量单位的经扩大的分部分项工程所需的人工、材料和机械台班的消耗数量及费用的标准。概算定额是在预算定额的基础上，根据有代表性的园林工程通用图和标准图等资料，通过综合、扩大和合并而成，每一综合分项概算定额都包含了数项预算定额。

（4）概算指标　概算指标是在概算定额的基础上进一步综合扩大，以 $100m^2$ 面积为单位（构筑物以座为单位），规定所需人工、材料及机械台班消耗数量及费用的定额指标。

（5）估算指标　估算指标（投资估算指标）的制定是工程建设管理的一项重要基础工作。估算指标是

编制项目建议书和可行性研究报告投资估算的依据，也可作为编制固定资产长远规划投资额的参考。与概预算定额相比较，估算指标以独立的建设项目、单项工程或单位工程为对象，综合项目全过程投资和建设中的各类成本和费用，反映出其扩大的技术经济指标，它既是定额的一种表现形式，又不同于其他的计价定额。估算指标中的主要材料消耗也是一种扩大材料消耗定额，可作为计算建设项目主要材料消耗量的基础。科学、合理地制定估算指标，对于保证投资估算的准确性和项目决策的科学化，都具有重要意义。

各种定额间的比较见表1-10。

表1-10　各种定额间的比较

	施工定额	预算定额	概算定额	概算指标	估算指标
对象	施工过程或 基本工序	分项工程和 结构构件	扩大的分项工程或 扩大的结构构件	单位工程	建设项目 单项工程 单位工程
用途	编制施工预算	编制施工图预算	编制扩大初步 设计概算	编制初步 设计概算	编制投资估算
项目划分	最细	细	较粗	粗	很粗
定额水平	平均先进	平均			
定额性质	生产性定额	计价性定额			

3. 按专业分类

按照定额所适用的专业不同，可分为房屋建筑与装饰工程定额、仿古建筑工程定额、通用安装工程定额、市政工程定额、园林绿化工程定额、矿山工程定额、构筑物工程定额、城市轨道交通工程定额、爆破工程定额九个专业定额。

4. 按主编单位和管理权限分类

按主编单位和管理权限，工程定额可以分为全国统一定额、行业统一定额、地区统一定额、企业定额、补充定额五种。

（1）全国统一定额　全国统一定额是由国家建设行政主管部门综合全国工程建设中技术和施工组织管理的情况编制，并在全国范围内适用的定额。

（2）行业统一定额　行业统一定额是考虑到各行业部门专业工程技术特点以及施工生产和管理水平而编制的，一般是只在本行业和相同专业性质的范围内使用。

（3）地区统一定额　地区统一定额包括省、自治区、直辖市定额。地区统一定额主要是考虑地区性特点对全国统一定额水平做适当调整和补充而编制的。

（4）企业定额　企业定额是施工单位根据本企业的施工技术、机械装备和管理水平而编制的人工、施工机械台班和材料等的消耗标准。企业定额在企业内部使用，是企业综合素质的一个标志。企业定额水平一般应高于国家现行定额，才能满足生产技术发展、企业管理和市场竞争的需要。在工程量清单计价方式下，企业定额作为施工企业进行建设工程投标报价的计价依据，正发挥着越来越大的作用。

（5）补充定额　补充定额是指随着设计、施工技术的发展，现行定额不能满足需要的情况下，为了补充缺陷所编制的定额。补充定额只能在指定的范围内使用，可以作为以后修订定额的基础。

四、园林工程预算定额概念

园林工程预算定额是指园林工程建设过程中，在正常的施工条件下，为完成一定计量单位的合格的分项工程或结构构件所需消耗的人工、材料和机械台班的数量及相应费用的标准。

例如：表1-11是辽宁省2008年园林绿化工程消耗量定额项目表中的一部分。

表 1-11　辽宁省园林绿化工程消耗量定额项目表［栽植乔木］

工作内容：土球落穴，栽植，扶正，回土，筑水围，浇水，覆土封穴，整形，清理。　　(单位：株)

项目编码			046	047	048	049	050
			1-75	1-76	1-77	1-78	1-79
项　目			大树栽植（带土球直径 cm 以内）				
			160	180	200	240	280
基价（元）			139. 35	203. 67	286. 78	400. 31	852. 31
其中	人工费（元）		82. 92	122. 92	188. 99	254. 40	375. 04
	材料费（元）		1. 82	2. 60	3. 64	4. 68	6. 50
	机械费（元）		54. 61	78. 15	94. 15	141. 23	470. 77
名　称		单位	消耗量				
人工	普工	工日	1. 798	2. 666	4. 099	5. 517	8. 133
	技工	工日	0. 200	0. 296	0. 455	0. 613	0. 904
材料	水	m^3	0. 70	1. 00	1. 40	1. 80	2. 50
机械	汽车起重机 16t	台班	0. 058	0. 083	0. 10	0. 15	0. 50

注：本定额人工工日单价为：普工 40 元，技工 55 元（其中抹灰、装饰 65 元）。水单价 2. 6 元/t，汽车起重机 16t 台班单价 941. 54 元。

从表 1-11 中可以查出栽植一株土球直径 160cm 的大树需要消耗的人工费、材料费、机械费以及需消耗的人工、材料数量：

人工费 = (1. 798 ×40 +0. 200 ×55)元 =82. 92 元

材料费 = (0. 70 ×2. 6)元 =1. 82 元

机械费 = (0. 058 ×941. 54)元 =54. 61 元

基价 = (82. 92 +1. 82 +54. 61)元 =139. 35 元。

五、园林工程预算定额作用

1）是编制园林工程施工图预算，合理确定工程造价的依据。

2）是编制概算定额和概算指标的基础资料。

3）是建设工程招投标中确定标底和标价的主要依据。

4）是施工企业贯彻经济核算，进行经济活动分析的依据。

5）是施工“定额计价”方法进行工程造价情况下，建设单位和建设银行拨付工程款、建设资金贷款和竣工结算的依据。

6）是施工企业编制施工组织设计的依据。

7）是设计部门对设计方案进行技术经济分析的工具。

【任务实施】

一、收集工程预算的依据材料

主要收集施工图纸、预算定额、材料预算价或政府信息指导价。

二、阅读图纸及施工说明，熟悉施工内容

由施工图和施工说明可知，本工程包括绿化种植、园路铺装、假山、水景等。

三、熟悉工程预算定额及其有关规定

为了提高工程预算的编制水平，正确地运用预算定额及其有关规定，必须熟悉现行预算定额的全部内容，了解和掌握定额项目的工程内容，施工方法、材料规格、质量要求、计量单位、工程量计算规则

等，以便能熟练地查找和正确地应用。

四、套用预算定额

根据施工图设计的分部分项工程内容，从定额目录中找到该分部分项工程所在定额的页数，判断分部分项工程、规格、计量单位等内容与定额规定的是否完全一致，根据具体情况，套用定额。

（一）预算定额直接套用

当分项工程的名称、规格、计量单位与预算单价表所列内容完全一致时，可以直接套用预算单价。

工作1 在绿化工程中，起挖带土球直径80cm的乔木玉兰9株，计算该分项工程的直接费。

解：1. 查园林工程定额项目表1-12，确定定额编号为1-36。

2. 计算该分项工程直接费

分项工程直接费 = 预算基价 × 工程量 = (29.18 ×9) 元 = 262.62 元

表1-12 辽宁省园林绿化工程消耗量定额项目表［起挖乔木］

工作内容：起挖，包扎与保护，出穴，场内搬运集中，回土填穴等。（单位：株）

项目编码			006	007	008	009	010
			1-35	1-36	1-37	1-38	1-39
项目			乔木土球（直径cm以内）				
			70	80	100	120	140
基价（元）			18.4	29.18	59.72	88.81	114.13
其中	人工费（元）		13.78	22.04	47.69	71.96	90.06
	材料费（元）		—	—	—	—	—
	机械费（元）		4.62	7.14	12.03	16.85	24.07
名称		单位	消耗量				
人工	普工	工日	0.299	0.478	1.034	1.561	1.953
	技工	工日	0.033	0.053	0.115	0.173	0.217
机械	汽车起重机5t	台班	0.011	0.017	—	—	—
	汽车起重机8t	台班	—	—	0.02	0.028	0.04

（二）预算定额项目不完全价格的补充

在材料费中，由于某种材料、成品或半成品规格、型号较多，单价不一等原因，在定额项目表中只列其数量，不列其单价，致使材料费用合价成为不完全价格。例如，在定额中材料项带“( )”表示基价中不含材料费，需要单独计算材料费。

对于列有不完全价格的定额项目，应补充缺项的材料、成品或半成品预算价格后使用。

工作2 在绿化工程中，栽植带土球直径80cm的乔木玉兰9株，计算该分项工程的直接费以及工料需用量。

解：1. 查园林工程定额项目表1-13，确定定额编号为1-46。

2. 计算该分项工程直接费

（1）栽植分项工程直接费 = 预算基价 × 工程量 = (21.52 ×9) 元 = 193.68 元

（2）乔木玉兰直接费 = 预算价 × 工程量 = (800 ×9) 元 = 7200 元

分项工程直接费 = (193.68 + 7200) 元 = 7393.68 元

3. 计算主要材料消耗量

材料消耗量 = 定额规定的消耗量 × 工程量

$$乔木带土球 1\times 9 株 = 9 株$$
$$水 0.15\times 9m^3 = 1.35m^3$$

表 1-13　辽宁省园林绿化工程消耗量定额项目表［栽植乔木］

工作内容：土球落穴，栽植，扶正，回土，筑水围，浇水，覆土封穴，整形，清理。　　（单位：株）

项目编码			016	017	018	019	020
			1-45	1-46	1-47	1-48	1-49
项　目			乔木土球（直径 cm 以内）				
			70	80	100	120	140
基价（元）			16.91	21.52	35.52	50.84	76.08
其中	人工费（元）		11.96	13.99	22.71	32.95	50.71
	材料费（元）		0.33	0.39	0.78	1.04	1.30
	机械费（元）		4.62	7.14	12.03	16.85	24.07
名　称		单位	消耗量				
人工	普工	工日	0.259	0.303	0.492	0.715	1.100
	技工	工日	0.029	0.034	0.055	0.079	0.122
材料	乔木带土球	株	(1.00)	(1.00)	(1.00)	(1.00)	(1.00)
	水	m^3	0.125	0.15	0.30	0.40	0.50
机械	汽车起重机 5t	台班	0.011	0.017	—	—	—
	汽车起重机 8t	台班	—	—	0.02	0.028	0.04

（三）预算定额的材料换算

当工程项目中设计的砂浆、混凝土强度等级、抹灰、砂浆及保温材料配合比与定额项目规定不相符时，可根据定额说明进行相应换算。在进行换算时，应遵循两种材料交换，定额含量不变的原则。

$$换算后基价 = 原基价 + (换入单价 - 换出单价) \times 定额材料用量$$

工作 3　在广场花岗岩石材铺装分项工程中，花岗岩铺装面积 234.00m^2，设计图纸要求 1∶1 水泥砂浆粘结层，30mm 厚 1∶3 水泥砂浆找平层，计算该分项工程的直接费。

1. 查园林工程定额项目表 1-14，确定定额编号为 2-30。

2. 计算该分项工程直接费

定额 2-30 中抹灰用 TG 胶素水泥浆 1∶4∶1.5 与设计图纸 1∶1 水泥砂浆不相符，应进行换算。经查定额中 1∶1 水泥砂浆单价为 262.28 元/m^3，TG 胶素水泥浆 1∶4∶1.5 单价为 1804.03 元/m^3。

$$\begin{aligned}换算后基价 &= 原基价 + (换入单价 - 换出单价) \times 定额材料用量\\ &= 16.49 元 + [(262.28 - 1804.03) \times 0.001] 元 = 14.95 元\end{aligned}$$

$$分项工程直接费 = (234 \times 14.95) 元 = 3498.30 元$$

表 1-14　辽宁省园林绿化工程消耗量定额项目表［路面］

工作内容：放线，清理基层，修整垫层，调浆，铺面层，嵌缝，清理。　　（单位：m^2）

项目编码		026	027	028	029	030	031
		2-26	2-27	2-28	2-29	2-30	2-31
项　目		八五砖		方整石板\面层	六角板	花岗岩板	花岗岩板碎拼
		平铺	侧铺				
基价（元）		7.96	14.00	38.97	55.13	16.49	21.49
其中	人工费（元）	5.03	11.71	12.73	7.08	8.90	11.57
	材料费（元）	2.97	2.29	26.24	48.05	7.11	9.53
	机械费（元）	—	—	—	—	0.48	0.39

（续）

名称		单位	消耗量					
人工	普工	工日	0.079	0.184	0.200	0.111	0.140	0.182
	技工	工日	0.034	0.079	0.086	0.048	0.060	0.078
材料	花岗岩板（综合）	m^2	—	—	—	—	(1.02)	1.02
	水泥砂浆 1∶3	m^3	—	—	—	—	0.03	0.02
	抹灰用 TG 胶 素水泥浆 1∶4∶1.5	m^3	—	—	—	—	0.001	0.001
	抹灰用白水泥浆	—	—	—	—	—	—	0.005
	其他材料费	元	—	—	—	—	0.07	—
机械	灰浆搅拌机 200L	台班	—	—	—	—	0.005	—

（四）预算定额的系数换算

分项工程施工工艺条件与预算单价表不一致而造成人工、机械数量增减时，调整人工、机械定额系数，重新换算定额基价。

工作 4　在园路卵石铺装分项工程中，满铺卵石地面 29.10m^2，需要分色拼花，计算该分项工程的直接费以及工料需用量。

解：满铺卵石地面，若需分色拼花时，定额人工含量乘以系数 1.2。

1. 查园林工程定额项目表 1-15，确定定额编号为 2-17。

2. 计算换算后基价

$$换算后基价 = 原基价 + (规定系数 - 1) \times 人工费 = [124.38 + (1.2 - 1) \times 74.01]元$$
$$= (124.38 + 14.80)元 = 139.18\ 元$$

3. 计算该分项工程直接费

$$分项工程直接费 = 预算基价 \times 工程量 = (139.18 \times 29.10)元 = 4050.14\ 元$$

4. 计算主要材料消耗量

本色卵石 4～6cm　　$(0.055 \times 29.10)t = 1.601t$

彩色卵石 1～3cm　　$(0.017 \times 29.10)t = 0.495t$

水泥砂浆 1∶2.5　　$(0.036 \times 29.10)m^3 = 1.05m^3$

水　　$(0.05 \times 29.10)m^3 = 1.46m^3$

表 1-15　辽宁省园林绿化工程消耗量定额项目表［路面］

工作内容：放线，清理基层，修整垫层，调浆，铺面层，嵌缝，清理。　　（单位：m^2）

项目编码			017	018	019
			2-17	2-18	2-19
项目			满铺路石面	素色卵石面	铺卵石边线
			拼花	彩边素色	
基价（元）			124.38	89.02	119.54
其中	人工费（元）		74.01	42.28	85.31
	材料费（元）		49.79	46.16	33.36
	机械费（元）		0.58	0.58	0.87
名称		单位	消耗量		
人工	普工	工日	1.164	0.665	1.342
	技工	工日	0.499	0.285	0.575

（续）

名　称		单位	消　耗　量		
材料	本色卵石 4～6cm	t	0.055	0.058	0.072
	彩色卵石 1～3cm	t	0.017	0.014	—
	水泥砂浆 1∶2	m^3	—	—	0.053
	水泥砂浆 1∶2.5	m^3	0.036	0.036	—
	水	m^3	0.05	0.05	0.016
	其他材料费	元	0.49	0.46	0.33
机械	汽车起重机 16t	台班	0.006	0.006	0.009

【任务考核】

序号	考核项目	评分标准	配　分	得　分	备　注
1	收集预算依据资料	资料准备充分、完整	20		
2	熟悉施工内容	正确理解施工内容和施工工艺	20		
3	定额直接套用	施工要求与定额内容一致，套用正确	20		
4	定额材料换算	材料品种及单价换算，换算正确，符合要求	20		
5	定额系数换算	施工工艺与定额内容不一致，换算符合要求	20		
			100		

实训指导教师签字：　　　　　　　　　　　　　　　　　　年　月　日

【巩固练习】

根据本书配套电子资源提供的××别墅景观绿化工程图纸，列出分项工程，结合本地园林工程定额项目表，要求学生完成预算定额的套用，并能根据设计要求和定额项目内容进行正确换算。

任务三　园林工程施工图识读

【能力目标】

1. 能正确识读园林工程施工图。
2. 能根据园林工程施工图纸确定施工工序。
3. 能根据园林工程施工图纸计算工程量。

【知识目标】

1. 了解园林工程施工图纸内容，掌握常见园林图例符号。
2. 掌握园林工程施工图识图技巧和要点。
3. 掌握园林工程各要素识图要点。

【思政目标】

1. 通过识读图纸，发现问题，提出问题，找出解决办法，挖掘解决问题过程中所涉及的价值观和思维方式等思政元素。

2. 通过园林工程构成要素的认识，增强对中国园林的自豪感。

【任务描述】

根据××广场景观绿化工程提供的图纸，了解园林工程图纸中各园林要素及其绘制表示方法，正确识读图纸中表达的设计内容及其用途，领会设计者的设计意图，为以后指导园林工程预算作准备。

【任务分析】

园林工程施工图纸识读是工程预算过程中的重要环节。只有全面了解施工图纸内容，正确理解设计者意图，才能正确计算工程量、合理做出预算费用。园林工程施工图纸的识读需要了解园林构成要素、园林工程要素的表达方法、内容及作用。

【知识准备】

一、园林工程构成要素

园林工程主要包括山水地形、植物、园林建筑及小品、广场与道路四大要素，任何形式的园林都由这些要素组成。

（1）山水地形　地形构成园林的骨架，它分为平地、丘陵、山峰等类型。地形要素的利用和改造，将影响到园林的形式、建筑的布局、植物配置、景观效果、给水排水工程、小气候等。水体也是地形组成中一个不可缺少的部分。水是园林的灵魂。水体可以简单地划分为静水和动水两种类型。静水包括湖、池、塘等形式。动水主要有河、溪、喷泉等。另外，水声、倒影也是园林水景的重要组成部分。

（2）植物　植物是园林中生命体的构成要素。植物要素包括乔木、灌木、攀缘植物、花卉、草坪及地被植物等。植物的四季景观、本身的形态、色彩、芳香等，都是园林造景的题材。园林植物与地形、水体、建筑、山石等有机地配置，可以形成优美的环境。

（3）园林建筑及小品　根据园林的立意、功能、造景等需要，必须考虑园林建筑间的适当组合，包括考虑园林建筑的体量、造型、色彩以及与其配合的假山、雕塑等要素的安排，使园林建筑达到画龙点睛的作用。园林建筑包括景亭、景桥、景观花架等。园林小品是指园林中供休息、装饰、照明、展示和为园林管理及方便游人使用的小型建筑设施，如圆桌圆凳、园林座椅等。

（4）广场与道路　广场与道路、园林建筑的有机组织，对于园林形式的形成起着决定性的作用。广场与道路的形式可以是规则的，也可以是自然的，或者自由流线形的。广场和道路系统构成了园林的脉络，并且起着园林中交通组织和导游的作用。

二、园林工程施工图基本要素

（一）施工图分类

园林工程施工图按不同专业，可分为以下几类：

（1）园林绿化工程　种植施工图、局部施工放线图和剖面图等。如果采用乔、灌、草多层组合，分层种植设计较为复杂，种植施工图可分为乔木种植施工图、灌木种植施工图、地被种植施工图。

（2）园林建筑工程　建筑平面图、立面图、剖面图和建筑施工详图等。

（3）结构工程　基础图，基础详图，梁、柱详图和结构构件详图等。

（4）景观工程　平面图、立面图、剖面图、局部做法详图等。

（5）电气工程　电气施工平面图、施工详图、系统图和控制线路图等。大型工程应按强电、弱电、火灾报警及其智能系统分别设置目录。

（6）给水排水工程　给水排水系统平面图，详图，给水、消防、排水、雨水系统图和喷灌系统施工图。

（二）图纸编号

园林工程施工图纸编号以专业为单位，各专业编排各专业的图号。

1）对于大、中型项目，应按照以下专业进行图纸编号：园林、建筑、结构、给水排水、电气和材

料附图等。

2）对于小型项目，可以按照以下专业进行图纸编号：园林、建筑及结构、给水排水、电气等。

3）每一专业图纸应该对图号加以统一标示，以方便查找，如：建筑结构施工图可以缩写为“建施（JS）”，给水排水施工图可以缩写为“水施（SS）”，种植施工图可以缩写为“绿施（LS）”。

三、园林工程图纸内容和作用

（一）图纸目录

图纸目录主要说明该套图纸有几类专业，各类图纸有几张，每张图纸的图号、图名、图幅大小；如果在图纸中采用标准图，应写明所使用的标准图的名称、所在的标准图集和图号或页次。图纸目录的主要用途是方便查找图纸。

（二）设计说明

设计说明是通过文字对设计思想和艺术效果进一步的表达，或者对图纸不能完全表达的内容进行补充说明。另外，对于图纸中需要强调的部分以及未尽事宜也可用文字进行说明，如：影响到园林设计而图纸中却没有反映出来的地下水位、当地土壤状况、地理、人文等情况。

设计说明内容包括施工图设计依据、标准、常规做法、植物及其种植要求、图纸使用说明、注意事项等。

（三）索引图

园林工程施工面积比较大，因图纸图幅的限制，所采用的比例比较小，但需要表达的内容比较多，所以在一张图纸上很难表达清楚设计者的设计理念，因此常将所需画详图的部分用索引符号引出。一般用索引符号注明画出详图的位置、详图的编号以及详图所在的图纸编号。索引符号和详图符号内的详图编号与图纸编号两者对应一致。

1）索引出的详图与被索引的图样在同一张图纸内，在索引符号的上半圆中用阿拉伯数字注明该详图的编号，则在下半圆中间画一水平细实线，如图 1-3a 所示。

2）索引出的详图与被索引的图样不在同一张图纸内，在索引符号的上半圆中用阿拉伯数字注明该详图的编号，在下半圆中注明详图所在图纸编号，如图 1-3b 所示。

3）索引出的详图，如采用标准图，在索引符号水平直径的延长线上加注该标准图册的编号，如图 1-3c 所示。

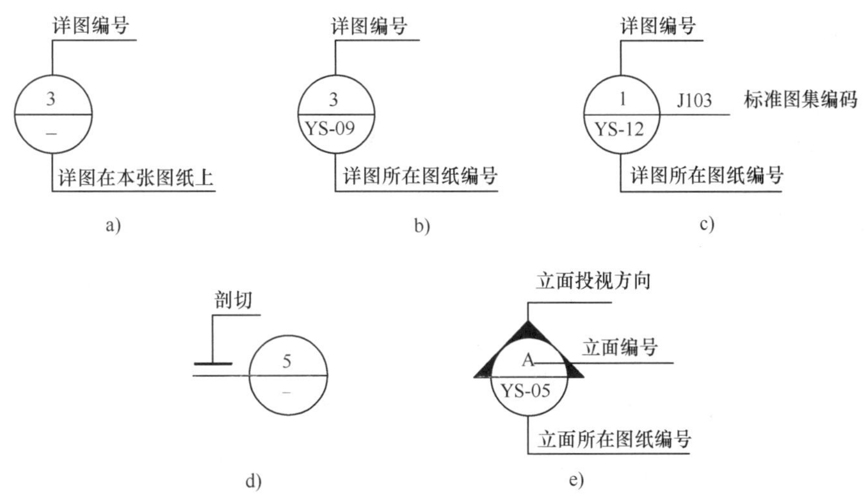

图 1-3　索引符号

4）索引符号用于索引剖面详图时，在被剖切的部位绘制剖切位置线。引出线所在一侧应为投射方向，如图1-3d所示。

5）索引符号用于索引立面在平面图上的位置及立面图纸所在图纸编号，如图1-3e所示。

（四）园林总平面图

1. 园林总平面图表现的内容

1）园林建筑、小品及景点的位置和范围，反映出相互的位置关系。

2）在规划用地范围内表示各园林要素的位置和外轮廓线。

3）反映出规划用地范围内园林植物的种植范围。

4）反映总平面图比例、指北针等。

5）注标题栏、会签栏、书写设计说明。

2. 作用

园林总平面图是园林构成要素（山水地形、植物、园林建筑及小品、广场与道路）布局位置的水平投影，主要反映各园林要素的位置关系。

（五）竖向设计图

1. 园林工程竖向设计方法

园林工程竖向设计所采用的方法主要有三种，即高程箭头法、设计等高线法和纵横断面法。

高程箭头法又叫流水向分析法，主要在表示坡面方向和地面排水方向时使用。设计等高线法是园林地形设计的主要方法，一般用于对整个园林进行竖向设计。纵横断面法常用在地形比较复杂的地方，表示地形的复杂变化。高程箭头法和设计等高线法在园林设计中比较常用。以下主要介绍这两种方法。

（1）高程箭头法　应用高程箭头法，能够快速判断设计地段的自然地貌与规划总平面地形的关系。它借助于水从高处流向低处的自然特性，在图上用细线小箭头表示人工改变地貌时大致的地形变化情况，即表示对地面坡向的具体处理情况，并且比较直观地表明了不同地段、不同坡面地表水的排除方向，反映出对地面排水的组织情况。它还可根据等高线所指示的地面高程，大致判断和确定园路路口中心点的设计标高和园林建筑室内地坪的设计标高。高程箭头法比较适合在园林竖向设计的初步方案阶段使用，也可在地貌变化复杂时，作为一种指导性的竖向设计方法。高程箭头法如图1-4所示。

（2）等高线设计法　在地形变化不很复杂的丘陵、低山区进行园林竖向设计时，大多要采用设计等高线法。这种方法能够比较完整地将任何一个设计用地或一条道路与原来的自然地貌作比较，随时一目了然地判别出设计的地面或路面的挖填方情况。

用设计等高线和原地形的自然等高线，可以在图上表示地形被改动的情况。绘图时，设计等高线用细实线绘制，自然等高线则用细虚线绘制。在竖向设计图上，设计等高线低于自然等高线之处为挖方，高于自然等高线处则为填方，填、挖的范围在图上表达得很清楚，如图1-5所示。

用设计等高线法对园林地形进行改造设计，要随时判别地面坡度变化情况。粗略判别地面的坡度情况，主要是根据等高线分布的密度。在设计图上，等高距是一个常数，而两条等高线之间的平距则是变数。所以，就可以根据等高线密度来判别地面坡度的大小。

2. 竖向设计标注位置

1）建筑物室内及室外地坪标高。

2）场地内的道路（含主路及园林小路）标高、道牙标高。道路标高标注于道路交叉口中线交叉点以及道路起点、终点和转弯处中心线位置，必要时标明道路纵坡坡向及坡度，同时应在图纸上备注或在设计说明中说明道路横向排水方式（即单坡排水还是双坡排水）、坡向及坡度。

3）广场控制点标高，绿地标高，小品地面标高，花池树池标高，水景水面标高及水底标高。台阶踏步标高等。广场应标明排水方向及坡度。

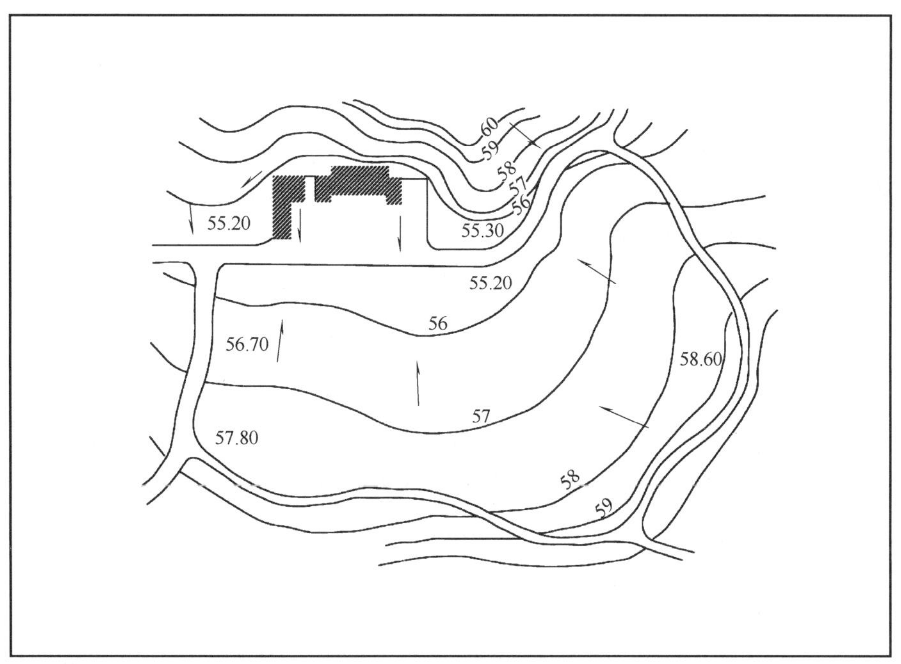

图 1-4 高程箭头法

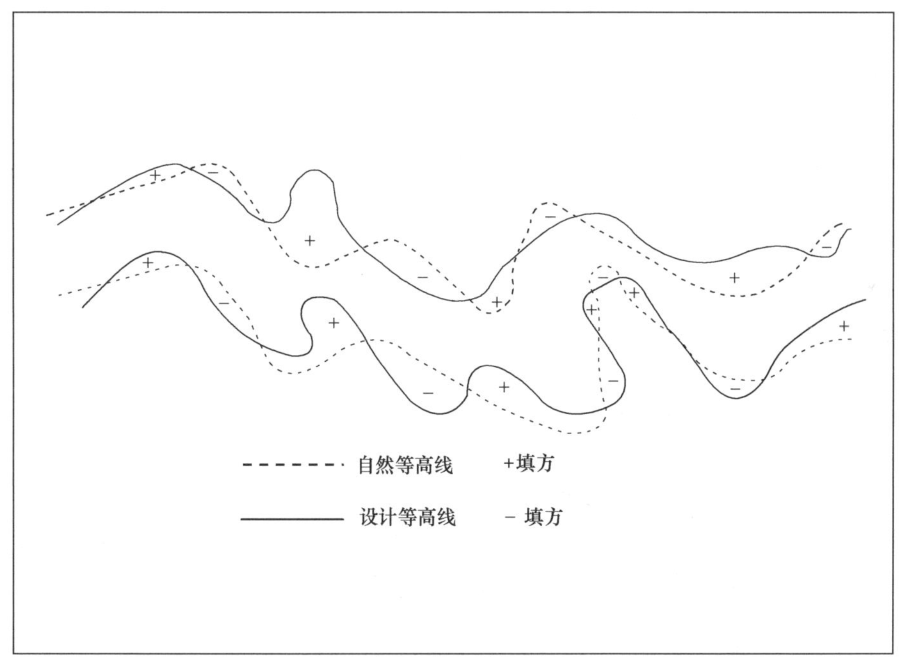

图 1-5 等高线设计法

4）排水沟及雨水箅子的标高。

5）水体驳岸的岸顶与岸底的标高，水体等深线、人工水体的进水口、泄水口、溢水口（常水位）。

6）假山主要山峰顶部的标高。

7）绿地中的微地形高程采用等高线表示，画出排水方向及雨水口的位置。

8）用坡面箭头表示地面及绿地内排水方向及找坡坡度。

在竖向设计图中，可采用绝对标高或相对标高表示。规划设计单位所提供的标高应与园林设计标高区分开，园林设计标高应依据规划设计标高而来，并与规划设计标高相闭合。可采用不同符号来表示绿地、道路、道牙、水底、水面、广场等的标高。

3. 竖向设计图的作用

园林工程竖向设计图是表达绿地、水体、园林建筑、园林小品竖向高程关系的图样，是进行地形改造和土方工程工程量计算的依据。它一般由园林工程平面图、标高方式（等高线法、标高法、断面法）、坡度标注等组成。识读时要找到基准地形标高，再结合竖向图纸查看各园林要素的标高数据，如场地设计标高、水体设计标高、绿地设计标高和坡度、坡向、坡长等。通过竖向对比分析，明确空间竖向差别，从而整体把握园林工程的地形改造方向。

（六）园林种植施工图

1. 内容

园林植物种植施工图是表示植物种植位置、种类、数量、规格及种植类型的平面图。园林种植设计的乔木、灌木、地被植物进行复层种植设计时，设计人员常常将乔木、灌木、地被植物分别画在不同的图纸中，即乔木种植图、灌木种植图、地被种植图。另外植物种植图还包括绿化种植设计说明、各种设计植物的图例、比例尺、风玫瑰图或指北针、主要技术要求及标题栏、苗木统计表、种植详图等。

用列表的方式绘制苗木统计表，具体统计并详细说明设计植物的编号、图例、种类、规格（包括树干的直径、高度或冠幅）和数量等。

（1）乔木种植图　乔木是指树体高大，有明显的主干和树冠的植物。因此乔木的图例通常用一独立圆圈来表示，圆圈的直径等于实际乔木的冠径。为表示不同乔木种类，设计人员在画乔木种植图图例时，通常用轮廓型、分枝型、枝叶型、质感型等形式来表示不同的乔木种类。

（2）灌木种植　灌木是指那些没有明显的主干，呈丛生状态，比较矮小的木本植物。灌木的平面表示方法与乔木类似，通常灌木株间距比较大时可用轮廓、分枝或枝叶型表示，当株间距比较小而且呈片状栽植时一般用轮廓线来表示栽植范围。

（3）草坪地被种植　草坪采用轮廓勾勒的表现形式，地被植物通常采用质感的表现形式。

2. 园林种植设计图用途

种植设计图必须包括绿化设计说明、标准种植详图、苗木表、绿化总平面图、乔木种植平面图、灌木种植平面图、草坪地被种植平面图。

（1）绿化设计说明　绿化设计说明阐明绿化种植的地形、土质要求，以及苗木种植穴尺度、基肥要求，对苗木品质形态、运输进场、种植方式等进行规定，并阐明后期养护规范。

（2）标准种植详图　标准种植详图应包括不同类型苗木种植的具体要求及种植方式示意图、不同地形不同土壤条件种植示意、配置方式示意等。

（3）苗木表　苗木表主要统计不同树种的数量、单位、规格、树形要求等。

（4）绿化总平面图　绿化总平面图主要是整体介绍绿化区域范围情况，给予看图者总体印象。因此需区分图中乔木和灌木，乔木和灌木应采用不同粗细的线形表示。

（5）乔木种植平面图　乔木种植图除标注乔木品种外，必须对大规格乔木，或重点配置位置乔木进行坐标定位或相对尺寸定位。

（6）灌木种植平面图　灌木种植平面图用轮廓线表达时除标注数量外还要标注种植密度。

（7）草坪地被种植平面图　草坪地被种植平面图主要表达草坪、不同种类地被植物种植范围和数量。

3. 园林植物种植图识读步骤

1）读图时先要结合种植设计总平面图，仔细阅读种植设计说明，整体了解种植设计的依据、范围及配置的丰富度，掌握植物选择和土壤改良的基本要求。

2）结合种植设计图样，查看植物标注，熟悉植物名称、数量和所在的位置等。

3）详细阅读植物苗木表，弄清植物的种类、名称、规格、数量、种植密度和种植的主要措施要求等。

（七）园路工程内容

园路是指园林中的道路，园林道路工程包括园路布局、路面层结构和地面铺装等的设计。广场是指面积广阔的场地，通常是大量人流、车流集散的场所。

1. 园路的结构

（1）面层结构

1）面层。面层是路面上面的一层。它直接承受人流、车辆和大气因素（烈日、严冬、大风、暴雨、冰雪等）的破坏。面层要坚固、平稳、耐磨耗，要有一定的粗糙度，并且便于清扫。

2）基层。基层在土基之上，起承重作用。它一方面支撑由面层传下来的荷载，另一方面又把此荷载传给土基。

3）结合层。结合层用于块料铺筑的园路中，如冰纹路、方砖路等。它一般用3～5mm的粗砂水泥砂浆或白灰砂浆铺筑。

（2）路基　路基是道路的基础，它为路面提供一个平整的基面，是保证路面强度和稳定度的重要条件。经验认为：对于一般黏土或砂性土，开挖后用蛙式夯（蛙式打夯机）夯实三遍就可直接作为路基（特殊要求除外）。

（3）附属工程

1）路边石（路牙）。路边石分立道牙和平道牙两种形式，它安置在路面两侧，使路面与路肩在高程上起衔接作用，并能保护路面，便于排水。

2）雨水井。雨水井是路面排水的构筑物，在园林中采用砖块砌成，多为矩形。

3）台阶。当路面坡度超过12°时，为了便于行走，在不通行车辆的路段上，可设台阶。

4）种植池。在路边或广场上栽植植物，应予（预）留种植池。种植池的大小根据植物的大小而定，一般乔木种植池每边应留1.2～1.5m。为使植物免受损伤，最好在种植池上设保护栅。

2. 路面铺装形式

（1）卵石铺地　也称水泥嵌卵石路。它采用卵石铺成各种图案，分预制和现铺两种。

（2）嵌草路面　它是用天然石块或各种预制水泥混凝土块，铺成冰裂纹或其他花纹，铺筑时在块料间留3～5cm的缝隙，填入培养土，种上草皮。

（3）块料路面　以大方砖、块石和各种水泥预制板组成的路面。这种路面简朴大方，其中各种拉丝的路面既加强了路面的光影效果，又可以防滑，而且反光强度小，看起来柔和、舒适。

（4）砖铺路面　现主要用透水砖、水泥砖铺砌，砖铺有平铺、侧铺等，也可组成各种图案。

（5）整体路面　它是用水泥混凝土或沥青混凝土铺筑而成。整体路面平整度好、耐压、耐磨，养护简单，清扫方便，所以公园的主干道大多采用水泥混凝土或沥青混凝土路面。其缺点是色彩太单调。

（6）步石、汀步、蹬道

1）步石。步石常用于自然式草地或建筑附近的小块绿地上，材料有天然石块或圆形、木纹形、树桩形等的水泥预制板，它们自然地散放在草地中供人行走，一方面保护草地，另一方面也增加野趣。

2）汀步。汀步就是水中的步石，适用于窄而浅的水面，如小水池、溪、涧等处。为游人的安全起见，石墩不宜高，而且一定要牢固，距离不宜过大。汀步也不能设在水面的最宽处，数量不宜过多。

3）蹬道。蹬道是指局部利用天然岩石凿出的或用水泥混凝土仿树桩、假石等塑成的上山的道路，蹬道一般设在山崖陡峭处。

3. 园路、广场施工图内容

园路施工图主要包括园路平面图、园路纵断面图、园路横断面图、园路铺装详图。园路施工图用于说明园路的游览方向和平面位置、路基的宽度、路面结构、路面铺装图案。

铺装详图用于表达园路、广场的面层结构（如断面形状、尺寸、各层材料）、做法、施工要求和铺装图案（如路面布置形式和艺术效果）。

4. 园路、广场铺装图识读步骤

1）识读铺装初始定位点（定点坐标），明确施工的起始点位置。再查找各个不同块的铺装位置、范围。

2）识读不同块的铺装材料的名称、规格及做法，有的还通过索引识读铺装大样图和施工断面图，掌握材料尺寸和垫层做法，以便预算时计算土方工程量。

（八）园林建筑工程内容

1. 平面图

平面图主要用于放线、装修及编制预算用。

1）表明建筑物形状、内部的布置及朝向。包括建筑物的平面形状，各空间的布置及相互关系。平面图中注有指北针，表明建筑物的朝向。

2）表明建筑物的尺寸。在建筑平面图中，用轴线和尺寸线表示各部分的长宽尺寸和准确位置。尺寸一般分为三道标注：最外一道是外包尺寸，表明建筑物的总长度和总宽度；中间一道是轴线尺寸，表明开间和进深的尺寸；最里一道是表示洞口、墙垛、墙厚等详细尺寸。此外首层平面图还表明室外台阶、散水等尺寸。

3）表明建筑物的结构形式及主要建筑材料。

4）表明建筑物的地面标高。首层室内地面标高一般定为±0.00，并注明室外地坪标高。

5）表明剖面图、详图和标准配件的位置及其编号。

6）表明地面、墙面等处的材料及做法。

2. 园林建筑立面图

立面图表示建筑的外貌，主要用于装修。

1）表明园林建筑的外形以及门窗、台阶、雨水管等位置和形状。

2）表明标高和必需的竖向尺寸。

3）表明外装饰的材料及做法。

4）表明详图索引符号。

5）表明坐凳、树池等高度及形状。

3. 园林建筑剖面图

剖面图主要表示建筑物的结构形式、高度及内部情况。

1）表明建筑物各部位的高度。剖面图中用标高及尺寸线表明建筑总高、室内外地坪标高、各层标高、门窗及窗台高度等。

2）表明建筑主要承重构件的相互关系。

3）剖面图中不能详细表达的地方，可引出索引号另画详图表示。

4. 园林建筑结构图

园林建筑是由结构构件（梁、板、柱、墙、基础）和建筑的配件（门、窗、阳台、栏杆等）所组成的。结构构件在建筑中主要起承重作用，它们互相支承，连成整体，构成建筑物的承重结构（即建筑结构）。结构施工图主要表达结构构件的造型和布置，以及构件大小、形状、构造、所用材料与配筋等情况，是进行构件制作与安装，编制施工概预算，编制施工进度的重要依据。

园林建筑结构施工图主要包括：结构设计总说明（对于较小的建筑物一般不单独编写），基础平面图及基础详图，楼层结构平面图，屋面结构平面图，结构构件（梁、板、柱、楼梯、屋架等）详图。

（1）结构设计总说明　表明抗震设计与防火要求，地基与基础、钢筋混凝土各种构件、砖砌体、施工缝等部分选用的材料类型、规格、强度等级，施工注意事项等。

（2）基础平面图及基础详图　基础图主要表示建筑物在相对标高±0.000以下基础结构的图纸，是从整体上将各个构件的位置大小以及在轴网上的分布直观表达出来。基础详图是基础各构件的详细表

达，它将每个构件的配筋情况（包括钢筋种类和用量、钢筋位置等）、细部尺寸以及埋置情况详细表达出来。在基础详图中还能准确地了解到基础配筋以及承台底标高及承台厚度。

（3）楼层结构平面图　楼层结构平面图是假想用一个剖切平面沿着楼板上皮水平剖开，移走上部建筑物后作水平投影所得到的图样。它主要表示该层楼面中的梁、板的布置，构件代号及构造做法等。

（4）屋面结构平面图　屋面结构平面图主要表示屋面建筑配件位置、构造、屋面结构剖面、各层做法、屋面坡度、排水方法等。

（5）结构构件详图

1）梁、板、柱结构详图。梁结构详图表示钢筋和箍筋的长度、规格、型号、距离和弯度等。板结构详图表示钢筋的排列形式，如钢筋间的距离、长度，上下层钢筋的规格等。柱结构详图表示柱的断面形式、直径或宽度的大小以及竖筋的数量、规格、型号等。在梁、板、柱结构图中除了要了解钢筋的配筋外，还要了解相关构件的结构尺寸及混凝土强度等级（需与结构总说明相对照）。如果是柱子图，要了解柱子的分布位置及每层柱子的尺寸。如果是梁图，需要了解梁的尺寸、钢筋的布置情况（需与图集相对照）及钢筋的保护层厚度。

2）楼梯结构详图：表示楼梯板和楼梯梁的平面布置、代号、编号、尺寸及结构标高。

3）屋架结构详图：表示屋架的形式、大小、连接方法的图样。

5. 园林建筑识读步骤

（1）阅读图纸目录　了解园林建筑类型，设计单位名称，图纸页数，主要图纸，并检查全套各专业图纸是否齐全，图名与图纸编号是否相符等。

（2）初步阅读各专业设计说明　了解工程概况，记录图纸中采用的标准图集编号，并准备好标准图集，供计算工程量用。

（3）阅读建筑施工图　读图次序依次为：设计总说明、总平面图、建筑平面图、立面图、剖面图、构造详图。阅读完成后形成园林建筑完整的立体形象，为下一步结构施工图的阅读做好准备。

（4）阅读结构施工图　在识读结构施工图前，必须先阅读园林建筑施工图，建立起建筑物的轮廓概念，了解和明确建筑平面、立面、剖面的情况以及构造连接和构造做法。

1）阅读结构设计说明。准备好结施图所套用的标准图集及地质勘察资料以作备用。

2）阅读基础平面图、详图与地质勘察资料。基础平面图应与建筑底层平面图结合起来看。

3）阅读柱平面布置图。根据对应的建筑平面图校对柱的布置是否合理，柱网尺寸、柱断面尺寸与轴线的关系尺寸有无错误。

4）阅读楼层及屋面结构平面布置图。对照园林建筑施工平面图中的房间分隔、墙体的布置，检查各构件的平面定位尺寸是否正确，布置是否合理，有无遗漏，楼板的形式、布置、板面标高是否正确等。

5）按前述的施工图识读方法，详细阅读各平面图中的每一个构件的编号、断面尺寸、标高、配筋及其构造详图，并与建筑施工图结合，检查有无错误与矛盾。看图中发现的问题要一一记下，最后按结构施工图的先后顺序将存在的问题全部整理出来，以便与建设单位进行沟通。

6）在前述阅读结构施工图中，涉及采用标准图集时，应详细阅读规定的标准图集。

（九）园林景观工程内容

1. 假山

中国园林是一种自然式山水园林，追求天然之趣是中国园林的基本特征。假山是园林中以造景为目的，用土、石等材料构筑的山。

（1）假山形式　假山按材料可分为土山、石山和土石相间的山（土多称土山带石，石多称石山带土）；按施工方式可分为筑山（堆筑土山）、掇山（用山石掇合成山）、凿山（开凿自然岩石成山）和塑山（用水泥、砖、钢丝网等塑成的假山，简称塑石假山）。

（2）假山施工图识读　假山施工图主要包括平面图、立面图、剖（断）面图、基础平面图、细部详图等图样。

1）平面图。平面图是在水平投影面上，表示出根据俯视方向所得假山各高度处的形状结构的图样。假山平面图主要表示假山平面布局、周围的地形地貌、占地面积及范围等，并通过坐标方格网表示假山尺寸大小，通过标注的标高表示各处的高程。

2）立面图。立面图主要表示山体的立面造型及主要部位高程，与平面图配合，可反映出峰、峦、洞、壑等各种组合单元的变化和相互位置关系。为了完整地表现山体的各面形态造型，一般都绘出前、后、左、右四个方向立面图。

3）剖（断）面图。剖（断）面图主要表示以下内容：

① 假山、山石某处断面外形轮廓及尺寸。

② 假山内部及基础的结构、构造的形式、位置关系及造型尺度。

③ 假山内部有关管线的位置及管径的大小。

④ 假山种植池的尺寸、位置和做法。

⑤ 假山、山石各山峰的控制高度。

⑥ 假山的材料、做法和施工要求。

4）基础平面图。基础平面图是表示假山基础的平面位置、形状、范围的图纸。

2. 水景施工图识读

水景施工图包括平面图、立面图、剖面图、管线布置图、详图等。

（1）平面图　主要表示水体的平面形状、布局及周围环境，构筑物及地下、地上管线中心的位置，以及进水口、泄水口、溢水口的位置和管道走向。水池的水面位置通常用常位水线表示，图中还常标注放线的基准点和基准线，规则几何图形的轮廓尺寸。自然式水体可用坐标网格表示，标注最高水位、常水位、最低水位的标高。周围地形的标高。池岸岸顶、岸底、池底转折点、池底中心、池底标高及排水方向也应在图上表示。对设有水泵的，则应标注出泵房、泵坑的位置和尺寸，并注写出必要的标高。

（2）立面图　表示水景池壁（驳岸）顶与邻近地面的高差变化，以及池壁顶形状和喷水池的喷泉水景立面造型。

（3）剖（断）面图　剖（断）面图表示池壁（驳岸）某一区段的形状、构造、尺寸纵向坡度、建造材料、施工方法及要求和主要部位标高。在驳岸断面向水一侧标注驳岸岸顶、底部、最高水位、常水位、最低水位的高程；而对于规则式水池，则标注出溢水口标高，以此作为常水位标高。

（4）详图　节点细部的说明，如水景泵坑盖板的做法示意图等。

四、园林工程图纸识读方法

识读园林工程图纸时，应按照“总体了解、顺序识读、前后对照、重点细读”的方法进行。

（1）总体了解　拿到施工图纸后先看目录、施工总说明、总平面图。通过总平面图总体了解设计的内容及位置关系，看施工总说明了解工程的概况及总体施工技术要求。对照目录检查图纸是否齐全。

（2）顺序识读　在总体了解图纸的基础上，根据施工的先后顺序，从地下设施工程开始读图至地上设施工程，如按水电施工图→园林建筑基础施工图→园路铺装施工图→种植施工图的顺序，仔细识读相关图纸。

（3）前后对照　识读图纸时要注意总图与详图、平面图与剖面图、园林建筑施工图与结构施工图对照着读，全面掌握整个工程施工图纸的相互关系。

（4）重点细读　对于不同专业的图纸重点细读，遇到问题及时向建设单位或设计部门反映。

【任务实施】

识读附录“××广场景观绿化工程”施工图，相关图纸见附录部分，图纸编号见各图左下角图号区。

一、阅读目录，总体了解

打开××广场景观绿化工程图纸目录（图 ZS-00），总体了解图纸，该套图纸是由总施、建施、绿施、水施（略）、电施（略）五大部分组成。

二、分部检查

1. 检查总施部分

根据园林工程施工的要求，检查××广场景观绿化工程总施图纸，其由设计说明（图 ZS-01）、景观总平面图（图 ZS-02）、景观索引图（图 ZS-03）、景观竖向图（图 ZS-04）、景观定位尺寸平面图（图 ZS-05）、景观网格放线图（图 ZS-06）、景观铺装平面图（图 ZS-07）组成，图纸齐全完整，这为顺利开展预算工作做好了准备。

2. 检查建施部分

根据工程内容进行检查建施部分。建施主要包括假山、园林建筑及小品、园路铺装做法详图等，每一工程内容由平面、立面、剖面以及结构做法、详图等组成。××广场景观绿化工程建施包括花架详图（图 JS-01～02）、假山详图（图 JS-03）、花坛坐凳详图（图 JS-04）、铺装结构做法详图（图 JS-05）组成。

3. 检查绿施部分

××广场景观绿化工程绿施部分由绿化设计说明（图 LS-01）、绿化种植平面图（图 LS-02）、植物材料表（图 LS-03）组成。（种植图复杂可分为乔木种植图、灌木种植图、地被植物种植图。）

三、详细阅读

（一）总平面设计识读

由景观总平面图（图 ZS-02），可知：

1）图名、比例、设计说明及风玫瑰图或指北针，了解设计意图、工程性质、设计范围和朝向等。从平面图中可知该景观绿化工程是一处长方形广场景观绿化，比例尺是1∶150。

2）出入口的位置。在广场南、广场东各有一处出入口。

3）广场内园林设计的主要内容。设计内容包括景观小品、绿化种植及特色铺装等。景观小品有花架、假山、成品坐凳。

4）园路系统。该广场园路呈垂直交叉网状系统，通向市政道路，方便市民的出入。

5）植物种植范围。除了园路铺装、假山范围外的空置绿地都是植物种植范围。

（二）竖向设计识读

通过识读景观竖向图（图 ZS-04），可做到以下几方面：

1）找基准点。此图纸标注标高是相对标高。以广场西北角市政道路中线为基础点±0.000，其他的标高都以此为基准点进行相对标注。

2）了解地形竖向整体规划，分析竖向坡度及高程设计的合理性。广场西北角市政道路地势最高，西南面最低，东北面次低，由此可知排水由西排向东、由北排向南，最后排到西南角市政排水管线中去。

3）读建筑、山石和道路广场等设计高程，了解排水方向，明确各景观要素的竖向变化情况。

4）读微地形等高线及其高程标注。在广场东南角处的微地形有三条等高线，从标注中可以看出微地形等高线相对标高0.2m，等高线最高点0.8m，等高线间距0.3m，由此图可计算出微地形高0.6m。

（三）园路广场识读

1. 铺装起始点识读

由景观铺装平面图（图 ZS-07）可知，本工程的铺装起始点可以是南入口或东入口。

2. 南入口铺装识读

由景观铺装平面图（图 ZS-07）可知，南入口铺装面层为 200mm × 100mm × 60mm 透水砖。其结构做法如图 JS-05/2 所示：基层为 200mm 厚天然级配砂砾，垫层为 150mm 厚 C15 混凝土，找平层为 40mm 厚 1∶6 干拌水泥砂灰，粘结层为素水泥砂浆一道，施工顺序为素土夯实→基层→垫层→找平层→粘结层→面层。由此可知南入口挖土方深度为 450mm（200mm + 150mm + 40mm + 60mm）。

3. 广场识读

由景观铺装平面图（图 ZS-07）可知，中心广场中间铺装面层为 600mm × 600mm × 30mm 烧面黄锈石花岗岩 45°斜铺，四周为 600mm × 600mm × 30mm 烧面黄锈石花岗岩收边。其结构做法如图 JS-05/1 所示：基层为 200mm 厚天然级配砂砾，垫层为 150mm 厚 C15 混凝土，找平层为 20mm 厚 1∶3 水泥砂浆，粘结层为 1∶1 水泥砂浆，施工顺序为素土夯实→基层→垫层→找平层→粘结层→面层。由此可知广场挖土方深度为 400mm（200mm + 150mm + 20mm + 30mm）。

4. 东入口铺装识读

由景观铺装平面图（图 ZS-07）可知，东入口铺装面层为粒径 30 ~ 50mm 的卵石铺砌，结构做法如图 JS-05/3 所示：基层为 200mm 厚天然级配砂砾，垫层为 150mm 厚 C15 混凝土，找平层为 20mm 厚 1∶3 水泥砂浆，粘结层为 1∶1 水泥砂浆，施工顺序为素土夯实→基层→垫层→找平层→粘结层→面层。由此可知卵石路面挖土方深度为 400mm（200mm + 150mm + 20mm + 30mm）。

5. 边石识读

由景观铺装平面图（图 ZS-07）可知，入口两侧边石为 500mm × 100mm × 100mm 芝麻白花岗岩边石，结构做法如图 JS-05/4 所示：基层为 200mm 厚天然级配砂砾，垫层为 150mm 厚 C15 混凝土，找平层为 20mm 厚 1∶3 水泥砂浆，粘结层为 1∶1 水泥砂浆。

（四）花架识读

1. 看平面图

由花架平面图（图 JS-01/1）可知：图样比例尺为 1∶50；花架为 400mm × 400mm 钢筋混凝土双柱结构；柱间距，横轴方向 2.4m，纵轴方向 1.8m；顶部由 200mm × 100mm 芬兰木横梁和 200mm × 100mm 芬兰木构件组成。

2. 看立面图

由花架侧立面图（图 JS-02/1）可知：图样比例尺为 1∶50，花架总高 2.7m；柱基部为 20mm 厚黄锈石花岗岩火烧面碎拼，50mm 厚黄锈石花岗岩压顶；柱面层为米黄色真石漆饰面；柱头为二层 200mm × 100mm × 60mm 黄色耐火砖，上环氧胶；顶部由 200mm × 100mm 芬兰木横梁和 200mm × 100mm 芬兰木构件组成。

3. 看剖面图

由花架剖面图（图 JS-01/1）可知：图样比例 1∶50，花架柱基、柱结构为 C20 混凝土，柱基础垫层为 C15 混凝土。

4. 看基础图

由花架的基础、柱大样图（图 JS-02/2）可知：柱基础垫层的尺寸为 1m × 1m，厚度为 0.15m；柱基尺寸为 0.8m × 0.8m，厚度为 0.3m。

（五）假山识读

1. 看平面图

本假山示意平面图（图 JS-03/1）与网格定位线结合在一起，表明了假山做脚的轮廓、范围、位置。本图是计算假山平面面积的依据。由图可知，假山最大长度为 8.60m，最大宽度为 2.20m。

2. 看立面图

本假山示意正立面图（图 JS-03/2）与网格定位线结合在一起，表示假山整体形状以及峰、峦壑等

的变化和相互位置关系及高程。本图是计算假山主体工程量的主要依据。由图可知，假山最高点为3.7m。

3. 看基础平面图和基础剖面图

假山基础平面图（图JS-03/3）表明假山基础的长度为10.00m，宽度4.00m，是定点放样和开挖地基的主要依据。假山基础剖面图（图JS-03/4）说明开挖地基的深度、宽度以及使用的基础材料等。

假山详图识读时要结合网格定位线看清假山的整体和各结构层的高度尺寸、运用的材料以及竖向基本轮廓等，掌握其轮廓变化的节点、尺寸。

（六）植物种植识读

1. 识读种植设计说明（图纸LS-01）

识读种植设计说明，了解种植设计依据、配置方式（为规则式与自然式相关结合的混合式种植）；熟悉绿化地的平整、构筑物清理；掌握土壤要求，以及土层深度、种植穴的要求，为种植土及挖树穴工程计算做准备。

2. 识读绿化种植平面图（图纸LS-02）

识读绿化种植平面图，熟悉乔灌木的种植方式、图例、种类及数量。从乔灌木种植图上可以看出乔木种植方式有对植、丛植、群植。根据每一种乔木图例统计每一种乔木数量。根据每一种灌木图例统计每一种灌木数量。根据设计图纸标注的地被植物种类和面积，统计全园地被植物的种类和面积数量。

3. 识读植物材料表（图纸LS-03）

通过植物材料表，可知乔木、灌木、地被植物的名称、规格要求、数量；同时将植物材料表中的数量与统计的数量相对照，检查是否有差错。

【任务考核】

序号	考核项目	评分标准	配分	得分	备注
1	图纸目录	图纸齐全，满足预算要求	5		
2	设计说明	理解说明意图	5		
3	平面图	掌握工程内容	10		
4	索引图	根据索引图找到详图	5		
5	竖向设计图	理解地形设计意图	10		
6	园路设计图	掌握铺装材质、尺寸及结构做法	15		
7	种植设计图	理解设计意图	15		
8	园林建筑设计图	看懂平面图、立面图、剖面图及结构做法	20		
9	园林景观设计图	看懂平面图、立面图、剖面图及结构做法	15		
			100		

实训指导教师签字： 年 月 日

【巩固练习】

根据本书配套电子资源提供的××别墅景观绿化工程图纸，要求学生按照施工图识图方法正确识读此园林工程各要素的内容及作用，理解设计者的意图。完成施工图纸绿化工程、园路铺装工程、园林景观工程识读。

项目二　园林工程工程量计算

项目概述

园林工程预决算的确定，应以工程所要完成的分部分项工程项目以及为完成分部分项工程而采取的措施项目的数量为依据。对分部分项工程或措施项目工程数量做出正确的计算，并以一定的计量单位描述，这就需要对园林工程量进行计算。

一、工程量和工程量计算的概念

工程量是指以物理计量单位或自然计量单位表示的分部分项工程项目、措施项目或结构构件的数量。物埋计量单位是指需经过度量的具有物理属性的单位，例如：绿篱以长度“米”为计量单位；草坪以面积“平方米”为计量单位；驳岸以体积“立方米”为计量单位。自然计量单位是指不需度量而是以园林工程成品的自然属性表示的计量单位，例如：绿化工程的乔木以“株”为计量单位；安装石桌石凳以“个”为计量单位；安装铁艺椅以“组”为计量单位等。

工程量计算是指园林工程项目以工程设计图纸、施工组织设计或施工方案及有关技术经济文件为依据，按照园林工程国家标准对计算规则、计量单位等的规定，进行工程数量计算的活动。工程量计算在工程建设中简称工程计量。

二、正确计算工程量的意义

工程量计算十分重要。工程量计算的准确度直接影响分部分项工程的直接费用，从而对工程预决算造成很大影响。工程量是施工企业编制项目管理规划，安排工程进度，编制材料供应计划，进行工料分析，编制人工、材料、机械台班需要量，进行工程统计和经济核算的重要依据；也是编制工程形象进度统计报表，向工程建设方结算工程价款的重要依据。

工程量的计算十分复杂，而且工作量较大。一般地说，工程量计算所需的工作时间约占编制施工图预算所需全部时间的70%。

三、工程量计算的依据

(1) 经审定的施工图纸　施工图纸全面反映园林景观工程的各部位的尺寸、工程做法及绿化工程的数量，是工程量计算的基础资料和基本依据。

(2) 工程量计算规则　施工图预算工程量应当按照园林工程的现行国家计量规范规定的工程量计算规则计算。施工结算工程量可选择按月或按工程形象进度分段计算，具体计量周期在合同中约定。因承包人原因造成的超范围施工或返工的工程量，发包人不予计算。

(3) 经审定的施工组织设计或施工技术措施方案　施工图纸主要表现拟建园林工程的实体项目。分项工程的具体施工方法及措施，应按施工组织设计或施工技术措施方案确定。例如，绿化工程中树穴的挖掘是采用人工开挖还是机械挖掘，园林建筑基础土方开挖是否需要放坡、预留工作面或支撑防护等，均应以施工组织设计为计算依据。

四、工程量计算的步骤

1）根据工程内容以及与之相适应的计算规则中的项目，列出必须计算工程量的分部分项工程名称（或项目名称）。

2）根据工程内容、计算顺序和计算规则列出计算式。

3）根据施工图纸的要求确定有关数据，并将其代入计算式进行数值计算。

4）对计算结果的计量单位进行调整，使之与计量规则中规定的相应分部分项工程的计量单位保持一致。

五、工程量计算的原则

1）列项正确。按照园林工程清单或有关定额规定的工程量计算规则计算工程量，避免错算。

2）口径一致。施工图列出的工程项目（工程项目所包括的内容和范围）必须与计量规则中规定的相应工程项目相一致。计算工程量除必须熟悉施工图纸外，还必须熟悉计量规则中每个工程项目所包括的内容和范围。

3）计量单位一致。计算工程量时必须与工程量计算规范或有关定额中规定的计量单位相一致。所计算工程子目的工程量单位必须与定额中相应子目的单位相一致。

4）计算精度统一、满足规范要求。工程量计算的精度将直接影响着所确定的工程造价的精度，因此，数量计算要准确。以“m”“m^2”“m^3”“kg”为单位，应保留小数点后两位数字，第三位小数四舍五入；以“吨（t）”为单位，应保留小数点后三位数字，第四位小数四舍五入；以株、根、座等为单位，应取整数。

5）按图纸，结合园林工程的具体情况进行计算。

技能要求

1. 能够运用定额工程量计算规则计算园林工程各要素工程量。
2. 能够运用工程量清单项目计算规则计算园林工程各要素工程量。

知识要求

1. 熟悉工程量计算依据。
2. 掌握工程量计算步骤。
3. 掌握园林工程量计算规则。

任务一 绿化工程量计算

【能力目标】

1. 能够运用绿化工程定额工程量计算规则计算工程量。
2. 能够运用绿化工程清单工程量计算规则计算工程量。

【知识目标】

1. 熟悉绿化工程工程量计算相关知识。
2. 掌握绿化工程定额工程量计算规则。
3. 掌握绿化工程工程量清单计算规则。

【思政目标】

1. 通过绿化工程量的计算，认识生态环境的重要性。
2. 通过绿化工程量的计算，培养求真务实、刻苦钻研的精神。

【任务描述】

××市政府投资项目建设管理办公室拟建××广场景观绿化工程，园林景观面积1043.42m^2，其中绿化面积642.12m^2，绿化工程包括乔木种植、灌木种植、地被种植及一年养护。具体种植方式见附录中的图纸LS-02，栽植的园林植物品种、规格、数量见图纸LS-03植物材料表。请根据图纸LS-01~03，完成该绿化工程定额工程量的计算和工程量清单项目的计算，并填写工程量计算表。

【任务分析】

绿化工程是园林工程中重要组成部分。植物种类和规格是影响绿化工程造价的主要因素，因此在计算工程量时，首先必须认真阅读植物材料表，掌握设计人员对植物的胸径、植株高度、冠幅的要求；其次要认真阅读绿化工程设计说明，掌握绿化种植及养护的要求。根据设计要求，完成绿化工程量及相应养护工程量的计算。

【知识准备】

一、术语解释

（1）胸径（干径） 为乔木地表面向上1.2~1.3m高处树干的直径（或以工程所在地规定为准）。

（2）冠径（冠幅） 为乔木树冠垂直投影面的最大直径和最小直径之间的平均值。

（3）蓬径 为灌木、灌丛垂直投影面的直径。

（4）地径 应为小乔木地表面向上0.1m高处树干直径。

（5）株高 为乔木地表面至树顶端的高度。

（6）冠丛高 为地表面至灌木顶端的高度。

（7）篱高 为地表面至绿篱顶端的高度。

（8）养护期 绿化植物种植后，竣工验收通过后承包人需要浇水、施肥、打药等保证植物成活需要的养护时间。

二、园林绿化工程定额工程量计算规则

（一）绿化工程准备工作工程量计算规则

1. 准备工作的内容

（1）勘察现场 绿化工程施工前需对现场调查，对架高物、地下管网、各种障碍物以及水源、地质、交通等状况做全面的了解，并做好施工安排或施工组织设计。

（2）清理绿化用地

1）人工平整。人工平整是指地面凹凸高差在±30cm以内的就地挖填找平。凡高差超出±30cm的，每10cm增加人工费35%，不足10cm的按10cm计算。

2）机械平整场地。不论地面凹凸高差多少，一律执行机械平整。

2. 工程量计算规则

1）勘察现场：以植株计算。灌木类每丛折合1株，绿篱每延长米折合1株，乔木不分品种一律以株为计量单位。

2）撤除障碍物：按实际拆除体积以“m^3”为计量单位。

3）平整场地：按设计供栽植的绿化范围以“m^2”为计量单位。

（二）园林植树工程工程量计算规则

1. 植树工程内容

1）刨树坑分三项：刨树坑、刨绿篱沟、刨绿带沟。土壤划分为坚硬土、杂质土、普通土三种。刨树坑系按设计地面标高下掘，无设计标高的以一般水平面为准。

2）施肥分七项：乔木施肥、观赏乔木施肥、花灌木施肥、常绿乔木施肥、绿篱施肥、攀缘植物施肥、草坪及地被施肥。（施肥主要指有机肥，其价格已包括场外运费。）

3）修剪分三项：修剪、强剪、绿篱平剪。修剪指栽植前的修根、修枝；强剪指“抹头”；绿篱平剪指栽植后的第一次顶部定高进行的修剪及两侧垂直或正梯形坡剪。

4）防治病虫害分三项：刷药、涂白、人工喷药。

5）树木栽植分七项：乔木、果树、观赏乔木、花灌木、常绿灌木、绿篱、攀缘植物。

6）树木支撑分六项：三脚桩支撑、两架一拐、三架一拐、四脚钢筋架、竹竿支撑、绑扎幌绳。

7）新树浇水分两项：人工胶管浇水、汽车浇水。人工胶管浇水，距水源以100m以内为准，每超过50m，用工增加14%。

8）清理废土：分人力车运土和装载机自卸车运土。

9）铺设盲管：包括找泛水、接口、养护、清理并保证管内无滞塞物。

10）铺淋水层：由上至下、由粗至细配级，按设计厚度均匀干铺。

11）原土过筛：在保证工程质量的前提下，充分利用原土降低造价，但原土的瓦砾、杂物含量不超过30%，且土质物理化学性质要符合种植要求。

2. 工程量计算规则

1）刨树坑以个计算，刨绿篱沟以延长米计算，刨绿带沟以“m^3”计算。

2）原土过筛：按筛后的好土以“m^3”计算。

3）土坑换土：以实挖的土坑体积乘以系数1.43计算。

4）施肥、刷药、涂白、人工喷药、栽植支撑等项目的工程量均按植物的株数计算，草坪、地被修剪、除草等均以“m^2”计算。

5）植物修剪、新树浇水的工程量，除绿篱以延长米计算外，树木均按株数计算。

6）清理竣工现场：每株树木（不分规格）按$5m^2$计算，绿篱每延长米按$3m^2$计算。

7）盲管工程量：按管道中心线全长以延长米计算。

（三）花卉种植与草坪铺栽工程工程量计算规则

1. 花卉种植与草坪铺栽工程内容

（1）一、二年生花卉　个体发育在一年内完成或二年内才能完成的一类草本观赏植物。例如：鸡冠花、百日草、三色堇等。

（2）宿根花卉　开花、结果后，冬季整个植株或地下部分能越冬的一类草本观赏植物。包括落叶宿根花卉和常绿宿根花卉。

（3）木本花卉　专指有木质化枝干的多年观赏花卉。例如：月季、牡丹等。

2. 工程量计算规则

1）本分项包括花卉种植和草坪铺栽两部分，苗木栽植按土壤情况、品种、类别分别计算，草花、木本花卉、草坪均以“m^2”为计量单位计算。

2）草坪、色带（块）、宿根花卉以“m^2”计算（宿根花卉9株/m^2，色块12株/m^2，木本花卉5株/m^2，或根据设计要求的株数计算苗木每平方米数量）

（四）大树移植工程工程量计算规则

1. 大树移植工程内容

1）凡珍贵树种或树干的胸径在10cm以上、高度在4m以上的大乔木进行移栽的过程称为大树移植。

2）在定级中不含大树移植专项，做预算时按照普通苗木计算。但其所增加的人工、材料、设备及技术措施费用等均另行计算。

3）大树移植工程量计算时人工、机械综合取定考虑。不管采用何种方式移植，既不予增加人工费，也不扣除机械费。

2. 工程量计算规则

1）本分部包括大型乔木移植、大型常绿树移植两部分，每部分又分为带土台和装木箱两种。

2）大树移植的规格：乔木以胸径10cm以上为起点，分10～15cm、15～20cm、20～30cm、30cm以上四个规格。小于此规格者可按一般植树工程定额计算。

3）浇水按自来水考虑，为三遍水的费用。

4）所用起重机、汽车按不同规格计算。

5）工程量按移植株数计算。

（五）绿化养护管理工程工程量计算规则

1. 绿化养护管理的内容

1）浇灌：乔木浇透水10次，常绿树木浇透水6次，花灌木浇透水13次，花卉每周浇透水1～2次。

2）中耕除草：乔木10遍，花灌木6遍，常绿树木2遍。

3）草坪：草坪修剪按草种不同修剪2～4次，草坪清杂草应随时进行。

4）喷药：乔木、花灌木、花卉7～10遍。

5）打芽及定型修剪：落叶乔木3次，常绿树木2次、花灌木1～2次。

6）喷水。移植大树除浇水外，还应适当喷水，常绿类6～7月份共喷124次，植保用农药化肥随浇水执行。

7）防寒越冬可按不同防寒措施分别计算。

2. 工程量计算规则

乔灌木以株计算；绿篱以延长米计算；花卉、草坪、地被类以“m^2”计算。

三、园林绿化工程清单工程量计算规则

为规范园林绿化工程工程量清单计价行为，统一园林绿化工程工程量清单的编制和计价方法，住房和城乡建设部及国家质量监督检验检疫总局联合发布了《园林绿化工程工程量计算规范》（GB 50858—2013）自2013年7月1日起施行。

其中园林绿化工程清单项目如下：

1. 绿地整理工程清单工程量计算规则

工程量清单项目设置、项目特征描述的内容、计量单位、工程量计算规则应按表2-1（编码：050101）的规定执行。

表2-1　绿地整理（编码：050101）

项目编码	项目名称	项目特征	计量单位	工程量计算规则	工程内容
050101001	砍伐乔木	树干胸径	株	按数量计算	1. 砍伐 2. 废弃物运输 3. 场地清理
050101002	挖树根（蔸）	地径			1. 挖树根 2. 废弃物运输 3. 场地清理

（续）

项目编码	项目名称	项目特征	计量单位	工程量计算规则	工程内容
050101003	砍挖灌木丛及根	丛高或蓬径	1. 株 2. m^2	1. 以株计量，按数量计算 2. 以平方米计量，按面积计算	1. 砍挖 2. 废弃物运输 3. 场地清理
050101004	砍挖竹及根	根盘直径	株（丛）	按数量计算	
050101005	砍挖芦苇（或其他水生植物）及根	根盘丛径	m^2	按面积计算	
050101006	清除草皮	草皮种类			1. 除草 2. 废弃物运输 3. 场地清理
050101007	清除地被植物	植物种类			1. 清除植物 2. 废弃物运输 3. 场地清理
050101008	屋面清理	1. 屋面做法 2. 屋面高度		按设计图示尺寸以面积计算	1. 原屋面清扫 2. 废弃物运输 3. 场地清理
050101009	种植土回（换）填	1. 回填土质要求 2. 取土运距 3. 回填厚度 4. 弃土运距	1. m^3 2. 株	1. 以立方米计量，按设计图示回填面积乘以回填厚度以体积计算 2. 以株计量，按设计图示数量计算	1. 土方挖、运 2. 回填 3. 找平、找坡 4. 废弃物运输
050101010	整理绿化用地	1. 回填土质要求 2. 取土运距 3. 回填厚度 4. 找平找坡要求 5. 弃渣运距	m^2	按设计图示尺寸以面积计算	1. 排地表水 2. 土方挖、运 3. 耙细、过筛 4. 回填 5. 找平、找坡 6. 拍实 7. 废弃物运输
050101011	绿地起坡造型	1. 回填土质要求 2. 取土运距 3. 起坡平均高度	m^3	按设计图示尺寸以体积计算	1. 排地表水 2. 土方挖、运 3. 耙细、过筛 4. 回填 5. 找平、找坡 6. 废弃物运输
050101012	屋顶花园基底处理	1. 找平层厚度、砂浆种类、强度等级 2. 防水层种类、做法 3. 排水层厚度、材质 4. 过滤层厚度、材质 5. 回填轻质土厚度、种类 6. 屋顶高度 7. 阻根层厚度、材质、做法	m^2	按设计图示尺寸以面积计算	1. 抹找平层 2. 防水层铺设 3. 排水层铺设 4. 过滤层铺设 5. 填轻质土壤 6. 阻根层铺设 7. 运输

注：整理绿化用地项目包含厚度≤300mm 回填土；厚度＞300mm 回填土，应按现行国家标准《房屋建筑与装饰工程工程量计算规范》（GB 50854—2013）相应项目编码列项。

2. 栽植花木工程清单工程量计算规则

工程量清单项目设置、项目特征描述的内容、计量单位、工程量计算规则应按表 2-2（编码：050102）的规定执行。

表 2-2　栽植花木（编码：050102）

<table>
<tr><th>项目编码</th><th>项 目 名 称</th><th>项 目 特 征</th><th>计量单位</th><th>工程量计算规则</th><th>工 程 内 容</th></tr>
<tr><td>050102001</td><td>栽植乔木</td><td>1. 种类
2. 胸径或干径
3. 株高、冠径
4. 起挖方式
5. 养护期</td><td>株</td><td>按设计图示数量计算</td><td rowspan="9">1. 起挖
2. 运输
3. 栽植
4. 养护</td></tr>
<tr><td>050102002</td><td>栽植灌木</td><td>1. 种类
2. 根盘直径
3. 冠丛高
4. 蓬径
5. 起挖方式
6. 养护期</td><td>1. 株
2. m^2</td><td>1. 以株计量，按设计图示数量计算
2. 以平方米计量，按设计图示尺寸以绿化水平投影面积计算</td></tr>
<tr><td>050102003</td><td>栽植竹类</td><td>1. 竹种类
2. 竹胸径或根盘丛径
3. 养护期</td><td>株（丛）</td><td rowspan="2">按设计图示数量计算</td></tr>
<tr><td>050102004</td><td>栽植棕榈类</td><td>1. 种类
2. 株高、地径
3. 养护期</td><td>株</td></tr>
<tr><td>050102005</td><td>栽植绿篱</td><td>1. 种类
2. 篱高
3. 行数、蓬径
4. 单位面积株数
5. 养护期</td><td>1. m
2. m^2</td><td>1. 以米计量，按设计图示长度以延长米计算
2. 以平方米计量，按设计图示尺寸以绿化水平投影面积计算</td></tr>
<tr><td>050102006</td><td>栽植攀缘植物</td><td>1. 植物种类
2. 地径
3. 单位长度株数
4. 养护期</td><td>1. 株
2. m</td><td>1. 以株计量，按设计图示数量计算
2. 以米计量，按设计图示种植长度以延长米计算</td></tr>
<tr><td>050102007</td><td>栽植色带</td><td>1. 苗木、花卉种类
2. 株高或蓬径
3. 单位面积株数
4. 养护期</td><td>m^2</td><td>按设计图示尺寸以面积计算</td></tr>
<tr><td>050102008</td><td>栽植花卉</td><td>1. 花卉种类
2. 株高或蓬径
3. 单位面积株数
4. 养护期</td><td>1. 株（丛、缸）
2. m^2</td><td rowspan="2">1. 以株（丛、缸）计量，按设计图示数量
2. 以平方米计量，按设计图示尺寸以水平投影面积计算</td></tr>
<tr><td>050102009</td><td>栽植水生植物</td><td>1. 植物种类
2. 株高或蓬径或芽数/株
3. 单位面积株数
4. 养护期</td><td>1. 丛（缸）
2. m^2</td></tr>
</table>

（续）

项目编码	项 目 名 称	项 目 特 征	计量单位	工程量计算规则	工 程 内 容
050102010	垂直墙体绿化种植	1. 植物种类 2. 生长年数或地（干）径 3. 栽植容器材质、规格 4. 栽植基质种类、厚度 5. 养护期	1. m^2 2. m	1. 以平方米计量，按设计图示尺寸以水平投影面积计算 2. 以米计量，按设计图示种植长度以延长米计算	1. 起挖 2. 运输 3. 栽植容器安装 4. 栽植 5. 养护
050102011	花卉立体布置	1. 草本花卉种类 2. 高度或蓬径 3. 单位面积株数 4. 种植形式 5. 养护期	1. 单体（处） 2. m^2	1. 以单体（处）计量，按设计图示数量 2. 以平方米计量，按设计图示尺寸以面积计算	1. 起挖 2. 运输 3. 栽植 4. 养护
050102012	铺种草皮	1. 草皮种类 2. 铺种方式 3. 养护期	m^2	按设计图示尺寸以绿化投影面积计算	1. 起挖　2. 运输 3. 铺底砂(土)　4. 栽植 5. 养护
050102013	喷播植草（灌木）籽	1. 基层材料种类规格 2. 草（灌木）籽种类 3. 养护期			1. 基层处理 2. 坡地细整 3. 喷播 4. 覆盖 5. 养护
050102014	植草砖内植草	1. 草坪种类 2. 养护期			1. 起挖 2. 运输 3. 覆土（砂） 4. 铺设 5. 养护
050102015	挂网	1. 种类 2. 规格	m^2	按设计图示尺寸以挂网投影面积计算	1. 制作 2. 运输 3. 安放
050102016	箱/钵栽植	1. 箱/钵体材料种类 2. 箱/钵外形尺寸 3. 栽植植物种类、规格 4. 土质要求 5. 防护材料种类 6. 养护期	个	按设计图示箱/钵数量计算	1. 制作 2. 运输 3. 安放 4. 栽植 5. 养护

3. 绿地喷灌工程清单工程量计算规则

工程量清单项目设置、项目特征描述的内容、计量单位、工程量计算规则应按表 2-3（编码：050103）的规定执行。

表 2-3　绿地喷灌（编码：050103）

项目编码	项 目 名 称	项 目 特 征	计量单位	工程量计算规则	工 作 内 容
050103001	喷灌管线安装	1. 管道品种、规格 2. 管件品种、规格 3. 管道固定方式 4. 防护材料种类 5. 油漆品种、刷漆遍数	m	按设计图示管道中心线长度以延长米计算，不扣除检查（阀门）井、阀门、管件及附件所占的长度	1. 管道铺设 2. 管道固筑 3. 水压试验 4. 刷防护材料、油漆

（续）

项目编码	项目名称	项目特征	计量单位	工程量计算规则	工作内容
050103002	喷灌配件安装	1. 管道附件、阀门、喷头品种、规格 2. 管件附件、阀门、喷头固定方式 3. 防护材料种类 4. 油漆品种、刷漆遍数	个	按设计图示数量计算	1. 管道附件、阀门、喷头安装 2. 水压试验 3. 刷防护材料、油漆

注：1. 挖填土石方应按现行国家标准《房屋建筑与装饰工程工程量计算规范》（GB 50854—2013）附录 A 相关项目编码列项。
2. 阀门井应按现行国家标准《市政工程工程量计算规范》（GB 50857—2013）相关项目编码列项。

【任务实施】

一、绿化种植工程定额工程量计算

（一）工程量计算依据

本任务以附录中的××广场景观绿化工程图纸，辽宁省绿化工程定额工程量计算规则、常规施工组织设计，一年绿化养护期限为计算工程量依据。

（二）列出分部分项工程项目名称

根据××广场景观绿化工程绿施部分图纸 LS-01～03、辽宁省绿化工程定额工程量计算规则，逐项列出分部分项工程项目名称、单位。

（三）列出工程量计算式并计算结果

根据植物材料表给定的数量并结合图纸统计乔木、灌木、地被植物数量以及一年绿化养护的内容。

（四）调整计量单位

对计算结果的计量单位进行调整，使之与定额工程量计量规则中规定的相应分部分项工程的计量单位保持一致。如草坪日常养护的计算面积单位是“m^2”，而预算定额中是以“$10m^2$”为一个计量单位，所以要把工程量的单位由“m^2”换成“$10m^2$”，将内容填入表 2-4～表 2-7 中。

表 2-4 绿地整理定额工程量计算表

序号	项目名称	工程量表达式	工程量		备注
			单位	数量	
1	整理绿化用地	$642.12m^2$	$10m^2$	64.212	图纸内绿地面积累加
2	人工挖树坑	$(36\times1.4\times1.4\times0.9+30\times0.8\times0.8\times0.45)m^3=74.26m^3$	m^3	74.26	乔木树坑大小为：1.4m×1.4m×0.9m 灌木树坑大小为：0.8m×0.8m×0.45m
3	回填种植土	$(642.70\times0.3)m^3=192.81m^3$	m^3	192.81	回填深度 300mm

表 2-5　乔木定额工程量计算表

序号	项目名称	工程量表达式	工程量		备　注
			单　位	数　量	
1	起挖银杏，胸径 10～12cm，乔木带土球（直径 100cm 以内）	6.00 株	株	6.00	按设计图示数量计算
2	栽植银杏，胸径 10～12cm，乔木带土球（直径 100cm 以内）	6.00 株	株	6.00	
3	起挖樱花，胸径 6～8cm，乔木带土球（直径 70cm 以内）	4.00 株	株	4.00	
4	栽植樱花，胸径 6～8cm，乔木带土球（直径 70cm 以内）	4.00 株	株	4.00	
5	起挖栾树，胸径 10～12cm，乔木带土球（直径 100cm 以内）	6.00 株	株	6.00	
6	栽植栾树，胸径 10～12cm，乔木带土球（直径 100cm 以内）	6.00 株	株	6.00	
7	起挖合欢，胸径 10～12cm，乔木带土球（直径 100cm 以内）	3.00 株	株	3.00	
8	栽植合欢，胸径 10～12cm，乔木带土球（直径 100cm 以内）	3.00 株	株	3.00	
9	起挖玉兰，胸径 8～10cm，乔木带土球（直径 80cm 以内）	9.00 株	株	9.00	
10	栽植玉兰，胸径 8～10cm，乔木带土球（直径 80cm 以内）	9.00 株	株	9.00	
11	起挖碧桃，地径 4～6cm，裸根（胸径 6cm 以内）	3.00 株	株	3.00	
12	栽植碧桃，地径 4～6cm，裸根（胸径 6cm 以内）	3.00 株	株	3.00	
13	起挖云杉，株高 3.5～4.5m，乔木带土球（直径 120cm 以内）	5.00 株	株	5.00	
14	栽植云杉，株高 3.5～4.5m，乔木带土球（直径 120cm 以内）	5.00 株	株	5.00	
15	树棍桩三脚桩支撑	36.00 株	株	36.00	乔木胸径大于 5cm 时需要支撑
16	草绳绕树干，树干胸径 10cm 以内	$(9+4+3)\times1.5\text{m}=24.00\text{m}$	m	24.00	草绳缠绕高度为 1.5m
17	草绳绕树干，树干胸径 15cm 以内	$(6+3+6)\times1.7\text{m}=25.50\text{m}$	m	25.50	草绳缠绕高度为 1.7m
18	开盘直径（2m 以内）松土（乔木）	(9+4+3+6+3+6+5)株=36 株	100 株	0.36	
19	开盘直径（2m 以内）施肥（乔木）	36.00 株	100 株	0.36	
20	树干防寒涂白，胸径 6～10cm	16.00 株	株	16.00	
21	树干防寒涂白，胸径 10cm 以上	15.00 株	株	15.00	
22	乔木浇水	$(36\times0.3\times10)\text{m}^3$	m^3	108	每株浇水 0.3m^3，每年浇水 10 次

说明：乔木带土球大小为胸径的 7～10 倍。

表 2-6　灌木定额工程量计算表

序号	项目名称	工程量表达式	工程量		备注
			单位	数量	
1	起挖丁香，灌丛高 1.5 ~ 1.8m，灌木裸根（冠丛高 200cm 以内）	4.00 株	株	4.00	按设计图示数量计算
2	栽植丁香，灌丛高 1.5 ~ 1.8m，灌木裸根（冠丛高 200cm 以内）	4.00 株	株	4.00	
3	起挖连翘，灌丛高 1.5 ~ 1.8m，灌木裸根（冠丛高 200cm 以内）$n>10$	7.00 株	株	7.00	
4	栽植连翘，灌丛高 1.5 ~ 1.8m，灌木裸根（冠丛高 200cm 以内）$n>10$	7.00 株	株	7.00	
5	起挖榆叶梅，灌丛高 1.5 ~ 1.8m，灌木裸根（冠丛高 200cm 以内）$n>10$	8.00 株	株	8.00	
6	栽植榆叶梅，灌丛高 1.5 ~ 1.8m，灌木裸根（冠丛高 200cm 以内）$n>10$	8.00 株	株	8.00	
7	起挖黄杨球，灌丛高 1.0 ~ 1.2m，冠幅 1.0 ~ 1.2m，灌木带土球（直径 40cm 以内）	11.00 株	株	11.00	
8	栽植黄杨球，灌丛高 1.0 ~ 1.2m，冠幅 1.0 ~ 1.2m，灌木带土球（直径 40cm 以内）	11.00 株	株	11.00	
9	树冠修剪灌木整形（黄杨球）	11.00 株	株	11.00	
10	开盘直径（1m 以内）松土	30.00 株	100 株	0.30	
11	开盘直径（1m 以内）施肥	30.00 株	100 株	0.30	
12	灌木浇水	$(30\times0.2\times10)\ m^3$	m^3	60	每株浇水 $0.2m^3$，每年浇水 10 次

表 2-7　地被植物定额工程量计算表

序号	项目名称	工程量表达式	工程量		备注
			单位	数量	
1	栽植片植绿篱（片植高度 60cm 以内）　苗木种类：紫叶李色带　苗木株高：修剪后 0.6m　苗木冠幅：0.2 ~ 0.3m　栽植密度：16 株/m^2	$(11.56+11.56)\ m^2=23.12m^2$	m^2	23.12	图示工程量累加
2	栽植双排绿篱（高 80cm 以内）　大叶黄杨绿篱篱高：修剪后 0.8m　行数：双行	$(12.1+12.1)\ m=24.20m$	m	24.20	图示工程量累加
3	栽植花卉 木本花月季　苗木株高：0.6m　苗木冠幅：0.2 ~ 0.3m　栽植密度：9 株/m^2	$18.89m^2$	m^2	18.89	图示工程量
4	栽植宿根花卉　萱草　苗木株高：0.20m　苗木冠幅：0.1 ~ 0.20m　栽植密度：25 株/m^2	$41.08m^2$	m^2	41.08	图示工程量
5	栽植花坛　一般图案矮牵牛　苗木株高：0.2m　苗木冠幅：0.1 ~ 0.2m　栽植密度：36 株/m^2	$(13.68+19.32+26.76)\ m^2=59.76m^2$	m^2	59.76	图示工程量累加
6	起挖草皮（带土厚度 2cm 以上）	$(260.68+51.24+16.99+98.31+45.52-11.56-0.43)\ m^2=484.75m^2$	m^2	484.75	图示工程量累加

（续）

序号	项目名称	工程量表达式	工程量		备　注
			单　位	数　量	
7	满铺草皮　平坦表面	484.75m^2	m^2	484.75	
8	人工修剪绿篱　高×宽 90cm×80cm 以内	24.20m	m	24.20	
9	绿篱色带管理　松土除草	(23.12+24.2×0.6) m^2 =37.64m^2	m^2	37.64	
10	绿篱色带管理　施肥	37.64m^2	m^2	37.64	
11	机械修剪绿篱　紫叶李色带　高 80cm 以内	23.12m^2	m^2	23.12	
12	施干肥（追肥）　栽植花卉　木本花（月季）	18.89m^2	m^2	18.89	
13	施干肥（追肥）　栽植花卉　草本花（萱草、矮牵牛）	(41.08+59.76) m^2 =100.84m^2	m^2	100.84	
14	人工修剪　木本花（月季）	18.89×9 株 =170.00 株	10 株	17.00	
15	人工修剪　草本花（萱草、矮牵牛）	(59.76×36+41.08×25) 株 = 3178.00 株	10 株	317.80	
16	花卉管理　除草	(18.89+41.8+59.76) m^2 = 120.45m^2	m^2	120.45	
17	草坪养护　人工除草	484.75m^2	10m^2	48.475	
18	草坪修剪　机剪子目×2	484.75m^2	10m^2	48.475	
19	草坪日常养护	484.75m^2	10m^2	48.475	
20	地被植物浇水	(23.12+24.20×0.6+ 18.90+41.08+59.76+ 484.75) ×0.40m^3 =256.85m^3	m^3	256.85	地被植物每年每平方米浇水量 0.40m^3

二、绿化种植工程清单工程量计算

（一）工程量计算依据

本任务以附录中的××广场景观绿化工程图纸，辽宁省绿化工程清单工程量计算规则、常规施工组织设计，一年绿化养护期限为计算工程量依据。

（二）列出分部分项工程项目名称

根据××广场景观绿化工程绿施部分图纸 LS-01~03、绿化工程清单工程量计算规则，逐项列出分部分项工程项目名称、单位。

（三）列出工程量计算式并计算结果

根据植物材料表给定的数量并结合图纸统计乔木、灌木、地被植物工程数量，将内容填入表 2-8~表 2-11 中。

表 2-8　绿地整理清单工程量计算表

序号	分部分项工程名称	项目特征	计量单位	工程量计算规则	工程量	计算式	工程内容
1	整理绿化用地		m^2	按设计图示计算	642.12	642.12m^2	清理场地，±30cm 以内挖、填、找平，绿地整理

（续）

序号	分部分项工程名称	项目特征	计量单位	工程量计算规则	工程量	计算式	工程内容
2	人工挖树坑		m^3	按乔灌木树坑大小计算	74.26	(36×1.4×1.4×0.9+28×0.8×0.8×0.6) m^3 =74.26m^3	挖树坑
3	回填种植土	1. 土壤类别：三类土 2. 土质要求：满足种植要求 3. 回填厚度：300mm	m^3	按绿化设计图示计算	192.81	(642.70×0.3) m^3 =192.81m^3	运输、回填

表 2-9　乔木清单工程量计算表

序号	项目名称	项目特征	计量单位	工程量计算规则	工程量	计算式	工程内容
1	栽植乔木	1. 乔木种类：银杏 2. 胸径：10~12cm 3. 株高：7.0~8.0m 4. 冠径：3.5~4.0m 5. 土球直径：100cm 6. 养护期：一年	株	按设计图示数量计算	6.00		1. 起挖 2. 运输 3. 栽植 4. 养护内容：支撑、缠草绳、松土、施肥、涂白、浇水
2	栽植乔木	1. 乔木种类：樱花 2. 胸径：6~8cm 3. 株高：3.0~3.5m 4. 冠径：2.5~3.0m 5. 土球直径：70cm 6. 养护期：一年	株		4.00		
3	栽植乔木	1. 乔木种类：栾树 2. 胸径：10~12cm 3. 株高：5.0~6.0m 4. 冠径：3.5~4.0m 5. 土球直径：100cm 6. 养护期：一年	株		6.00		
4	栽植乔木	1. 乔木种类：合欢 2. 胸径：10~12cm 3. 株高：5.0~6.0m 4. 冠径：3.5~4.0m 5. 土球直径：100cm 6. 养护期：一年	株		3.00		
5	栽植乔木	1. 乔木种类：玉兰 2. 胸径：8~10cm 3. 株高：4.0~5.0m 4. 冠径：2.5~3.0m 5. 土球直径：80cm 6. 养护期：一年	株		9.00		

（续）

序号	项目名称	项目特征	计量单位	工程量计算规则	工程量	计算式	工程内容
6	栽植乔木	1. 乔木种类：碧桃 2. 地径：4～6cm 3. 株高：2.5～3.0m 4. 冠径：1.5～2.0m 5. 裸根 6. 养护期：一年	株		3.00		1. 起挖 2. 运输 3. 栽植 4. 养护内容：支撑、缠草绳、松土、施肥、涂白、浇水
7	栽植乔木	1. 乔木种类：云杉 2. 株高：4.5～5.5m 3. 冠径：2.0～3.0m 5. 土球直径：120cm 6. 养护期：一年	株		5.00		

表 2-10　灌木清单工程量计算表

序号	项目名称	项目特征	计量单位	工程量计算规则	工程量	计算式	工程内容
1	栽植灌木	1. 灌木种类：丁香 2. 灌丛高：1.5～1.8m 3. 冠幅：1.2～1.5m 4. 养护期：一年	株	按设计图示数量计算	4.00		1. 起挖 2. 运输 3. 栽植 4. 养护内容：松土、施肥、修剪球类、浇水
2	栽植灌木	1. 灌木种类：连翘 2. 灌丛高：1.5～1.8m 3. 冠幅：1.2～1.5m 4. 养护期：一年	株		7.00		
3	栽植灌木	1. 灌木种类：榆叶梅 2. 灌丛高：1.5～1.8m 3. 冠幅：1.2～1.5m 4. 养护期：一年	株		8.00		
4	栽植灌木	1. 灌木种类：黄杨球 2. 灌丛高：1.0～1.2m 3. 冠幅：1.0～1.2m 4. 养护期：一年	株		11.00		

表 2-11　地被植物清单工程量计算表

序号	项目名称	项目特征	计量单位	工程量计算规则	工程量	计算式	工程内容
1	栽植绿篱	1. 绿篱种类：大叶黄杨绿篱 2. 篱高：修剪后0.8m 3. 行数：双行 4. 养护期：一年	m	按设计图示以长度计算	24.20	12.10m＋12.10m＝24.20m	1. 起挖 2. 运输 3. 栽植 4. 养护内容：修剪、施肥、除草、浇水
2	栽植色带	1. 苗木种类：紫叶李色带 2. 苗木株高：修剪后0.6m 3. 苗木冠幅：0.2～0.3m 4. 栽植密度：16株/m^2 5. 养护期：一年	m^2	按设计图示尺寸以面积计算	23.12	$11.56m^2＋11.56m^2＝23.12m^2$	

（续）

序号	项目名称	项目特征	计量单位	工程量计算规则	工程量	计算式	工程内容
3	栽植花卉	1. 花卉种类：月季 2. 花卉株高：0.6m 3. 花卉冠幅：0.2～0.3m 4. 栽植密度：9 株/m^2 5. 养护期：一年	m^2	按设计图示面积计算	18.89	18.89m^2	1. 起挖 2. 运输 3. 栽植 4. 养护内容：修剪、施肥、除草、浇水
4	栽植花卉	1. 花卉种类：萱草 2. 花卉株高：0.20m 3. 花卉冠幅：0.1～0.20m 4. 栽植密度：25 株/m^2 5. 养护期：一年	m^2	按设计图示面积计算	41.08	41.08m^2	
5	栽植花卉	1. 花卉种类：矮牵牛 2. 花卉株高：0.2m 3. 花卉冠幅：0.1～0.2m 4. 栽植密度：36 株/m^2 5. 养护期：一年	m^2	按设计图示面积计算	59.76	(13.68 + 19.32 + 26.76) m^2 = 59.76m^2	
6	铺种草皮	1. 草皮种类：优异早熟禾草坪卷 2. 铺种方式：满铺 3. 养护期：一年	m^2	按设计图示尺寸以面积计算	484.75	(260.68 + 51.24 + 16.99 + 98.31 + 45.52 − 11.56 − 0.43) m^2 = 484.75m^2	1. 起挖 2. 运输 3. 铺底砂（土） 4. 栽植 5. 养护

【任务考核】

序号	考核项目	评分标准	配分	得分	备注
1	绿化准备工程量	工程量计算准确，项目特征描述正确	25		
2	乔木工程量	工程量计算准确，项目特征描述正确	25		
3	灌木工程量	工程量计算准确，项目特征描述正确	25		
4	地被植物工程量	工程量计算准确，项目特征描述正确	25		
			100		

实训指导教师签字：　　　　　　　　　　年　月　日

【巩固练习】

根据本书配套电子资源提供的××别墅景观绿化工程图纸，教师要求学生完成绿化工程中乔木、灌木、地被植物等的定额工程量和清单工程量的计算。

任务二　园路园桥工程量计算

【能力目标】

1. 能够运用园路园桥工程定额工程量计算规则计算工程量。
2. 能够运用园路园桥工程清单工程量计算规则计算工程量。

【知识目标】

1. 熟悉园路园桥工程相关知识。

2. 掌握园路园桥定额工程量计算规则。
3. 掌握园路园桥工程清单工程量计算规则。

【思政目标】

1. 通过观看中国古典园路、园桥的经典案例，学习优秀的中国园林文化，认识中国传统文化的博大精深。
2. 通过园路、园桥工程量的计算，培养严谨、细致的精神。

【任务描述】

计算××广场景观绿化工程园路工程量。请根据图纸 ZS-07、JS-05，园林工程定额工程量计算规则和清单工程量计算规则计算园路的工程量，并填写工程量计算表。

【任务分析】

园路、园桥工程的材质和施工做法是影响工程造价的重要因素，因此不同材质的园路、园桥及假山工程要分别计算工程量，这有利于以后工程预算单价的确定。同时要认真阅读园路、园桥及假山工程施工结构详图，按照设计要求计算各层结构的工程量。

【知识准备】

一、园路、园桥工程内容

（一）园路工程内容

1. 园路土基整理
1）按路床面积计算，以“m^2”为单位。
2）工作内容：厚度在 30cm 以内挖、填土，找平、夯实、修整，弃土于 2m 以外。
2. 园路垫层
1）按不同材料以体积计算，以“m^3”为单位。
2）工作内容：筛土、浇水、拌和、铺设、找平、灌浆、振实、养护。
3. 园路面层
1）按不同材料以面积计算，以“m^2”为单位。
2）工作内容：放线、修整路槽、夯实、修平垫层、调浆、铺面层、嵌缝、清扫。
4. 路牙、树池围牙
1）按不同材料以延长米计算，以“m”为单位。
2）工作内容：放线，人工刨槽，清土，垫层平整，安装顺直，填土夯实，勾缝。

（二）园桥工程内容

1）桥面按不同材料以面积计算，以“m^2”为单位；其他按体积计算，以“m^3”为单位。园桥挖土、垫层、勾缝及有关配件制作、安装应套用相应项目另行计算。

2）工作内容：选石、修石、运石，调、运、铺砂浆。

二、园路、园桥定额工程量计算规则

1. 园路定额工程量计算规则
（1）整理路基　不包括路牙，路牙按单侧长度以米计算。
1）挖土厚度≤30cm，按整理路基算面积，计量单位 m^2。

2）挖土厚度>30cm，按挖土方计算体积，计量单位 m^3。

（2）素土夯实　按面积计算，计量单位 m^2。

（3）垫层　按不同垫层材料，以体积计算，计量单位 m^3。

1）垫层宽度计算时，无道牙时，两边各加宽 5cm。

2）有道牙时，两边各加宽 10cm。

3）蹬道带山石挡土墙时，两边各加宽 60cm。

4）蹬道无山石挡土墙时，两边各加宽 20cm。

（4）结合层　按不同结合层厚度，按面积计算，计量单位 m^2。

（5）面层　按不同面层材料、面层厚度、面层花式，以面层的铺设面积计算，计量单位 m^2。

（6）斜坡　按水平投影面积计算。

（7）木栈道　按"m^2"计算。

2. 园桥定额工程量计算规则

（1）园桥毛石基础、桥台、桥墩、护坡　按设计图示尺寸以"m^3"计算。

（2）石桥面、木桥面　按"m^2"计算。

（3）拱圈、支架　按桥面宽度每侧加 1m 的空间体积以"m^3"计算。

三、园路、园桥清单工程量计算规则

1. 园路、园桥工程

园路、园桥工程的工程量清单项目设置、项目特征描述的内容、计量单位、工程量计算规则应按表 2-12（编码：050201）的规定执行。

表 2-12　园路、园桥工程（编码：050201）

项目编码	项目名称	项目特征	计量单位	工程量计算规则	工程内容
050201001	园路	1. 路床土石类别 2. 垫层厚度、宽度、材料种类 3. 路面厚度、宽度、材料种类 4. 砂浆强度等级	m^2	按设计图示尺寸以面积计算，不包括路牙	1. 路基、路床整理 2. 垫层铺筑 3. 路面铺筑 4. 路面养护
050201002	踏（蹬）道			按设计图示尺寸以水平投影面积计算，不包括路牙	
050201003	路牙铺设	1. 垫层厚度、材料种类 2. 路牙材料种类、规格 3. 砂浆强度等级	m	按设计图示尺寸以长度计算	1. 基层清理 2. 垫层铺设 3. 路牙铺设
050201004	树池围牙、盖板（篦子）	1. 围牙材料种类、规格 2. 铺设方式 3. 盖板材料种类、规格	1. m 2. 套	1. 以米计量，按设计图示尺寸以长度计算 2. 以套计量，按设计图示数量计算	1. 清理基层 2. 围牙、盖板运输 3. 围牙、盖板铺设
050201005	嵌草砖（格）铺装	1. 垫层厚度 2. 铺设方式 3. 嵌草砖品种、规格、颜色 4. 漏空部分填土要求	m^2	按设计图示尺寸以面积计算	1. 原土夯实 2. 垫层铺设 3. 铺砖 4. 填土
050201006	桥基础	1. 基础类型 2. 垫层及基础材料种类、规格 3. 砂浆强度等级	m^3	按设计图示尺寸以体积计算	1. 垫层铺筑 2. 起重架搭、拆 3. 基础砌筑 4. 砌石

（续）

<table>
<tr><th>项目编码</th><th>项目名称</th><th>项目特征</th><th>计量单位</th><th>工程量计算规则</th><th>工程内容</th></tr>
<tr><td>050201007</td><td>石桥墩、石桥台</td><td>1. 石料种类、规格
2. 勾缝要求
3. 砂浆强度等级、配合比</td><td rowspan="2">m^3</td><td rowspan="2">按设计图示尺寸以体积计算</td><td rowspan="3">1. 石料加工
2. 起重架搭、拆
3. 墩、台、券石、券脸砌筑
4. 勾缝</td></tr>
<tr><td>050201008</td><td>拱券石</td><td rowspan="3">1. 石料种类、规格
2. 券脸雕刻要求
3. 勾缝要求
4. 砂浆强度等级、配合比</td></tr>
<tr><td>050201009</td><td>石券脸</td><td>m^2</td><td>按设计图示尺寸以面积计算</td></tr>
<tr><td>050201010</td><td>金刚墙砌筑</td><td>m^3</td><td>按设计图示尺寸以体积计算</td><td>1. 石料加工
2. 起重架搭、拆
3. 砌石
4. 填土夯实</td></tr>
<tr><td>050201011</td><td>石桥面铺筑</td><td>1. 石料种类、规格
2. 找平层厚度、材料种类
3. 勾缝要求
4. 混凝土强度等级
5. 砂浆强度等级</td><td>m^2</td><td>按设计图示尺寸以面积计算</td><td>1. 石材加工
2. 抹找平层
3. 起重架搭、拆
4. 桥面、桥面踏步铺设
5. 勾缝</td></tr>
<tr><td>050201012</td><td>石桥面檐板</td><td>1. 石料种类、规格
2. 勾缝要求
3. 砂浆强度等级、配合比</td><td>m^2</td><td>按设计图示尺寸以面积计算</td><td>1. 石材加工
2. 檐板铺设
3. 铁锔、银锭安装
4. 勾缝</td></tr>
<tr><td>050201013</td><td>石汀步（步石、飞石）</td><td>1. 石料种类、规格
2. 砂浆强度等级、配合比</td><td>m^3</td><td>按设计图示尺寸以体积计算</td><td>1. 基层整理
2. 石材加工
3. 砂浆调运
4. 砌石</td></tr>
<tr><td>050201014</td><td>木制步桥</td><td>1. 桥宽度
2. 桥长度
3. 木材种类
4. 各部位截面长度
5. 防护材料种类</td><td>m^2</td><td>按桥面板设计图示尺寸以面积计算</td><td>1. 木桩加工
2. 打木桩基础
3. 木梁、木桥板、木桥栏杆、木扶手制作、安装
4. 连接铁件、螺栓安装
5. 刷防护材料</td></tr>
<tr><td>050201015</td><td>栈道</td><td>1. 栈道宽度
2. 支架材料种类
3. 面层材料种类
4. 防护材料种类</td><td>m^2</td><td>按栈道面板设计图示尺寸以面积计算</td><td>1. 凿洞
2. 安装支架
3. 铺设面板
4. 刷防护材料</td></tr>
</table>

2. 驳岸、护岸

驳岸、护岸工程量清单项目设置、项目特征描述的内容、计量单位、工程量计算规则应按表 2-13（编码：050202）的规定执行。

表 2-13　驳岸、护岸（编码：050202）

项目编码	项目名称	项目特征	计量单位	工程量计算规则	工程内容
050202001	石（卵石）砌驳岸	1. 石料种类、规格 2. 驳岸截面、长度 3. 勾缝要求 4. 砂浆强度等级、配合比	1. m^3 2. t	1. 以立方米计量，按设计图示尺寸以体积计算 2. 以吨计量，按质量计算	1. 石料加工 2. 砌石 3. 勾缝

（续）

项目编码	项目名称	项目特征	计量单位	工程量计算规则	工程内容
050202002	原木桩驳岸	1. 木材种类 2. 桩直径 3. 桩单根长度 4. 防护材料种类	1. m 2. 根	1. 以米计量，按设计图示桩长（包括桩尖）计算 2. 以根计量，按设计图示数量计算	1. 木桩加工 2. 打木桩 3. 刷防护材料
050202003	满（散）铺砂卵石护岸（自然护岸）	1. 护岸平均宽度 2. 粗细砂比例 3. 卵石粒径	1. m^2 2. t	1. 以平方米计量，按设计图示平均护岸宽度乘以护岸长度以面积计算 2. 以吨计量，按卵石使用重量计算	1. 修边坡 2. 铺卵石
050202004	点（散）布大卵石	1. 大卵石粒径 2. 数量	1. 块（个） 2. t	1. 以块（个）计量，按设计图示数量计算 2. 以吨计量，按卵石使用质量计算	1. 布石 2. 安砌 3. 成型
050202005	框格花木护岸	1. 展开宽度 2. 护坡材质 3. 框格种类与规格	m^2	按设计图示尺寸展开宽度乘以长度以面积计算	1. 修边坡 2. 安放框格

注：1. 驳岸工程的挖土方、开凿石方、回填等应按现行国家标准《房屋建筑与装饰工程工程量计算规范》（GB 50854—2013）附录A相关项目编码列项。

2. 木桩钎（梅花桩）按原木桩驳岸项目单独编码列项。

3. 钢筋混凝土仿木桩驳岸，其钢筋混凝土及表面装饰应按现行国家标准《房屋建筑与装饰工程工程量计算规范》（GB 50854—2013）相关项目编码列项，若表面"塑松皮"，则按《园林绿化工程工程量计算规范》（GB 50858—2013）附录C"园林景观工程"相关项目编码列项。

4. 框格花木护坡的铺草皮、撒草籽等应按《园林绿化工程工程量计算规范》（GB 50858—2013）附录A"绿化工程"相关项目编码列项。

【任务实施】

一、园路工程定额工程量计算

（一）工程量计算依据

本任务以××广场景观绿化工程图纸，辽宁省园林绿化工程定额工程量计算规则、常规施工组织设计为计算工程量依据。

（二）列出分部分项工程项目名称

根据××广场景观绿化工程总施部分图纸ZS-07及建施JS-05，辽宁省园林绿化工程定额工程量计算规则逐项列出分部分项工程项目名称、单位。

（三）列出工程量计算式并计算结果

计算结果见表2-14～表2-18。

表 2-14　花岗岩广场定额工程量

序号	项目名称	工程量表达式	工程量		备注
			单位	数量	
1	平整场地	$(23.40\times10.00\times1.40)m^2=327.60m^2$	$100m^2$	3.276	路面乘以系数 1.40，以 m^2 计算
2	反铲挖掘机挖土　斗容量 $0.6m^3$（装车）三类土	$(21.00+1.20\times2+0.10)\times(7.60+1.20\times2+0.10)\times(0.03+0.02+0.15+0.20)m^3=94.94m^3$	$1000m^3$	0.09494	1. 借用市政土方工程专业定额 2. 广场加宽 0.1m
3	自卸汽车运土方（载重 6.5t 以内）　运距 5km 以内	$94.94m^3$	$1000m^3$	0.09494	挖出的土方全部运出
4	园路土基	$(21.00+1.20\times2+0.10)\times(7.60+1.20\times2+0.10)m^2=237.35m^2$	m^2	237.35	路基两边加宽 0.1m
5	200mm 厚天然级配砂砾	$237.35m^2\times0.20m=47.47m^3$	m^3	47.47	
6	150mm 厚 C15 混凝土垫层	$237.35m^2\times0.15m=35.60m^3$	m^3	35.60	
7	600mm×600mm×30mm 烧面黄锈石花岗岩 45°斜铺 砂浆厚度、配合比：20mm 厚 1:3 水泥砂浆	$21.00\times7.60m^2=159.60m^2$	m^2	159.60	合计 $234m^2$
8	600mm×600mm×30mm 烧面黄锈石花岗岩收边 砂浆厚度、配合比：20mm 厚 1:3 水泥砂浆	$(21.00+1.20\times2)\times(7.60+1.2\times2)\ m^2-159.60m^2=74.40m^2$	m^2	74.40	
9	混凝土、钢筋混凝土模板及支架　现浇混凝土模板　混凝土　基础垫层　木模板	$[(21.00+1.20\times2)+(7.60+1.20\times2)]\times2\times0.15m^2=10.02m^2$	$100m^2$	0.1002	借用建筑专业定额

表 2-15　透水砖园路定额工程量

序号	项目名称	工程量表达式	工程量		备注
			单位	数量	
1	平整场地	$(13.00\times12.00-4.00\times4.00\times2)m^2\times1.4=124.00m^2$	$100m^2$	1.24	路面乘以系数1.4，以 m^2 计算
2	反铲挖掘机挖土 斗容量 $0.6m^3$（装车）三类土	$[(12.00+0.10\times2)\times(13.00+0.1\times2)-4.00\times4.00\times2]m^2\times(0.06+0.04+0.15+0.20)m=58.07m^3$	$1000m^3$	0.05807	园路两侧有道牙，两边各加宽 0.10m
3	自卸汽车运土方（载重 6.5t 以内）运距 5km 以内	$58.07m^3$	$1000m^3$	0.05807	
4	园路土基	$[(12.00+0.10\times2)\times(13.00+0.1\times2)-4.00\times4.00\times2]m^2=129.04m^2$	m^2	129.04	
5	200mm 厚天然级配砂砾	$129.04m^2\times0.20m=25.81m^3$	m^3	25.81	

（续）

序号	项目名称	工程量表达式	工程量		备注
			单位	数量	
6	150mm 厚 C15 混凝土垫层	$129.04m^2 \times 0.15m = 19.36m^3$	m^3	19.36	
7	铺设透水砖	$(13.00 \times 12.00 - 4.00 \times 4.00 \times 2)m^2 = 124.00m^2$	m^2	124.00	
8	混凝土、钢筋混凝土模板及支架 现浇混凝土模板 混凝土 基础垫层 木模板	$(12.00 + 13.00 + 0.10 \times 2 \times 2) \times 2 \times 0.15m^2 = 7.62m^2$	$100m^2$	0.0762	园路两侧有道牙，两边各加宽 0.10m

表 2-16 卵石路定额工程量

序号	项目名称	工程量表达式	工程量		备注
			单位	数量	
1	平整场地	$9.60m \times 3.00m \times 1.4 = 40.32m^2$	$100m^2$	0.4032	路面乘以系数1.4，以 m^2 计算
2	反铲挖掘机挖土 斗容量$0.6m^3$（装车）三类土	$(9.60 + 0.10 \times 2)m \times (3.00 + 0.10 \times 2)m \times (0.03 + 0.02 + 0.15 + 0.20)m = 12.55m^3$	$1000m^3$	0.0126	园路两侧有道牙，两边各加宽 0.10m
3	自卸汽车运土方（载重 6.5t 以内）运距 5km 以内	$12.55m^3$	$1000m^3$	0.0126	
4	园路土基	$(9.60 + 0.10 \times 2)m \times (3.00 + 0.10 \times 2)m = 31.36m^2$	m^2	31.36	
5	200mm 厚天然级配砂砾	$31.36m^2 \times 0.2m = 6.27m^3$	m^3	6.27	
6	150mm 厚 C15 混凝土垫层	$31.36m^2 \times 0.15m = 4.70m^3$	m^3	4.70	
7	满铺卵石面 拼花路面	$9.60m \times 3.00m = 28.80m^2$	m^2	28.80	
8	混凝土、钢筋混凝土模板及支架 现浇混凝土模板 混凝土 基础垫层 木模板	$[(9.60 + 0.10 \times 2 + 3.00 + 0.10 \times 2) \times 2 \times 0.15]m^2 = 3.90m^2$	$100m^2$	0.039	

表 2-17 花架位置花岗岩碎拼定额工程量

序号	项目名称	工程量表达式	工程量		备注
			单位	数量	
1	平整场地	$(7.80 \times 3.60 \times 1.4 - 0.50 \times 0.50 \times 6)$ $m = 37.81m^2$	$100m^2$	0.3781	路面乘以系数1.4，以 m^2 计算
2	反铲挖掘机挖土 斗容量$0.6m^3$（装车）三类土	$(7.80 + 0.05 \times 2)$ $m \times (3.60 + 0.05)$ $m \times (0.03 + 0.02 + 0.15 + 0.20)$ $m = 11.53m^3$	$1000m^3$	0.01153	1. 借用市政土方工程专业定额 2. 两侧无道牙，各加宽 0.05m
3	自卸汽车运土方（载重 6.5t 以内）运距 5km 以内	$11.53m^3$	$1000m^3$	0.01153	挖出的土方全部运出

（续）

序号	项目名称	工程量表达式	工程量		备注
			单位	数量	
4	园路土基	(7.80 + 0.05 × 2) m × (3.60 + 0.05) m = 28.84m^2	m^2	28.84	
5	200mm 厚天然级配砂砾	28.84m^2 × 0.20m = 5.57m^3	m^3	5.57	
6	150mm 厚 C15 混凝土垫层	28.84m^2 × 0.15m = 4.33m^3	m^3	4.33	
7	30mm 厚烧面黄锈石花岗岩碎拼 砂浆厚度、配合比：20mm 厚 1:3 水泥砂浆	(7.80 × 3.60 − 0.5 × 0.5 × 6) m^2 = 26.58m^2	m^2	26.58	扣除花架柱占地面积
8	混凝土、钢筋混凝土模板及支架　现浇混凝土模板　混凝土　基础垫层　木模板	[(7.80 + 0.05 × 2) + (3.60 + 0.05)] × 2 × 0.15 = 3.47m^2	100m^2	0.0347	

表 2-18　边石定额工程量

序号	项目名称	工程量表达式	工程量		备注
			单位	数量	
1	500mm × 100mm × 100mm 花岗岩边石	[12.10 × 2 + (8.80 + 32.00 + 42.00 + 12.20) + 8.70 × 2] m = 136.60m	100m	1.366	(8.80 + 32.00 + 42.00 + 12.20) m = 95m
2	反铲挖掘机挖土　斗容量0.6m^3（装车）三类土	136.60m × (0.10 + 0.10 + 0.10 + 0.10) m × (0.10 + 0.03 + 0.15 + 0.20) m × = 26.23m^3	1000m^3	0.02623	边石一侧加宽0.10m
3	土石方回填　回填土　夯填	(136.60 × 0.1 × 0.1 + 4.10 + 0.68 + 8.20) m^3 = 14.35m^3	100m^3	14.35	
4	自卸汽车运土方（载重 6.5t 以内）　运距 5km 以内	25.68m^3 − 14.35m^3 = 11.33m^3	1000m^3	0.01133	
5	园路土基	136.60m × (0.10 + 0.10 + 0.10 + 0.10) m = 54.64m^2	m^2	54.64	边石一侧加宽0.10m
6	150mm 厚 C15 混凝土垫层	136.6 × 0.20 × 0.15m^3 = 4.10m^3	m^3	4.10	
7	C20 混凝土靠背	136.6 × (0.03 + 0.07) × 0.1/2m^3 = 0.68m^3	m^3	0.68	
8	200mm 厚天然级配砂砾	136.60 × 0.3 × 0.20m^3 = 8.20m^3	m^3	8.20	
9	混凝土、钢筋混凝土模板及支架　现浇混凝土模板　混凝土　基础垫层　木模板	136.60 × 0.15m^2 = 20.49m^2	100m^2	0.2049	

二、园路工程清单工程量计算

（一）工程量计算依据

本任务以××广场景观绿化工程图纸，辽宁省园林绿化工程清单工程量计算规则、常规施工组织设计，为计算工程量依据。

（二）列出分部分项工程项目名称

根据××广场景观绿化工程总施图纸 ZS-07、建施部分图纸 JS-05、辽宁省园林绿化工程清单工程量计算规则，逐项列出分部分项工程项目名称、单位。

（三）列出工程量计算式并计算结果

园路工程清单工程量计算结果见表 2-19。

表 2-19 园路清单工程量

序号	项目名称	项目特征	计量单位	工程量计算规则	工程量	计算式	工程内容
1	花岗岩广场铺装	1. 路床土石类别：三类土 2. 垫层厚度、宽度、材料种类：150mm 厚 C15 混凝土垫层、200mm 厚天然级配砂砾 3. 路面厚度、宽度、材料种类：600mm×600mm×30mm 烧面黄锈石花岗岩 45°斜铺，600mm×600mm×30mm 烧面黄锈石花岗岩收边 4. 砂浆厚度、配合比：20mm 厚 1:3 水泥砂浆	m^2	按设计图示尺寸以面积计算，不包括路牙	234.00	(21+1.2×2)×(7.60+1.2×2)m^2 = 234.00m^2	1. 路基、路床整理 2. 垫层铺筑 3. 路面铺筑 4. 路面养护
2	铺设透水砖	1. 路床土石类别：三类土 2. 垫层厚度、宽度、材料种类：150mm 厚 C15 混凝土垫层、200mm 厚天然级配砂砾，40mm 厚 1:6 干拌水泥砂灰 3. 路面厚度、宽度、材料种类：200mm×100mm×60mm 透水砖	m^2	按设计图示尺寸以面积计算，不包括路牙	124.00	(13.00×12.00−4.00×4.00×2)m^2 = 124.00m^2	
3	满铺卵石面拼花路面	1. 路床土石类别：三类土 2. 垫层厚度、宽度、材料种类：150mm 厚 C15 混凝土垫层、200mm 厚天然级配砂砾 3. 路面厚度、宽度、材料种类：4～6cm 粒径本色卵石、1～3cm 彩色卵石 4. 砂浆厚度、配合比：20mm 厚 1:3 水泥砂浆	m^2	按设计图示尺寸以面积计算，不包括路牙	28.80	(9.60×3.00)m^2 = 28.80m^2	
4	花岗岩碎拼	1. 路床土石类别：三类土 2. 垫层厚度、宽度：150mm 厚 C15 混凝土垫层、200mm 天然级配砂砾 3. 路面厚度、宽度、材料：30mm 烧面黄锈石碎拼 4. 砂浆厚度、配合比：20mm 厚 1:3 水泥砂浆	m^2	按图示尺寸以面积计算，不包括路牙	26.58	(7.80×3.60−0.50×0.50×6) m^2 = 26.58m^2	扣除花架柱占地面积

（续）

序号	项 目 名 称	项 目 特 征	计量单位	工程量计算规则	工程量	计　算　式	工 程 内 容
5	路牙铺设	1. 垫层厚度、材料种类：150mm 厚 C15 混凝土垫层、200mm 厚天然级配砂砾 2. 路牙材料种类、规格：500mm × 100mm × 100mm 芝麻白花岗岩边石 3. 砂浆厚度、配合比：30mm 厚 1∶3 水泥砂浆	m	按设计图示尺寸以长度计算	136.60	(12.2 +42 +32 +8.8 +12.1 ×2 +8.7 ×2) m = 136.60m	1. 基层清理 2. 垫层铺设 3. 路牙铺设

【任务考核】

序号	考 核 项 目	评 分 标 准	配　　分	得　　分	备　　注
1	分部分项列项	分部分项划分正确、全面	20		
2	工程量表达式	表达式正确、合理、符合工程量计算规则	40		
3	单位换算	符合预算定额要求	10		
4	计算结果	计算结果准确	10		
5	工程量计算步骤	计算步骤正确	20		
			100		

实训指导教师签字：　　　　　　　　　　　　　　　　　　　　年　　月　　日

【巩固练习】

根据本书配套电子资源提供的××别墅景观绿化工程图纸，在教师指导下，要求学生完成园路、园桥等工程的定额工程量和清单工程量的计算。

园路工程量计算

任务三　园林景观工程量计算

【能力目标】

1. 能够运用园林景观工程定额工程量计算规则计算工程量。
2. 能够运用园林景观工程清单工程量计算规则计算工程量。

【知识目标】

1. 熟悉园林景观工程基本概念。
2. 掌握园林景观工程定额工程量计算规则。
3. 掌握园林景观工程清单工程量计算规则。

【思政目标】

1. 在学习园林景观工程量计算的过程中，自觉培养环保意识。
2. 针对园林景观工程量计算出现的问题，加强社会责任意识和担当。

【任务描述】

××广场景观绿化工程中园林景观工程内容主要有花架、花坛、假山。请根据图纸 JS-01 ~04，以及园林景观定额工程量计算规则和清单工程量计算规则计算花架、假山、坐凳的工程量，并填写工程量计算表。

【任务分析】

园林景观工程主要包括园林建筑及小品、假山、雕塑等工程，它是园林工程中重要组成部分。景观工程中景观的种类、材料、施工工艺、工程量的不同对工程造价影响很大。因此要完成园林景观工程量计算必须要掌握园林景观的基础知识和定额、清单工程量计算规范，必要时还要借鉴其他专业工程的工程量计算规范。

【知识准备】

一、园林景观工程基本概念

（1）花架　花架又称为绿廊、花廊、凉棚、蔓棚等，是一种由立柱和顶部格、条等杆状构件搭建的构筑物，其上覆以藤蔓类的攀缘植物，使之既有亭、廊的用途，又显现出植物造景的野趣。

（2）喷泉　园林中，为造景的需要将水经过一定压力通过喷头喷洒出来形成特定形状且具有装饰性的喷水装置。

（3）原木、竹构件工程　这主要指组成园林构筑物的原木桩、梁、檩、椽、原木墙、树枝吊挂楣子等。

（4）园林小品　这是指园林中供休息、装饰、照明、展示和方便游人使用及园林管理的小型建筑设施。

（5）假山　假山是指以造景游览为主要目的，充分地结合其他多方面的功能与作用，用土、石等作为材料，以自然山水为蓝本，并加以艺术的提炼、概括和夸张，人工再造的山水景物的通称。

（6）置石　置石是指以具有一定观赏价值的自然山石材料作独立性或附属性的造景布置，主要表现山石的个体美或局部的组合，而不具备完整山形的山石景物。

二、园林景观工程定额工程量计算规则

（一）土方工程量计算规则

（1）平整场地

1）路、花架，分别按路面、花架柱外皮间的面积乘以系数1.4，以“m^2”计算。

2）池、假山、步桥，按其底面积乘以系数2，以“m^2”为单位计算。

（2）人工挖土坑、基坑、沟槽　按图示尺寸，以“m^3”计算，其挖填方的起点，应以设计地坪的标高为准。如设计地坪与自然地坪的高度在±30cm以上，则按自然地坪标高计算。挖土为一侧弃土时，乘以系数1.13。

（3）推土机推土　按推土的土方量，分运距以“m^3”计算。

（4）路基挖土　以图示尺寸按“m^3”计算。

（5）回填土　应扣除设计地坪以下埋入的基础垫层所占体积，以“m^3”计算。

（6）运余土或购土　施工现场全部土方平衡后的余土和需要购买的土，以“m^3”计算。运余土或购土量=挖土量-回填量-（灰土量乘90%）-山丘用土+围堰弃土。

（7）堆筑土山丘　按其图示底面积，乘以设计造型高度（山连座按平均高度）乘以系数0.7以“m^3”计算。

（8）钢筋混凝土桩、木桩　分别按桩长以“m^3”计量。

（二）砖石工程量计算规则

（1）砖石基础　按图示尺寸以“m^3”来计算，应扣除混凝土梁、柱所占体积，但大放脚交接重叠部分和面积在0.3m^2以内预留洞口所占的体积均不扣除。

（2）砖挡土墙沟渠、驳岸、毛石砌墙、压顶石和护坡等砖石砌体　均按图示尺寸以“m^3”计算。沟渠、驳岸的砖基础部分，应并入沟渠或驳岸体积内计算。

（3）独立砖柱的砖柱基础　合并在柱身工程量内，按图示尺寸以“m^3”计算。

（4）围墙基础和突出墙面的砖垛部分　工程量并入围墙内，按图示尺寸以“m^3”来计算，遇有混凝土或布瓦花饰时，应将花饰部分所占的体积扣除。

（5）勾缝　按“m^2”计算，应扣除抹灰面积。

（6）布瓦花饰和预制混凝土花饰　按图示尺寸以“m^2”计算

（三）混凝土及钢筋混凝土工程量计算规则

1. 现浇混凝土

1）混凝土工程量按设计尺寸以实体积计算，应扣除空心板、梁的空心体积及现浇混凝土墙、板上单孔面积大于0.3m^2的孔洞所占体积，孔洞翻檐另外增加，不扣除现浇混凝土墙、板上单孔面积在0.3m^2以内的孔洞体积及钢筋、铁丝、铁件、预留压浆孔道和螺栓所占的体积。

2）索塔、横梁、顶梁、腹系杆高度和安装垫板、束道、锚固箱的高度均为桥面顶到索塔顶的高度。当塔墩固结时，工程量应为基础顶面或承台顶面以上至塔顶的全部数量；当塔墩分离时，工程量应为基础顶部以上至塔顶的数量，桥面顶部以下部分的数量按墩台定额项目计算。

2. 预制混凝土

1）预制桩工程量按设计桩长（包括桩尖长度）乘以桩横断面面积以“m^3”计算。

2）预制空心构件按设计尺寸以实体积计算。堵头板体积已包括在定额中。

3）预制空心板梁，凡采用橡胶囊做内模的，应增加混凝土数量，梁长在16m以内时，增加7%，梁长大于16m时，增加9%。

4）预应力混凝土构件的封锚混凝土数量并入构件混凝土工程量内计算。

（四）木结构工程工程量计算规则

1）柱、梁、椽等凡按“m^3”计算工程量者，以其长度乘截面面积计算，长度和截面面积的计算按下列规则：

① 圆柱形构件以其最大截面面积计算，矩形构件按矩形截面面积计算。

② 柱长按图示尺寸，有柱顶面（磉凳或连磉、软磉）的，由其上皮算至梁、枋、檩的下皮，套顶榫按实长计入体积内。

③ 梁端头为半榫或银锭榫的，其长度算至柱中，透榫或箍头榫算至榫头外端。

2）檩条长度按设计长度计算，搭接长度和搭角出头部分计算在内；悬山出挑、歇山收山者，山面算至博风外皮；硬山算至排山梁架外皮；硬山搁檩者，算至山墙中心线。

3）吊挂楣子按边框外围面积，以“m^2”计算。

4）原木墙按实贴面积以“m^2”计算。

（五）假山定额工程量计算规则

1）假山工程量按实际堆砌的石料以“t（吨）”计算。假山中铁件用量设计与定额不同时，按设计调整。

$$堆砌假山工程量(t)=进料验收的数量-进料剩余数量$$

当没有进料验收的数量时，叠成后的假山可按下述方法计算：

① 假山体积计算

$$V=A_{矩}H_{大}$$

式中　$A_{矩}$——假山不规则平面轮廓的水平投影面积的最大外接矩形面积；

$H_{大}$——假山石着地点至最高顶点的垂直距离；

V——叠成后的假山计算体积。

② 假山质量计算

$$W_{重}=2.6VK_n$$

式中 $W_{重}$——假山石质量（t）；

K_n——系数；$H_{大}\leqslant 1m$ 时，K_n 取 0.77；当 $1m<H_{大}\leqslant 2m$ 时，K_n 取 0.72；当 $2m<H_{大}\leqslant 3m$ 时，K_n 取 0.65；当 $3m<H_{大}\leqslant 4m$ 时，K_n 取 0.60；

2.6——石料相对密度。

2）各种单体孤峰及散点石，按其单位石料体积（取单体长、宽、高各自平均值乘积）乘以石料密度计算。

3）塑假石山的工程量按其外围表面积，以“m^2”计算。

4）堆砌土山丘按设计图示山丘水平投影外接矩形面积乘以高度的 1/3，以体积计算。

（六）园林桌椅工程工程量计算规则

1）木制、钢筋混凝土制飞来椅均按“m”计算。

2）现浇混凝土桌凳，预制混凝土桌凳均按图示尺寸以“m^3”计算。

3）塑树根（皮）桌凳分不同直径按“m”计算。

三、园林景观工程清单工程量计算规则

园林景观工程清单项目有：堆塑假山（编码：050301），原木、竹构件（编码：050302），亭廊屋面（编码：050303），花架（编码：050304），园林桌椅（050305），喷泉安装（编码：050306），杂项（编码：050307）。

1. 堆塑假山

堆塑假山的工程量清单项目设置、项目特征描述的内容、计量单位、工程量计算规则应按表 2-20（编码：050301）的规定执行。

表 2-20 堆塑假山（编码：050301）

项目编码	项目名称	项目特征	计量单位	工程量计算规则	工程内容
050301001	堆筑土山丘	1. 土丘高度 2. 土丘坡度要求 3. 土丘底外接矩形面积	m^3	按设计图示山丘水平投影外接矩形面积乘以高度的 1/3 以体积计算	1. 取土、运土 2. 堆砌、夯实 3. 修整
050301002	堆砌石假山	1. 堆砌高度 2. 石料种类、单块重量 3. 混凝土强度等级 4. 砂浆强度等级、配合比	t	按设计图示尺寸以质量计算	1. 选料 2. 起重机搭、拆 3. 堆砌、修整
050301003	塑假山	1. 假山高度 2. 骨架材料种类、规格 3. 山皮料种类 4. 混凝土强度等级 5. 砂浆强度等级、配合比 6. 防护材料种类	m^2	按设计图示尺寸以展开面积计算	1. 骨架制作 2. 假山胎模制作 3. 塑假山 4. 山皮料安装 5. 刷防护材料
050301004	石笋	1. 石笋高度 2. 石笋材料种类 3. 砂浆强度等级、配合比	支	1. 以块（支、个）计量，按设计图示数量计算 2. 以吨计量，按设计图示石料质量计算	1. 选石料 2. 石笋安装

（续）

项目编码	项目名称	项目特征	计量单位	工程量计算规则	工程内容
050301005	点风景石	1. 石料种类 2. 石料规格、重量 3. 砂浆配合比	1. 块 2. t	1. 以块（支、个）计量，按设计图示数量计算 2. 以吨计量，按设计图示石料质量计算	1. 选石料 2. 起重架搭、拆 3. 点石
050301006	池、盆景置石	1. 底盘种类 2. 山石高度 3. 山石种类 4. 混凝土强度等级 5. 砂浆强度等级、配合比	1. 座 2. 个		1. 底盘制作、安装 2. 池、盆景山石安装、砌筑
050301007	山（卵）石护角	1. 石料种类、规格 2. 砂浆配合比	m^3	按设计图示尺寸以体积计算	1. 石料加工 2. 砌石
050301008	山坡（卵）石台阶	1. 石料种类、规格 2. 台阶坡度 3. 砂浆强度等级	m^2	按设计图示尺寸以水平投影面积计算	1. 选石料 2. 台阶砌筑

注：1. 假山（堆筑土山丘除外）工程的挖土方、开凿石方、回填等应按现行国家标准《房屋建筑与装饰工程工程量计算规范》（GB 50854—2013）相关项目编码列项。

2. 如遇某些构配件使用钢筋混凝土或金属构件时，应按现行国家标准《房屋建筑与装饰工程工程量计算规范》（GB 50854—2013）或《市政工程工程量计算规范》（GB 50857—2013）相关项目编码列项。

3. 散铺河滩石按点风景石项目单独编码列项。

4. 堆筑土山丘，适用于夯填、堆筑而成。

2. 原木、竹构件

原木、竹构件的工程量清单项目设置、项目特征描述的内容、计量单位、工程量计算规则应按表2-21（编码：050302）的规定执行。

表2-21　原木、竹构件（编码：050302）

项目编码	项目名称	项目特征	计量单位	工程量计算规则	工程内容
050302001	原木（带树皮）柱、梁、檩、椽	1. 原木种类 2. 原木直（梢）径（不含树皮厚度） 3. 墙龙骨材料种类、规格 4. 墙底层材料种类、规格 5. 构件联结方式 6. 防护材料种类	m	按设计图示尺寸以长度计算（包括榫长）	1. 构件制作 2. 构件安装 3. 刷防护材料
050302002	原木（带树皮）墙		m^2	按设计图示尺寸以面积计算（不包括柱、梁）	
050302003	树枝吊挂楣子			按设计图示尺寸以框外围面积计算	
050302004	竹柱、梁、檩、椽	1. 竹种类 2. 竹直（梢）径 3. 连接方式 4. 防护材料种类	m	按设计图示尺寸以长度计算	
050302005	竹编墙	1. 竹种类 2. 墙龙骨材料种类、规格 3. 墙底层材料种类、规格 4. 防护材料种类	m^2	按设计图示尺寸以面积计算（不包括柱、梁）	
050302006	竹吊挂楣子	1. 竹种类 2. 竹梢径 3. 防护材料种类		按设计图示尺寸以框外围面积计算	

注：1. 木构件连接方式应包括：开榫连接、铁件连接、扒钉连接、铁钉连接。

2. 竹构件连接方式应包括：竹钉固定、竹篾绑扎、铁丝连接。

3. 亭廊屋面

亭廊屋面的工程量清单项目设置、项目特征描述的内容、计量单位、工程量计算规则应按表 2-22（编码：050303）的规定执行。

表 2-22　亭廊屋面（编码：050303）

项目编码	项目名称	项目特征	计量单位	工程量计算规则	工程内容
050303001	草屋面	1. 屋面坡度 2. 铺草种类 3. 竹材种类 4. 防护材料种类	m^2	按设计图示尺寸以斜面计算	1. 整理、选料 2. 屋面铺设 3. 刷防护材料
050303002	竹屋面			按设计图示尺寸以实铺面积计算（不包括柱、梁）	
050303003	树皮屋面			按设计图示尺寸以屋面结构外围面积计算	
050303004	油毡瓦屋面	1. 冷底子油品种 2. 冷底子油涂刷遍数 3. 油毡瓦颜色规格	m^2	按设计图示尺寸以斜面计算	1. 清理基层 2. 材料裁接 3. 刷油 4. 铺设
050303005	预制混凝土穹顶	1. 穹顶弧长、直径 2. 肋截面尺寸 3. 板厚 4. 混凝土强度等级 5. 拉杆材质、规格	m^3	按设计图示尺寸以体积计算。混凝土脊和穹顶的肋、基梁并入屋面体积	1. 模板制作、运输、安装、拆除、保养 2. 混凝土制作、运输、浇筑、振捣、养护 3. 构件运输、安装 4. 砂浆制作、运输 5. 接头灌缝、养护
050303006	彩色压型钢板（夹芯板）攒尖亭屋面板	1. 屋面坡度 2. 穹顶弧长、直径 3. 彩色压型钢（夹芯）板品种、规格 4. 拉杆材质、规格 5. 嵌缝材料种类 6. 防护材料种类	m^2	按设计图示尺寸以实铺面积计算	1. 压型板安装 2. 护角、包角、泛水安装 3. 嵌缝 4. 刷防护材料
050303007	彩色压型钢板（夹芯板）穹顶				
050303008	玻璃屋面	1. 屋面坡度 2. 龙骨材质、规格 3. 玻璃材质、规格 4. 防护材料种类			1. 制作 2. 运输 3. 安装
050303009	木（防腐木）屋面	1. 木（防腐木）种类 2. 防护层处理			1. 制作 2. 运输 3. 安装

注：1. 柱顶石（磉蹬石）、钢筋混凝土屋面板、钢筋混凝土亭屋面板、木柱、木屋架、钢柱、钢屋面、屋面木基层和防水层等，应按现行国家标准《房屋建筑与装饰工程工程量计算规范》（GB 50854—2013）相关项目编码列项。

2. 膜结构的亭、廊，应按现行国家标准《仿古建筑工程工程量计算规范》（GB 50855—2013）及《房屋建筑与装饰工程工程量计算规范》（GB 50854—2013）相关项目编码列项。

3. 竹构件连接方式应包括：竹钉固定、竹篾绑扎、铁丝连接。

4. 花架

花架的工程量清单项目设置、项目特征描述的内容、计量单位、工程量计算规则应按表 2-23（编码：050304）的规定执行。

表 2-23　花架（编码：050304）

项目编码	项目名称	项目特征	计量单位	工程量计算规则	工程内容
050304001	现浇混凝土花架柱、梁	1. 柱截面、高度、根数 2. 盖梁截面、高度、根数 3. 连系梁截面、高度、根数 4. 混凝土强度等级	m^3	按设计图示尺寸以体积计算	1. 模板制作、运输、安装、拆除、保养 2. 混凝土制作、运输、浇筑、振捣、养护
050304002	预制混凝土花架柱、梁	1. 柱截面、高度、根数 2. 盖梁截面、高度、根数 3. 连系梁截面、高度、根数 4. 混凝土强度等级 5. 砂浆配合比			1. 模板制作、运输、安装、拆除、保养 2. 混凝土制作、运输、浇筑、振捣、养护 3. 构件运输、安装 4. 砂浆制作、运输 5. 接头灌缝、养护
050304003	金属花架柱、梁	1. 钢材品种、规格 2. 柱、梁截面 3. 油漆品种、刷漆遍数	t	按设计图示尺寸以质量计算	1. 制作、运输 2. 安装 3. 油漆
050304004	木花架柱、梁	1. 木材种类 2. 柱、梁截面 3. 连接方式 4. 防护材料种类	m^3	按设计图示截面面积乘长度（包括榫长）以体积计算	1. 构件制作、运输、安装 2. 刷防护材料、油漆
050304005	竹花架柱、梁	1. 竹种类 2. 竹胸径 3. 油漆品种、刷漆遍数	1. m 2. 根	1. 以长度计量，按设计图示花架构件尺寸以延长米计算 2. 以根计量，按设计图示花架柱、梁数量计算	1. 制作 2. 运输 3. 安装 4. 油漆

注：花架基础、玻璃天棚、表面装饰及涂料项目应按现行国家标准《房屋建筑与装饰工程工程量计算规范》（GB 50854—2013）中相关项目编码列项。

5. 园林桌椅

园林桌椅的工程量清单项目设置、项目特征描述的内容、计量单位、工程量计算规则应按表 2-24（编码：050305）的规定执行。

表 2-24　园林桌椅（编码：050305）

项目编码	项目名称	项目特征	计量单位	工程量计算规则	工程内容
050305001	预制钢筋混凝土飞来椅	1. 座凳面厚度、宽度 2. 靠背扶手截面 3. 靠背截面 4. 座凳楣子形状、尺寸 5. 混凝土强度等级 6. 砂浆配合比	m	按设计图示尺寸以座凳面中心线长度计算	1. 模板制作、运输、安装、拆除、保养 2. 混凝土制作、运输、浇筑、振捣、养护 3. 构件运输、安装 4. 砂浆制作、运输、抹面、养护 5. 接头灌缝、养护
050305002	水磨石飞来椅	1. 座凳面厚度、宽度 2. 靠背扶手截面 3. 靠背截面 4. 座凳楣子形状、尺寸 5. 砂浆配合比			1. 砂浆制作、运输 2. 制作 3. 运输 4. 安装

（续）

<table>
<tr><th>项目编码</th><th>项目名称</th><th>项目特征</th><th>计量单位</th><th>工程量计算规则</th><th>工程内容</th></tr>
<tr><td>050305003</td><td>竹制飞来椅</td><td>1. 竹材种类
2. 座凳面厚度、宽度
3. 靠背扶手截面
4. 靠背截面
5. 座凳楣子形状
6. 铁件尺寸、厚度
7. 防护材料种类</td><td>m</td><td>按设计图示尺寸以座凳面中心线长度计算</td><td>1. 座凳面、靠背扶手、靠背、楣子制作、安装
2. 铁件安装
3. 刷防护材料</td></tr>
<tr><td>050305004</td><td>现浇混凝土桌凳</td><td>1. 桌凳形状
2. 基础尺寸、埋设深度
3. 桌面尺寸、支墩高度
4. 凳面尺寸、支墩高度
5. 混凝土强度等级、砂浆配合比</td><td rowspan="7">个</td><td rowspan="7">按设计图示数量计算</td><td>1. 模板制作、运输、安装、拆除、保养
2. 混凝土制作、运输、浇筑、振捣、养护
3. 砂浆制作、运输</td></tr>
<tr><td>050305005</td><td>预制混凝土桌凳</td><td>1. 桌凳形状
2. 基础形状、尺寸、埋设深度
3. 桌面形状、尺寸、支墩高度
4. 凳面尺寸、支墩高度
5. 混凝土强度等级
6. 砂浆配合比</td><td>1. 模板制作、运输、安装、拆除、保养
2. 混凝土制作、运输、浇筑、振捣、养护
3. 构件运输、安装
4. 砂浆制作、运输
5. 接头灌缝、养护</td></tr>
<tr><td>050305006</td><td>石桌石凳</td><td>1. 石材种类
2. 基础形状、尺寸、埋设深度
3. 桌面形状、尺寸、支墩高度
4. 凳面尺寸、支墩高度
5. 混凝土强度等级
6. 砂浆配合比</td><td>1. 土方挖运
2. 桌凳制作
3. 桌凳运输
4. 桌凳安装
5. 砂浆制作、运输</td></tr>
<tr><td>050305007</td><td>水磨石桌凳</td><td>1. 基础形状、尺寸、埋设深度
2. 桌面形状、尺寸、支墩高度
3. 凳面尺寸、支墩高度
4. 混凝土强度等级
5. 砂浆配合比</td><td>1. 桌凳制作
2. 桌凳运输
3. 桌凳安装
4. 砂浆制作、运输</td></tr>
<tr><td>050305008</td><td>塑树根桌凳</td><td rowspan="2">1. 桌凳直径
2. 桌凳高度
3. 砖石种类
4. 砂浆强度等级、配合比
5. 颜料品种 、颜色</td><td rowspan="2">1. 砂浆制作、运输
2. 砖石砌筑
3. 塑树皮
4. 绘制木纹</td></tr>
<tr><td>050305009</td><td>塑树节椅</td></tr>
<tr><td>050305010</td><td>塑料、铁艺、金属椅</td><td>1. 木座板面截面
2. 座椅规格、颜色
3. 混凝土强度等级
4. 防护材料种类</td><td>1. 制作
2. 安装
3. 刷防护材料</td></tr>
</table>

注：木制飞来椅按现行国家标准《仿古建筑工程工程量计算规范》（GB 50855—2013）相关项目编码列项。

6. 喷泉安装

喷泉安装的工程量清单项目设置、项目特征描述的内容、计量单位、工程量计算规则应按表 2-25

（编码：050306）的规定执行。

表 2-25　喷泉安装（编码：050306）

项目编码	项目名称	项目特征	计量单位	工程量计算规则	工程内容
050306001	喷泉管道	1. 管材、管件、阀门、喷头品种 2. 管道固定方式 3. 防护材料种类	m	按设计图示管道中心线长度以延长米计算，不扣除检查（阀门）井、阀门、管件及附件所占得长度	1. 土（石）方挖运 2. 管材、管件、阀门、喷头安装 3. 刷防护材料 4. 回填
050306002	喷泉电缆	1. 保护管品种、规格 2. 电缆品种、规格		按设计图示单根电缆长度以延长米计算	1. 土（石）方挖运 2. 电缆保护管安装 3. 电缆敷设 4. 回填
050306003	水下艺术装饰灯具	1. 灯具品种、规格、 2. 灯光颜色	套	按设计图示数量计算	1. 灯具安装 2. 支架制作、运输、安装
050306004	电气控制柜	1. 规格、型号 2. 安装方式	台	按设计图示数量计算	1. 电气控制柜（箱）安装 2. 系统调试
050306005	喷泉设备	1. 设备品种 2. 设备规格、型号 3. 防护网品种、规格			1. 设备安装 2. 系统调试 3. 防护网安装

注：1. 喷泉水池应按现行国家标准《房屋建筑与装饰工程工程量计算规范》（GB 50854—2013）中相关项目编码列项。
2. 管架项目应按现行国家标准《房屋建筑与装饰工程工程量计算规范》（GB 50854—2013）中钢支架项目单独编码列项。

7. 杂项

杂项的工程量清单项目设置、项目特征描述的内容、计量单位、工程量计算规则应按表 2-26（编码：050307）的规定执行。

表 2-26　杂项（编码：050307）

项目编码	项目名称	项目特征	计量单位	工程量计算规则	工程内容
050307001	石灯	1. 石料种类 2. 石灯最大截面 3. 石灯高度 4. 砂浆配合比	个	按设计图示数量计算	1. 制作 2. 安装
050307002	石球	1. 石料种类 2. 球体直径 3. 砂浆配合比			
050307003	塑仿石音箱	1. 音箱石内空尺寸 2. 铁丝型号 3. 砂浆配合比 4. 水泥漆颜色			1. 胎模制作、安装 2. 铁丝网制作、安装 3. 砂浆制作、运输 4. 喷水泥漆 5. 埋置仿石音箱
050307004	塑树皮梁、柱	1. 塑树种类 2. 塑竹种类 3. 砂浆配合比 4. 喷字规格、颜色 5. 油漆品种、颜色	1. m^2 2. m	1. 以平方米计量，按设计图示尺寸以梁柱外表面积计算 2. 以米计量，按设计图示尺寸以构件长度计算	1. 灰塑 2. 刷涂颜料
050307005	塑竹梁、柱				

（续）

项目编码	项目名称	项目特征	计量单位	工程量计算规则	工程内容
050307006	铁艺栏杆	1. 铁艺栏杆高度 2. 铁艺栏杆单位长度重量 3. 防护材料种类	m	按设计图示尺寸以长度计算	1. 铁艺栏杆安装 2. 刷防护材料
050307007	塑料栏杆	1. 栏杆高度 2. 塑料种类			1. 下料 2. 安装 3. 校正
050307008	钢筋混凝土艺术围栏	1. 围栏高度 2. 混凝土强度等级 3. 表面涂敷材料种类	1. m^2 2. m	1. 以平方米计量，按设计图示尺寸以梁柱外表面积计算 2. 以米计量，按设计图示尺寸以构件长度计算	1. 制作 2. 运输 3. 安装 4. 砂浆制作、运输 5. 接头灌缝、养护
050307009	标志牌	1. 材料种类、规格 2. 镌字规格、种类 3. 喷字规格、颜色 4. 油漆品种、颜色	个	按设计图示数量计算	1. 选料 2. 标志牌制作 3. 雕凿 4. 镌字、喷字 5. 运输、安装 6. 刷油漆
050307010	景墙	1. 土质类别 2. 垫层材料种类 3. 基础材料种类、规格 4. 墙体材料种类、规格 5. 墙体厚度 6. 混凝土、砂浆强度等级、配合比 7. 饰面材料种类	1. m^3 2. 段	1. 以立方米计量，按设计图示尺寸以体积计算 2. 以段计量，按设计图示尺寸以数量计算	1. 土（石）方挖运 2. 垫层、基础铺设 3. 墙体砌筑 4. 面层铺贴
050307011	景窗	1. 景窗材料品种、规格 2. 混凝土强度等级 3. 砂浆强度等级、配合比 4. 涂刷材料品种	m^2	按设计图示尺寸从面积计算	1. 制作 2. 运输 3. 砌筑安放 4. 勾缝 5. 表面涂刷
050307012	花饰	1. 花饰材料品种、规格 2. 砂浆配合比 3. 涂刷材料品种			
050307013	博古架	1. 博古架材料品种、规格 2. 混凝土强度等级 3. 砂浆配合比 4. 涂刷材料品种	1. m^2 2. m 3. 个	1. 以平方米计量，按设计图示尺寸以面积计算 2. 以米计量，按设计图示尺寸以延长米计算 3. 以个计量，按设计图示尺寸以数量计算	1. 制作 2. 运输 3. 砌筑安放 4. 勾缝 5. 表面涂刷

（续）

项目编码	项目名称	项目特征	计量单位	工程量计算规则	工程内容
050307014	花盆（坛、箱）	1. 花盆（坛）的材质及类型 2. 规格尺寸 3. 混凝土强度等级 4. 砂浆配合比	个	按设计图示尺寸以数量计算	1. 制作 2. 运输 3. 安放
050307015	摆花	1. 花盆（钵）的材质及类型 2. 花卉品种与规格	1. m^2 2. 个	1. 以平方米计量，按设计图示尺寸以水平投影面积计算 2. 以个计量，按设计图示数量计算	1. 搬运 2. 安放 3. 养护 4. 撤收
050307016	花池	1. 土质类别 2. 池壁材料种类、规格 3. 混凝土、砂浆强度等级、配合比 4. 饰面材料种类	1. m^3 2. m 3. 个	1. 以立方米计量，按设计图示尺寸以体积计算 2. 以米计量，按设计图示尺寸以池壁中心线处延长米计算 3. 以个计量，按设计图示数量计算	1. 垫层铺设 2. 基础砌（浇）筑 3. 墙体砌（浇）筑 4. 面层铺贴
050307017	垃圾箱	1. 垃圾箱材质 2. 规格尺寸 3. 混凝土强度等级 4. 砂浆配合比	个	按设计图示尺寸以数量计算	1. 制作 2. 运输 3. 安放
050307018	砖石砌小摆设	1. 砖种类、规格 2. 石种类、规格 3. 砂浆强度等级、配合比 4. 石表面加工要求 5. 勾缝要求	1. m^3 2. 个	1. 以立方米计量，按设计图示尺寸以体积计算 2. 以个计量，按设计图示尺寸以数量计算	1. 砂浆制作、运输 2. 砌砖、石 3. 抹面、养护 4. 勾缝 5. 石表面加工
050307019	其他景观小摆设	1. 名称及材质 2. 规格尺寸	个	按设计图示尺寸以数量计算	1. 制作 2. 运输 3. 安装
050307020	柔性水池	1. 水池深度 2. 防水（漏）材料品种	m^2	按设计图示尺寸以水平投影面积计算	1. 清理基层 2. 材料裁接 3. 铺设

注：砌筑果皮箱，放置盆景的须弥座等，应按砖石砌小摆设项目编码列项。

四、措施项目清单工程量计算规则

措施项目工程清单项目有：脚手架工程（编码：050401），模板工程（编码：050402），树木支撑架、草绳绕树干、搭设遮阴（防寒）棚工程（编码：050403），围堰、排水工程（编码：050404），安全文明施工及其他措施项目（050405）。

1. 脚手架工程

脚手架工程的工程量清单项目设置、项目特征描述的内容、计量单位、工程量计算规则应按表 2-27（编码：050401）的规定执行。

表 2-27　脚手架工程（编码：050401）

项目编码	项目名称	项目特征	计量单位	工程量计算规则	工作内容
050401001	砌筑脚手架	1. 搭设方式 2. 墙体高度	m^2	按墙的长度乘墙的高度以面积计算（硬山建筑山墙高算至山尖）。独立砖石柱高度在3.6m以内时，以柱结构周长乘以柱高计算；独立砖石柱高度在3.6m以上时，以柱结构周长加3.6m乘以柱高计算 凡砌筑高度在1.5m及以上的砌体，应计算脚手架	1. 场内、场外材料搬用 2. 搭、拆脚手架、斜道、上料平台 3. 铺设安全网 4. 拆除脚手架后材料分类堆放
050401002	抹灰脚手架	1. 搭设方式 2. 墙体高度		按抹灰墙面的长度乘高度以面积计算（硬山建筑山墙高算至山尖）。独立砖石柱高度在3.6m以内时，以柱结构周长乘以柱高计算；独立砖石柱高度在3.6m以上时，以柱结构周长加3.6m乘以柱高计算	
050401003	亭脚手架	1. 搭设方式 2. 檐口高度	1. 座 2. m^2	1. 以座计量，按设计图示数量计算 2. 以平方米计量，按建筑面积计算	
050401004	满堂脚手架	1. 搭设方式 2. 施工面高度	m^2	按搭设的地面主墙间尺寸以面积计算	
050401005	堆砌（塑）假山脚手架	1. 搭设方式 2. 假山高度		按外围水平投影最大矩形面积计算	
050401006	桥身脚手架	1. 搭设方式 2. 桥身高度		按桥基础底面至桥面平均高度乘以河道两侧宽度以面积计算	
050401007	斜道	斜道高度	座	按搭设数量计算	

2. 模板工程

模板工程的工程量清单项目设置、项目特征描述的内容、计量单位、工程量计算规则应按表2-28（编码：050402）的规定执行。

表 2-28　模板工程（编码：050402）

项目编码	项目名称	项目特征	计量单位	工程量计算规则	工作内容
050402001	现浇混凝土垫层	厚度	m^2	按混凝土与模板的接触面积计算	1. 制作　2. 安装 3. 拆除　4. 清理 5. 刷隔离剂 6. 材料运输
050402002	现浇混凝土路面				

（续）

项 目 编 码	项 目 名 称	项 目 特 征	计量单位	工程量计算规则	工 作 内 容
050402003	现浇混凝土路牙、树池围牙	高度	m^2	按混凝土与模板的接触面积计算	1. 制作 2. 安装 3. 拆除 4. 清理 5. 刷隔离剂 6. 材料运输
050402004	现浇混凝土花架柱	断面尺寸			
050402005	现浇混凝土花架梁	1. 断面尺寸 2. 梁底高度			
050402006	现浇混凝土花池	池壁断面尺寸			
050402007	现浇混凝土桌凳	1. 桌凳形状 2. 基础尺寸、埋设深度 3. 桌面尺寸、支墩高度 4. 凳面尺寸、支墩高度	1. m^3 2. 个	1. 以立方米计量，按设计图示混凝土体积计算 2. 以个计量，按设计图示数量计算	
050402008	石桥拱券石、石券脸胎架	1. 胎架面高度 2. 矢高、弦长	m^2	按拱券石、石券脸弧形底面展开尺寸以面积计算	

3. 树木支撑架、草绳绕树干、搭设遮阴（防寒）棚工程

此类工程的工程量清单项目设置、项目特征描述的内容、计量单位、工程量计算规则应按表2-29（编码：050403）的规定执行。

表2-29　树木支撑架、草绳绕树干、搭设遮阴（防寒）棚工程（编码：050403）

项 目 编 码	项 目 名 称	项 目 特 征	计量单位	工程量计算规则	工 作 内 容
050403001	树木支撑架	1. 支撑类型、材质 2. 支撑材料规格 3. 单株支撑材料数量	株	按设计图示数量计算	1. 制作 2. 运输 3. 安装 4. 维护
050403002	草绳绕树干	1. 胸径（干径） 2. 草绳所绕树干高度			1. 搬运 2. 绕杆 3. 余料清理 4. 养护期后清除
050403003	搭设遮阴（防寒）棚	1. 搭设高度 2. 搭设材料种类、规格	1. m^2 2. 株	1. 以平方米计量，按遮阴（防寒）棚外围覆盖层的展开尺寸以面积计算 2. 以株计量，按设计图示数量计算	1. 制作 2. 运输 3. 搭设、维护 4. 养护期后清除

4. 围堰、排水工程

围堰、排水工程的工程量清单项目设置、项目特征描述的内容、计量单位、工程量计算规则应按表2-30（编码：050404）的规定执行。

表 2-30　围堰、排水工程（编码：050404）

项目编码	项目名称	项目特征	计量单位	工程量计算规则	工作内容
050404001	围堰	1. 围堰断面尺寸 2. 围堰长度 3. 围堰材料及灌装袋材料品种、规格	1. m^3 2. m	1. 以立方米计量，按围堰断面面积乘以堤顶中心线长度以体积计算 2. 以米计量，按围堰堤顶中心线长度以延长米计算	1. 取土、装土 2. 堆筑围堰 3. 拆除、清理围堰 4. 材料运输
050404002	排水	1. 种类及管径 2. 数量 3. 排水长度	1. m^3 2. 天 3. 台班	1. 以立方米计量，按需要排水量以体积计算，围堰排水按堰内水面面积乘以平均水深计算 2. 以天计算，按需要排水日历天计算 3. 以台班计算，按水泵排水工作台班计算	1. 安装 2. 使用、维护 3. 拆除水泵 4. 清理

5. 安全文明施工及其他措施项目

安全文明施工及其他措施项目的工程量清单项目设置、计量单位、工作内容及包含范围应按表 2-31（编码：050405）的规定执行。

表 2-31　安全文明施工及其他措施项目（编码：050405）

项目编码	项目名称	工作内容及包含范围
050405001	安全文明施工	1. 环境保护：现场施工机械设备降低噪声、防扰民措施；水泥、种植土和其他易飞扬细颗粒建筑材料密闭存放或采取覆盖措施等；工程防扬尘洒水；土石方、杂草、种植遗弃物及建渣外运车辆防护措施等；现场污染源的控制、生活垃圾清理外运、场地排水排污措施；其他环境保护措施 2. 文明施工：“五牌一图”；现场围挡的墙面美化（包括内外粉刷、刷白、标语等）、压顶装饰；现场厕所便槽刷白、贴面砖，水泥砂浆地面或地砖，建筑物内临时便溺设施；其他施工现场临时设施的装饰装修、美化措施；现场生活卫生设施；符合卫生要求的饮水设备、淋浴、消毒等设施；生活用洁净燃料；防煤气中毒、防蚊虫叮咬等措施；施工现场操作场地的硬化；现场绿化、治安综合治理；现场配备医药保健器材、物品和急救人员培训；用于现场工人的防暑降温、电风扇、空调等设备及用电；其他文明措施 3. 安全施工：安全资料、特殊作业专项方案的编制，安全施工标志的购置及安全宣传；“三宝”（安全帽、安全带、安全网）、“四口”（楼梯口、管井口、通道口、预留洞口）、“五临边”（园桥围边、驳岸围边、跌水围边、槽坑围边、卸料平台两侧），水平防护架、垂直防护架、外架封闭等防护；施工安全用电，包括配电箱三级配电、两级保护装置要求、外电防护措施；起重设备（含起重机、井架、门架）的安全防护措施（含警示标志）及卸料平台的临边防护、层间安全门、防护棚等设施；园林工地起重机械的检验检测；施工机具防护棚及其围栏的安全保护设施；施工安全防护通道；工人的安全防护用品、用具购置；消防设施与消防器材的配置；电气保护、安全照明设施；其他安全防护措施 4. 临时设施：施工现场采用彩色、定型钢板，砖、混凝土砌块等围挡的安砌、维修、拆除；施工现场临时建筑物、构筑物的搭设、维修、拆除，如临时宿舍、办公室、食堂、厨房、厕所、诊疗所、临时文化福利用房、临时仓库、加工场、搅拌台、临时简易水塔、水池等；施工现场临时设施的搭设、维修、拆除，如临时供水管道、临时供电管线、小型临时设施等；施工现场规定范围内临时简易道路铺设，临时排水沟、排水设施安砌、维修、拆除；其他临时设施搭设、维修、拆除
050405002	夜间施工	1. 夜间固定照明灯具和临时可移动照明灯具的设置、拆除 2. 夜间施工时施工现场交通标志、安全标牌、警示灯等的设置、移动、拆除 3. 夜间照明设备及照明用电、施工人员夜班补助、夜间施工劳动效率降低等
050405003	非夜间施工照明	为保证工程施工正常进行，在如假山石洞等特殊施工部位施工时所采用的照明设备的安拆、维护及照明用电等

（续）

项目编码	项目名称	工作内容及包含范围
050405004	二次搬运	由于施工场地条件限制而发生的材料、植物、成品、半成品等一次运输不能到达堆放地点，必须进行的二次或多次搬运
050405005	冬雨季施工	1. 冬雨（风）季施工时增加的临时设施（防寒保温、防雨、防风设施）的搭设、拆除 2. 冬雨（风）季施工时对植物、砌体、混凝土等采用的特殊加温、保温和养护措施 3. 冬雨（风）季施工时施工现场的防滑处理，对影响施工的雨雪的清除 4. 冬雨（风）季施工时增加的临时设施、施工人员的劳动保护用品、冬雨（风）季施工劳动效率降低等
050405006	反季节栽植影响措施	因反季节栽植在增加材料、人工、防护、养护、管理等方面采取的种植措施及保证成活率措施
050405007	地上、地下设施的临时保护措施	在工程施工过程中，对已建成的地上、地下设施和植物进行的遮盖、封闭、隔离等必要保护措施
050405008	已完工程及设备保护	对已完工程及设备采取的覆盖、包裹、封闭、隔离等必要的保护措施

注：本表所列项目应根据工程实际情况计算措施项目费用，需分摊的应合理计算摊销费用。

【任务实施】

一、园林景观工程定额工程量计算

（一）工程量计算依据

本任务以××广场景观绿化工程图纸，辽宁省园林绿化工程定额工程量计算规则、常规施工组织设计为计算工程量依据。

（二）列出分部分项工程项目名称

根据××广场景观绿化工程总施部分图纸 JS-01～04，辽宁省园林绿化工程定额工程量计算规则逐项列出分部分项工程项目名称、单位。

（三）列出工程量计算式并计算结果

计算结果见表 2-32～表 2-36。

表 2-32　花架定额工程量

序号	项目名称	工程量表达式	工程量		备注
			单位	数量	
1	人工原土打夯	$(5.80+1)\mathrm{m}\times(2.8+1)\mathrm{m}=25.84\mathrm{m}^2$	$100\mathrm{m}^2$	0.2584	长宽各放宽 0.5m
2	土方工程　人工挖沟槽基坑　挖基坑　三类土　深度 2m 以内	$(5.80+1)\mathrm{m}\times(2.8+1)\mathrm{m}\times1.15\mathrm{m}=29.72\mathrm{m}^3$	$100\mathrm{m}^3$	0.2972	
3	土石方回填　回填土　夯填	$29.72\mathrm{m}^3-(0.50\times0.50\times0.70+0.80\times0.80\times0.30+1.00\times1.00\times0.15)\times6\mathrm{m}^3=26.62\mathrm{m}^3$	$100\mathrm{m}^3$	0.2662	

（续）

序号	项目名称	工程量表达式	工程量		备注
			单位	数量	
4	机械土方　自卸汽车运土方（载重4.5t）运距5km以内	$(0.50\times0.50\times0.70+0.80\times0.80\times0.30+1.00\times1.00\times0.15)\times6m^3=3.10m^3$	$1000m^3$	0.00310	
5	C15混凝土垫层	$1.00\times1.00\times0.15\times6m^3=0.90m^3$	$10m^3$	0.09	
6	现浇混凝土基础　独立基础　混凝土　商品混凝土C20	$(0.8\times0.8\times0.3+0.5\times0.5\times0.7)\times6m^3=2.20m^3$	$10m^3$	0.220	
7	20mm厚黄锈石花岗岩火烧面碎拼花架柱基饰面	$0.5\times4\times0.5\times6m^2=6.00m^2$	$100m^2$	0.06	
8	50mm厚黄锈石花岗岩压顶	$(0.6\times0.6-0.38\times0.38+0.5\times0.5-0.38\times0.38)\times6m^2=1.93m^2$	$100m^2$	0.0193	
9	花架柱米黄色真石漆饰面	$0.4\times4\times1.63\times6m^2=15.65m^2$	$100m^2$	0.1565	
10	花架柱水泥砂浆1:2找平层	$0.38\times4\times2.23\times6m^2=20.34m^2$	$100m^2$	0.2034	
11	现浇混凝土花架柱　C20	$[0.36\times0.36\times2.23\times6+0.3\times0.3\times(0.15+0.06+0.06)\times6]m^3=1.88m^3$	m^3	1.88	
12	黄色耐火砖柱顶装饰	$[(0.6\times0.6-0.4\times0.4)\times0.06+(0.5\times0.5-0.3\times0.3)\times0.06]\times6m^3=0.13m^3$	$10m^3$	0.013	
13	木制花架　200mm×100mm芬兰木横梁防腐上色处理	$0.2\times0.1\times7.4\times4m^3=0.59m^3$	m^3	0.59	
14	木制花架　200mm×100mm芬兰木构件防腐上色处理	$0.2\times0.1\times3.4\times16m^3=1.09m^3$	m^3	1.09	
15	混凝土、钢筋混凝土模板及支架　现浇混凝土模板　独立基础　混凝土　组合钢模板	$(0.8\times4\times0.3+0.5\times4\times0.7)\times6m^2=14.16m^2$	$100m^2$	0.1416	
16	混凝土、钢筋混凝土模板及支架　现浇混凝土模板　混凝土　基础垫层　木模板	$1\times4\times0.15\times6m^2=3.60m^2$	$100m^2$	0.036	
17	混凝土、钢筋混凝土模板及支架　现浇混凝土模板　矩形柱　组合钢模板　钢支撑	$0.36\times4\times2.23\times6m^2=19.27m^2$	$100m^2$	0.1927	
18	脚手架　单项脚手架　钢管架15m以内单排	$(3.40+7.40)\times2\times2.70m^2=58.32m^2$	$100m^2$	0.5832	按水平投影外边线总长度乘以设计外地坪至花架顶高度以面积计算
19	现浇混凝土钢筋　圆钢筋　ϕ8	单根长度L=1000mm(基础深)－40mm(保护层)＋150mm＋2230mm(柱高)＋12mm×8＝3436mm 根数S：8×6＝48 ϕ8钢筋总工程量＝48×3.436m×0.395kg/m＝65.14kg＝0.065t	t	0.065	

（续）

序号	项目名称	工程量表达式	工程量		备注
			单位	数量	
20	现浇混凝土钢筋　圆钢筋　φ6	箍筋 φ6@200：保护层取 25mm 箍筋长度公式 =（$b+h$）×2－8×保护层+1.9d×2+max（10d，75mm）×2 式中，10×6mm＜75mm，max（10d，75mm）=75mm 箍筋根数计算公式：（柱高－50mm×2）/间距+1 500mm×500mm 柱的单根箍筋长度 L=（500×4－8×25+1.9×6×2+75×2）mm=1972.80mm=1.973m 500mm×500mm 柱的箍筋根数 S=（700－50×2）/200+1=4 360mm×360mm 柱的单根箍筋长度 L=（360×4－8×25+1.9×2×6+75×2）mm=1412.80mm=1.413m 360mm×360mm 柱的箍筋根数 S=（2230－50×2）/200+1=12 φ6 钢筋总工程量=（4×1.973m+12×1.413m）×0.222kg/m×6=33.098kg=0.033t	t	0.033	

表 2-33　花坛定额工程量

序号	项目名称	工程量表达式	工程量		备注
			单位	数量	
1	土方工程　人工挖沟槽基坑　挖沟槽　三类土　深度 2m 以内	（0.92+0.3×2）×14.72×（0.4+0.12+0.12+0.1）×2m^3=33.11m^3	100m^3	0.3311	花坛中心线长 14.72m，基础两侧放宽 0.30m
2	机械土方　自卸汽车运土方（载重 4.5t）运距 5km 以内	（0.92×0.10+0.72×0.12+0.48×0.12+0.24×0.4）×14.72×2m^3=9.77m^3	1000m^3	0.00977	
3	人工土石方运输　人工装土	2.72m^3+（0.72×0.12+0.48×0.12+0.24×0.4）×14.72×2m^3=9.77m^3	100m^3	0.0977	
4	土石方回填　回填土　夯填	33.11m^3－9.77m^3=23.34m^3	100m^3	0.2334	
5	人工原土打夯	0.92×14.72×2m^2=27.08m^2	100m^2	0.2708	
6	楼地面工程　垫层　商品混凝土垫层 C15	0.92×14.72×0.1×2m^3=2.71m^3	10m^3	0.271	
7	垫层模板	14.72×0.1×2×2m^2=5.89m^2	100m^2	0.0589	
8	MU10 实心砖　M5.0 水泥砂浆砌筑	（0.72×0.12+0.48×0.12+0.24×0.8）×14.72×2m^3=9.89m^3	10m^3	0.989	
9	抹灰工程　现场搅拌抹灰砂浆　水泥砂浆 1:2.5	（4－0.02×2）×4×0.8×2m^2=25.34m^2	100m^2	0.2534	
10	抹灰工程　现场搅拌抹灰砂浆　水泥砂浆 1:1.5	3.4×4×0.8×2m^2=21.76m^2	100m^2	0.2176	
11	20mm 厚烧面黄锈石贴面	4.00×4×0.4×2m^2=12.80m^2	100m^2	0.1280	
12	400mm×300mm×50mm 光面黄锈石压顶	14.8×0.3×2m^2=8.88m^2	100m^2	0.0888	压顶中心线长 14.80m

表 2-34　湖石假山定额工程量

序号	项目名称	工程量表达式	工程量		备注
			单位	数量	
1	土方开挖	$(10.00+0.15\times2)\times(4.00+0.15\times2)\times(0.30+0.80+0.20)m^3=57.58m^3$	$1000m^3$	0.05758	假山基础 1.3m 深小于 1.5m，土质类别是三类土，不需要放坡，每边需加工作面 0.15m
2	土方外运	$(9.20\times3.20\times0.30+9.60\times3.60\times0.80+10.00\times4.00\times0.20)\ m^3=44.48m^3$	$1000m^3$	0.04448	
3	土方回填	$57.58m^3-44.48m^3=13.10m^3$	$100m^3$	0.1310	
4	平整场地	$10.00\times4.00\times1.4m^2=56.00m^2$	m^2	56.00	
5	300mm 厚 C25 混凝土	$9.20\times3.20\times0.30m^3=8.83m^3$	m^3	8.83	
6	800mm 厚块石砌筑	$9.60\times3.60\times0.80m^3=27.65m^3$	$10m^3$	2.765	
7	200mm 碎石垫层	$10.00\times4.00\times0.20m^3=8.00m^3$	m^3	8.00	
8	现浇混凝土钢筋　圆钢筋 ϕ8	钢筋长度 = 构建长 $-2\times$保护层 $+2\times12d$ 根数 =（长跨或短跨净跨 -150）/间距 $+1$ X 向钢筋长度 $=(9200-2\times50+2\times12\times8)mm=9292mm=9.292m$ X 向钢筋根数 $=(3200-150)/150+1=22$ Y 向钢筋长度 $=(3200-2\times50+2\times12\times8)mm=3292mm=3.292m$ Y 向钢筋根数 $=(9200-150)/150+1=62$ ϕ8 钢筋总工程量 $=(9.292m\times22+3.292m\times62)\times0.395kg/m=1.61.37kg=0.161t$	t	0.161	
9	混凝土、钢筋混凝土模板及支架 现浇混凝土模板　混凝土　基础垫层　木模板	$(3.20+9.20)\times2\times0.30m^2=7.44m^2$	$100m^2$	0.0744	
10	堆砌石假山（高 4m 以内）	$8.4\times2.4\times3.70\times2.2\times0.6t=98.461t$	t	98.461	当 $3m<H_{大}\leqslant4m$ 时，K_n 取 0.60，湖石密度 $2.2t/m^3$
11	假山综合脚手架	水平投影最大周长 $=(9.60+2.40)\times2=24.00m$ 地坪至山顶高度 3.70m 假山综合脚手架工程量 $=24.00m\times3.70m=88.80m^2$	m^2	88.80	石山高度在 1.2m 以上时，按外围水平投影最大周长乘以设计外地坪至石山顶高度以面积计算，套用综合脚手架定额。

表 2-35　土丘定额工程量

序号	项目名称	工程量表达式	工程量		备注
			单位	数量	
1	堆筑土山丘（高 2m 以内）	$(9.2\times5.4+10.50\times4.00)\times0.6\times1/3m^3=18.34m^3$	m^3	18.34	

表 2-36　座椅工程量

序号	项目名称	工程量表达式	工程量		备注
			单位	数量	
1	1. 成品铁艺座椅，长 1.3m，宽 0.45m，高 0.4m	6	组	6	

二、园林景观工程清单工程量计算

清单工程量的计算结果见表2-37～表2-41。

表2-37　花架清单工程量

项目编码	项目名称	项目特征	计量单位	工程量计算规则	工程量	计算式	工程内容
1	人工原土夯实		m^2	按设计图示尺寸以面积计算	16.24	$2.8\times5.8m^2=16.24m^2$	
2	人工挖基坑三类土深度2m以内	1. 土壤类别：三类土 2. 挖土平均深度：1.15m	m^3		18.68	$5.8\times2.8\times1.15m^3=18.68m^3$	
3	回填土夯填		m^3		15.58	$(18.68-0.9-2.20)\ m^3=15.58m^3$	
4	自卸汽车运土方（载重4.5t）运距5km以内		m^3	按设计图示尺寸以体积计算	3.10	$(0.9+2.20)\ m^3=3.1m^3$	
5	垫层	1. 混凝土种类：商品混凝土 2. 强度等级：C15 3. 位置：花架柱独立基础	m^3		0.90	$1.00\times1.00\times0.15\times6m^3=0.9m^3$	
6	独立基础	1. 混凝土种类：商品混凝土 2. 强度等级：C20 3. 位置：花架柱独立基础	m^3		2.20	$(0.80\times0.80\times0.30+0.50\times0.50\times0.70)\times6m^3=2.20m^3$	
7	花架柱基饰面	1. 材料种类：黄锈石花岗岩火烧面碎拼 2. 厚度：50mm 3. 砂浆厚度、配合比：20mm厚1:3水泥砂浆	m^2		6.00	$0.5\times4\times0.5\times6m^2=6m^2$	
8	花架柱基压顶	1. 材料种类：50mm黄锈石花岗岩烧面 2. 砂浆厚度、配合比：20mm厚1:2.5水泥砂浆	m^2	按设计图示尺寸以面积计算	1.93	$(0.6\times0.6-0.38\times0.38+0.5\times0.5-0.38\times0.38)\times6m^2=1.93m^2$	
9	花架柱饰面	1. 材料种类：10mm米黄色真石漆 2. 砂浆厚度、配合比：10mm厚1:2水泥砂浆	m^2	按设计图示尺寸以面积计算	15.65	$0.4\times4\times1.63\times6m^2=15.65m^2$	
10	现浇混凝土花架　柱	1. 柱截面：360mm×360mm 2. 高度：2230mm 3. 根数：6根 4. 混凝土强度等级：C20	m^3	按设计图示尺寸以体积计算	1.88	$[0.36\times0.36\times2.23\times6+0.3\times0.3\times(0.15+0.06+0.06)\times6]m^3=1.88m^3$	
11	黄色耐火砖柱顶装饰	1. 材料：200mm×100mm×60mm黄色耐火砖 2. M5混合砂浆砌筑	m^3		0.13	$[(0.6\times0.6-0.4\times0.4)\times0.06+(0.5\times0.5-0.3\times0.3)\times0.06]\times6m^3=0.13m^3$	

（续）

项目编码	项目名称	项目特征	计量单位	工程量计算规则	工程量	计算式	工程内容
12	木花架　梁	1. 木材种类：芬兰木横梁，防腐上色处理 2. 梁截面：200mm×100mm 3. 连接方式：榫接 4. 防护材料种类：桐防腐油	m^3	按设计图示截面乘长度（包括榫长）以体积计算	0.59	$0.2\times0.1\times7.4\times4m^3=0.59m^3$	1. 构件制作、运输、安装 2. 刷防护材料、油漆
13	木制花架　檩条	1. 木材种类：芬兰木构件，防腐上色处理 2. 梁截面：200mm×100mm 3. 连接方式：榫接 4. 防护材料种类：桐防腐油	m^3	按设计图示截面乘长度（包括榫长）以体积计算	1.09	$0.20\times0.1\times3.4\times16m^3=1.09m^3$	
14	现浇混凝土独立基础组合钢模板木支撑		m^2	按设计图示尺寸以面积计算	12.96	$(0.8\times4\times0.3+0.5\times4\times0.6)\times6m^2=12.96m^2$	
15	现浇混凝土混凝土基础垫层木模板		m^2		3.60	$(1\times4\times0.15)\times6m^2=3.6m^2$	
16	脚手架单排		m^2		58.32	$(3.4+7.40)\times2\times2.70m^2=58.32m^2$	
17	现浇混凝土钢筋　圆钢筋 $\phi8$		t		0.065	计算式同定额计算式	
18	现浇混凝土钢筋　箍筋 $\phi6.0$		t		0.033	计算式同定额计算式	

表 2-38　花坛清单工程量

序号	项目名称	项目特征	单位	工程量计算规则	工程量	计算式	备注
1	人工原土夯实		m^2	按设计图示尺寸以面积计算	27.08	$0.92\times14.72\times2m^2=27.08m^2$	
2	人工挖沟槽三类土深度2m以内		m^3	按设计图示尺寸以体积计算	20.04	$0.92\times14.72\times(0.40+0.12+0.12+0.10)\times2m^3=20.04m^3$	
3	运土方		m^3		9.77	$(0.92\times0.10+0.72\times0.12+0.48\times0.12+0.24\times0.4)\times14.72\times2m^3=9.77m^3$	
4	回填土夯填		m^3		10.27	$(20.04-9.77)\ m^3=10.27m^3$	
5	垫层	1. 混凝土种类：商品混凝土 2. 强度等级：C15 3. 位置：花坛垫层	m^3		2.71	$0.92\times14.72\times0.10\times2m^3=2.71m^3$	

（续）

序号	项目名称	项目特征	单位	工程量计算规则	工程量	计算式	备注
6	砖基础	1. MU10 实心砖，M5.0 水泥砂浆砌筑 2. 1∶2.5 水泥砂浆粘合层 3. 1∶1.5 水泥砂浆粘合层	m^3	按设计图示尺寸以体积计算	9.89	$(0.72\times0.12+0.48\times0.12+0.24\times0.80)\times14.72\times2m^3=9.89m^3$	
7	花坛立面	20mm 厚烧面黄锈石贴面	m^2	按设计图示尺寸以面积计算	12.80	$4.00\times4\times0.40\times2m^2=12.80m^2$	
8	花坛压顶	1. 400mm×300mm×50mm 光面黄锈石压顶 2. 20mm 厚 1∶2.5 水泥砂浆	m^2		8.88	$14.80\times0.30\times2m^2=8.88m^2$ 或 $(4.00\times4.00-3.40\times3.40)\times2m^2=8.88m^2$	
9	垫层模板		m^2		5.89	$14.72\times0.10\times2\times2m^2=5.89m^2$	

表 2-39　堆塑假山清单工程量

序号	项目名称	项目特征	计量单位	工程量计算规则	工程量	计算式	工程内容
1	挖土方	1. 土壤类别：三类土 2. 挖土平均深度：1.3m	m^3	按设计图示尺寸以体积计算	52.00	$10.00\times4.00\times1.3m^3=52m^3$	
2	土方外运	运距 5km	m^3		44.48	$(9.20\times3.20\times0.30+9.60\times3.60\times0.80+10.00\times4.00\times0.20)\ m^3=44.48m^3$	
3	土方回填		m^3		7.52	$(52-44.48)\ m^3=7.52m^3$	
4	堆砌石假山	1. 堆砌高度：3.7m 2. 石料种类：太湖石 3. 混凝土强度等级：C25 4. 砂浆强度等级：M7.5 水泥砂浆	t	按设计图示尺寸以质量计算	98.461	8.40(长)×2.40(宽)×3.70(高)×2.2(密度)×0.60t=98.461t	1. 选料 2. 起重机搭、拆 3. 堆砌、修整

表 2-40　土丘清单工程量

序号	项目名称	项目特征	计量单位	工程量计算规则	工程量	计算式	工程内容
1	堆筑土山丘	1. 土丘高度：0.6m 2. 土丘坡度：20% 3. 土丘底外接矩形面积：91.68m^2	m^3	按设计图示山丘水平投影外接矩形面积乘以高度的 1/3 以体积计算	18.34	$(9.20\times5.40+10.50\times4.00)\times0.6\times1/3m^3=18.34m^3$	1. 取土 2. 运土 3. 堆砌、夯实 4. 修整

表 2-41　园林桌椅

序号	项目名称	项目特征	单位	工程量计算规则	工程量	计算式	备注
1	安装铁艺椅	1. 成品铁艺座椅 2. 长 1.3m，宽 0.45m，高 0.4m	组	按设计图示计量	6	6	

花坛工程量计算

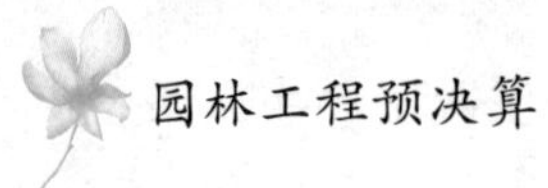

【任务考核】

序号	考核项目	评分标准	配分	得分	备注
1	分部分项列项	分部分项划分正确、全面	20		
2	工程量表达式	表达式正确、合理、符合工程量计算规则	40		
3	单位换算	符合预算要求	10		
4	计算结果	计算结果准确	10		
5	工程量计算步骤	计算步骤正确	20		
			100		

实训指导教师签字：　　　　　　　　　　年　月　日

【巩固练习】

根据本书配套电子资源提供的××别墅景观绿化工程图纸，在教师指导下，要求学生完成景观工程中四角亭、花架、水景等工程的定额工程量和清单工程量的计算。

项目三　园林工程预算

项目概述

园林工程不同于一般的工业与民用建筑等工程，具有一定的艺术性。由于每项工程各具特色，风格各异，工艺要求不尽相同，且项目零星，地点分散，工程量小，工作面大，花样繁多，形式各异，受气候条件的影响较大，因此，不可能用简单、统一的价格对园林产品进行精确地核算。它必须根据设计文件的要求、园林产品的特点，对园林工程事先从经济上加以计算，以便获得合理的工程造价，保证工程质量。

园林工程预算是在施工设计图纸的基础上，根据不同园林产品的特点，确定分部分项工程的人工费、材料费、机械费等消耗指标，再结合实际情况（如地方政策、施工条件、工程环境等）按相关规定进行计算，从而有效地控制工程投资、预期的社会效益和经济效益。园林工程预算按照两种不同计价方式可分为园林工程施工图预算和园林工程量清单计价。

技能要求

1. 能够运用工程定额计价方式进行园林工程施工图预算。
2. 能够运用工程量清单计价方式进行园林工程招投标报价。

知识要求

1. 熟悉园林工程预算编制依据和原则。
2. 掌握园林工程施工图预算的程序和内容。
3. 掌握编制园林工程量清单的依据和原则。
4. 掌握园林工程量清单计价的程序和内容。

任务一　园林工程施工图预算编制

【能力目标】

1. 能够根据分项工程内容套用定额项目单价及进行人材机价差调整。
2. 能够计算园林工程各项费用，并汇总工程造价。

【知识目标】

1. 掌握园林工程施工图预算编制依据。
2. 掌握园林工程施工图预算编制方法。

【思政目标】

1. 通过园林工程施工图预算实训，培养客观严谨的态度和诚实守信的品德。

2. 通过观看园林工程预算真实案例，学会正确做人、做事、做学问。

【任务描述】

××广场景观绿化工程施工图包括绿化种植、园路铺装、假山、花架等工程。要求根据项目二中××广场景观绿化工程的定额工程量结果，以及辽宁省2008年园林绿化工程定额，编制该工程预算书。已知绿化工程栽植苗木为春季移栽，苗木养护期为一年，养护内容包括施肥、整形、松土、涂白、乔木支撑。考虑施工过程中可能发生设计变更及其他不可预见情况发生，其他项目中暂列金额15000.00元，太湖石价格不能确定，需要暂估。本工程施工图预算按照园林绿化工程专业取费，人工价差不做调整。根据上述要求完成下列任务：

1）单位工程预算表。

2）工料分析表。

3）人材机价差表。

4）主材表。

5）工程造价汇总表。

【任务分析】

定额计价方式是进行施工图预算的主要方式。套用预算定额是完成园林工程预算的关键环节。本任务要求正确套用定额单价，计算工程直接费，依据当地当时市场价格信息，调整人材机价差及主材费，再根据国家及地区制定的费用定额及有关规定，计算工程的间接费、利润、税金等费用，最后汇总形成工程总造价，完成××广场景观绿化工程的施工图预算。

【知识准备】

一、园林工程施工图预算概述

园林工程施工图预算即单位工程预算。从传统意义上讲，施工图预算是指在施工图设计完成以后，按照主管部门制订的预算定额、费用定额和其他取费文件等，编制的单位工程或单项工程预算价格的文件；从现有意义上讲，施工图预算是指在施工图设计完成以后，根据施工图纸和工程量计算规则计算工程量，套用有关工程造价计算资料，编制的单位工程或单项工程预算价格的文件。

在园林施工图预算过程中，虽然编制人员采用的施工图和建设主管部门规定的费用计算程序相同，但工程量计算规则可能不同，编制者采用的施工方法可能不完全相同，采用的定额水平不同，资源（人工、材料、机械）价格不同，这些均会导致预算结果产生差异。因此同一套施工图纸编制施工图预算的结果可能不完全一样。

二、施工图预算的作用

（一）施工图预算对建设方的作用

1）施工图预算是控制造价及资金合理使用的依据。

2）施工图预算是确定工程招标控制价的依据。

3）施工图预算是拨付工程款及办理工程结算的依据。

（二）施工图预算对施工企业的作用

1）施工图预算是投标报价的依据。

2）旋工图预算是园林工程包干和签订施工合同的主要依据。

3）施工图预算是施工企业安排调配施工力量，组织材料供应的依据。

4）施工图预算是施工企业控制工程成本的依据。

5）施工图预算是进行“两算”对比的依据。

（三）施工图预算在其他方面的作用

1）对于工程咨询单位来说，客观、准确地为委托方编制施工图预算，可以强化建设方对工程造价的控制，有利于节省投资，提高建设项目的投资效益。

2）对于工程造价管理部门来说，施工图预算是其监督检查执行定额标准、合理确定工程造价、测算工程造价指数及审定工程招标控制价的重要依据。

三、园林工程施工图预算编制依据

1）国家有关园林绿化工程造价管理的法律、法规和方针政策。

2）经审定的施工图纸、说明书和标准图集。施工图纸须经主管部门批准，业主、设计单位须参加图纸会审并签署“图纸会审纪要”。通过施工图设计文件及有关标准图集，可熟悉编制对象的工程性质、内容、构造等工程情况。

3）与施工图预算计价模式有关的计价依据。所采用的预算造价计价模式不同，预算编制依据也不同。根据所采用的计价模式，选用相应的计价依据。若采用定额计价模式，则需要预算定额、地区单位估价表、费用定额和相应的工程量计算规则等计价依据。若采用工程量清单计价模式，则需要人、材、机的市场价格，有关分部分项工程的综合指导价和计价规范中规定的相关工程量计算规则等计价依据。

4）当地地区材料市场价格、当地主管部门颁布的材料预算价格信息、材料调价通知、取费调整通知等；工程量清单计价规范。

5）合理的施工组织设计和施工方案等文件。施工组织设计是编制施工图预算的重要依据之一，通过它可充分了解各分部分项工程的施工方法、施工进度计划、施工机械的选择、施工平面图的布置及主要技术措施等内容，它是定额计价中工程量计算和定额套用的依据，也是工程量清单计价中计取措施费的依据。

6）招标文件、工程合同或协议书。

7）经批准的设计概算文件。经批准的设计概算文件是控制工程拨款或贷款的最高限额，也是控制单位工程预算的主要依据。如果工程预算确定的投资总额超过设计概算，需补做调整设计概算，经原批准机构批准后方可实施。

8）预算工作手册。预算工作手册是编制预算必备的工具书之一，主要有各种常用数据、计算公式、金属材料的规格、单位重量等项内容。查用预算手册可以加快预算编制速度。

四、园林工程施工图预算编制方法

《建筑工程施工发包与承包计价管理办法》（中华人民共和国建设部令第107号）第五条规定：施工图预算、招标标底和投标报价由成本（直接费、间接费）、利润和税金构成。其编制可以采用工料单价法和综合单价法两种计价方法。工料单价法是定额计价模式采用的计价方式，综合单价法是工程量清单计价模式采用的计价方式。

（一）工料单价法

工料单价法是指以分部分项工程单价为直接工程费单价，用分部分项工程量乘以对应分部分项工程单价后的合计为单位工程直接工程费。直接工程费汇总后另加措施费、间接费、利润、税金生成工程承发包价。

按照分部分项工程单价产生方法的不同，工料单价法又可以分为预算单价法和实物法。目前，应用比较多的方法是预算单价法。

1. 预算单价法

预算单价法就是用地区统一单位估价表中的各分项工料预算单价，乘以相应的各分项工程的工程量，求和后得到包括人工费、材料费和机械使用费在内的单位工程直接工程费。措施费、间接费、利润和税金可根据统一规定的费率乘以相应的计取基数求得。将上述费用汇总后得到单位工程的施工图预算。

预算单价法编制施工图预算的基本步骤

1）准备资料，熟悉施工图纸。准备施工图纸、施工组织设计、施工方案、现行园林工程定额、取费标准、统一工程量计算规则和地区材料预算价格等各种资料。在此基础上详细了解施工图纸，全面分析工程各分部分项工程，充分了解施工组织设计和施工方案，注意影响费用的关键因素。

2）计算工程量。工程量计算在项目二中已做论述，不再赘述。

3）套预算单价，计算直接工程费。核对工程量计算结果后，利用地区统一单位估价表中的分项工程预算单价，计算出各分项工程合价，汇总求出单位工程直接工程费。

单位工程直接工程费计算公式为

$$单位工程直接工程费 = \sum(分项工程量 \times 预算单价)$$

计算直接工程费时需注意以下几项内容：

① 分项工程的名称、规格、计量单位与预算单价或单位估价表中所列内容完全一致时，可以直接套用预算单价。

② 分项工程的主要材料品种与预算单价或单位估价表中规定材料不一致时，不可以直接套用预算单价，需要按实际使用材料价格换算预算单价。

③ 分项工程施工工艺条件与预算单价或单位估价表不一致而造成人工、机械的数量增减时，一般调量不换价。

④ 预算单价法中材料定额单价与市场价不一致时，需要按照当地当时市场价进行调整。

⑤ 分项工程不能直接套用定额或不能换算和调整时，应编制补充单位估价表。

4）编制工料分析表。单位工程施工图预算的工料分析，是计算一个单位工程全部人工需要量和各种材料消耗量。

工料分析得到的全部人工和各种材料消耗量，是工程消耗的最高限额，是编制单位工程劳动计划和材料供应计划、开展班组经济核算的基础，也是预算造价计算当中直接费调整的计算依据之一。

5）按计价程序计取其他费用，并汇总造价。根据规定的税率、费率和相应的计取基础，分别计算措施费、间接费、利润、税金。将上述费用累计后与直接工程费进行汇总，求出单位工程预算造价。

6）复核。对项目填列、工程量计算公式、计算结果、套用的单价、采用的取费费率、数字计算、数据精确度等进行全面复核，以便及时发现差错，及时修改，提高预算的准确性。

7）填写封面、编制说明。封面应写明工程编号、工程名称、预算总造价和单方造价、编制单位名称、负责人和编制日期以及审核单位的名称、负责人和审核日期等。

编制说明主要应写明预算所包括的工程内容、工程范围、编制依据、承包方式、有关部门现行的调价文件号、套用单价需要补充说明的问题及其他需说明的问题等。

2. 实物法

实物法编制施工图预算是按工程量计算规则和预算定额确定分部分项工程的人工、材料、机械消耗量，再按照资源的市场价格计算出各分部分项工程的工料单价，以工料单价乘以工程量汇总得到直接工程费，再按照相关规定计算措施费、间接费、利润和税金等，汇总得到单位工程费用。实物法中单位工

程直接工程费的计算公式为

分部分项工程工料单价 = ∑（材料预算定额用量 × 当时当地材料预算价格）+ ∑（人工预算定额用量 × 当时当地人工工资单价）+ ∑（施工机械预算定额台班用量 × 当时当地机械台班单价）

单位工程直接工程费 = ∑（分部分项工程量 × 分部分项工程工料单价）

通常采用实物法计算预算造价时，在计算出分部分项工程的人工、材料、机械消耗量后，先按类相加求出单位工程所需的各种人工、材料、施工机械台班的消耗量，再分别乘以当时当地各种人工、材料、机械台班的实际单价，求得人工费、材料费和施工机械使用费并汇总求和。

实物法编制施工图预算的步骤

1）准备资料、熟悉施工图纸。全面收集各种人工、材料、机械的当时当地的实际价格，应包括不同品种、不同规格的材料预算价格；不同工种、不同等级的人工工资单价；不同种类、不同型号的机械台班单价等。要求获得的各种实际价格应全面、系统、真实、可靠。具体可参考预算单价法相应步骤。

2）计算工程量。本步骤与预算单价法相同，不再赘述。

3）套用消耗定额，计算人机材消耗量。定额消耗量中的“量”在相关规范和工艺水平等未有较大突破性变化之前具有相对稳定性，据此确定符合国家技术规范和质量标准要求，并反映当时施工工艺水平的分项工程计价所需的人工、材料、施工机械的消耗量。

根据预算人工定额所列各类人工工日的数量，乘以各分项工程的工程量，计算出各分项工程所需各类人工工日的数量，统计汇总后确定单位工程所需的各类人工工日消耗量。同理，根据预算材料定额、预算机械台班定额分别确定出工程各类材料消耗数量和各类施工机械台班数量。

4）计算并汇总人工费、材料费、机械使用费。将当时当地工程造价管理部门定期发布的或企业根据市场价格确定的人工工资单价、材料预算价格、施工机械台班单价，分别乘以人工、材料、机械消耗量，汇总即为单位工程人工费、材料费和施工机械使用费。计算公式为

单位工程直接工程费 = ∑（工程量 × 材料预算定额用量 × 当时当地材料预算价格）+ ∑（工程量 × 人工预算定额用量 × 当时当地人工工资单价）+ ∑（工程量 × 施工机械预算定额台班用量 × 当时当地机械台班单价）

5）计算其他各项费用，汇总造价。对于措施费、间接费、利润和税金等的计算，可以采用与预算单价法相似的计算程序，只是有关的费率应根据当时当地园林市场供求情况予以确定。将上述单位工程直接工程费与措施费、间接费、利润、税金等汇总即为单位工程造价。

6）复核。检查人工、材料、机械台班的消耗量计算是否准确，有无漏算、重算或多算；套取的定额是否正确；检查采用的实际价格是否合理。其他内容可参考预算单价法相应步骤的介绍。

7）填写封面、编制说明。本步骤的内容和方法与预算单价法相同。

（二）综合单价法

综合单价法按照综合内容的不同，综合单价可分为全费用综合单价和部分费用综合单价。

全费用综合单价 = 人工费 + 材料费 + 施工机具使用费 + 管理费 + 规费 + 利润 + 税金 + 一定范围内风险费用。

部分费用综合单价 = 人工费 + 材料费 + 施工机具使用费 + 管理费 + 利润 + 一定范围内风险费用。

综合单价法预算编制步骤如下：

1）准备资料，熟悉施工图纸。

2）划分项目，按统一规定计算工程量。

3）套综合单价，计算各分项工程造价。

4）汇总得分部工程造价。

5）分部工程造价汇总得单位工程造价。

6）复核。

7）填写封面、编写说明。

五、园林工程施工图预算审查方法

园林工程施工图预算审查方法一般有以下几种：

1. 全面审查法

全面审查法也可称为重算法，它同编预算一样，将图纸内容按照预算书的顺序重新计算一遍，审查每一个预算项目的尺寸、计算和定额标准等是否有错误。这种方法全面细致，所审核过的工程预算准确性较高，但工作量大，不能做到快速。

2. 重点审查法

重点审查法是将预算中的重点项目进行审核的一种方法。这种方法可以对预算中工程量小、价格低的项目从略审核，将主要精力用于审核工程量大、造价高的项目。此方法若能掌握得好，能较准确快速的进行审核工作，但不能达到全面审查的深度和细度。

3. 分解对比审查法

分解对比审查法是将工程预算中的一些数据通过分析计算，求出一系列的经济技术数据，审查时首先以这些数据为基础，将要审查的预算与同类同期或类似的工程预算中的一些经济技术数据相比较，以达到分析或寻找问题的一种方法。

4. 分组计算审查法

分组计算审查法是一种加快审查工程量速度的方法，把预算中的项目划分为若干组，并把相邻且有一定内在联系的项目编为一组，审查或计算同一组中某个分项工程量，利用工程量间具有相同或相似计算基础的关系，判断同组中其他几个分项工程量计算的准确程度的方法。

5. 对比审查法

对比审查法是用已建成工程的预算或虽未建成但已审查修正的工程预算对比审查拟建的类似工程预算的一种方法。

【任务实施】

一、准备工作

收集编制工程预算的各类依据资料，包括工程施工图纸、预算定额、材料预算价格、施工组织设计、相关的取费标准及表格。

1）施工图纸为××广场景观绿化工程图纸。

2）预算定额为辽宁省2008年园林绿化工程计价定额。

3）预算材料价格为辽宁省朝阳市信息价及当地当时市场价。

4）施工组织设计按照拟定常规施工组织设计。

5）取费标准。

根据辽宁省建设工程费用标准中工程类别划分标准，本工程为园林专业承包四类工程。取费基数为定额直接费中的人工费和机械费之和。

依据辽住建［2016］49号文件《辽宁省住房和城乡建设厅关于建筑业营改增后辽宁省建设工程计价依据调整的通知》和辽建价发［2009］5号文件《关于施工企业规费计取标准核定有关问题的通知》，各项费率按照如下规定进行计取：

安全文明施工费费率是13.45%，企业管理费费率是13.92%，利润率17.75%，规费包括社会保障费、住房公积金、工程排污费。其中社会保障费包括养老保险16.36%、失业保险1.64%、医疗保险

6.55%、生育保险0.82%、工伤保险0.82%；住房公积金8.18%。工程排污费根据规定不计。增值税税率11%。

二、阅读图纸和熟悉现场

1）阅读图纸，掌握施工内容。

2）熟悉施工现场，掌握现场实际情况。

三、计算工程量

利用项目二中计算完成的园林工程定额工程量。

四、套预算定额单价，计算直接工程费

1. 列出分项名称、单位、工程量

将项目二中列出的分项名称、单位、工程量一一对应填入本地区预算软件中。

2. 借用其他专业工程定额

本工程有绿化种植工程、园路工程、钢筋混凝土工程等土建工程、装饰工程、市政工程，是一项综合性工程。有些分项工程在园林绿化工程计价定额中查找不到，还需要套用其他专业工程定额，如建筑工程定额、装饰装修定额、市政工程定额。当套用其他专业定额时应对定额编号进行区分，如在借用其他专业工程的定额前加“借”，如借12-11。

3. 补充不完全材料价格

园林绿化定额中未包括苗木花卉的价格，需要另行计算（放在主材表里）。

4. 计算直接工程费、人工费、材料费、机械费

根据表3-1园林工程概预算表的分项工程的工程量、基价、人工费单价、材料费单价、机械费单价计算直接工程费，见表3-1。

定额直接费 = 工程量 × 基价

基价 = 人工费单价 + 材料费单价 + 机械费单价

人工费 = 工程量 × 人工费单价

材料费 = 工程量 × 材料费单价

机械费 = 工程量 × 机械费单价

五、编制工料分析表

根据预算定额项目中所列的用工及材料定额消耗量，分别乘以该分项工程项目的工程量，得到分项工程工料消耗量，最后将各分项工程工料消耗量加以汇总，得出单位工程人工、材料的消耗数量，具体见表3-2。

人工消耗量 = Σ(分项工程的工程量 × 工日定额消耗量)

相同材料消耗量 = Σ(分项工程的工程量 × 材料定额消耗量)

机械消耗量 = Σ(分项工程的工程量 × 机械定额消耗量)

六、调整人工价差、材料价差 、机械价差

人工价差、材料价差、机械价差是指人工、材料、机械的定额预算价格与实际价格的差额。

某类人工价差 = (实际单价 − 预算定额人工单价) × 人工数量

某种材料价差 = (实际购入单价 − 预算定额材料单价) × 材料数量

某种机械价差 = (实际单价 − 预算定额人工或材料单价) × 人工或材料数量

将计算结果填入人材机价差表，见表3-3。

表 3-1 园林工程概预算表

工程名称：××广场景观绿化工程

序号	定额编号	工程项目或费用名称	单位	数量	单价（元）				合价			
					定额直接费	其中			园林工程费	其中		
						材料费	机械费	人工费		材料费	机械费	人工费
		一、绿化工程										
		1. 绿化地整理							8278.24	6748.35		1529.89
1	1-23	整理绿化用地	$10m^2$	64.212	14.25			14.25	915.02			915.02
2	1-27	人工挖树坑	m^3	74.26	8.28			8.28	614.87			614.87
3	补充01	回填种植土	m^3	192.81	35	35			6748.35	6748.35		
		2. 乔木							5057.57	825.4	687.92	3544.25
4	1-37	起挖乔木带土球（直径100cm以内） 银杏 胸径：10~12cm 株高：7.0~8.0m 冠径：3.5~4.0m	株	6	74.56		11.94	62.62	447.36		71.64	375.72
5	1-47	栽植乔木带土球（直径100cm以内） 银杏 胸径：10~12cm 株高：7.0~8.0m，冠径：3.5~4.0m	株	6	42.52	0.76	11.94	29.82	255.12	4.56	71.64	178.92
6	1-35	起挖乔木带土球（直径70cm以内） 樱花 胸径：6~8cm 株高：3.0~3.5m 冠径：2.5~3.0m	株	4	22.62		4.53	18.09	90.48		18.12	72.36
7	1-45	栽植乔木带土球（直径70cm以内） 樱花 胸径：6~8cm 株高：3.0~3.5m 冠径：2.5~3.0m	株	4	20.55	0.32	4.53	15.7	82.2	1.28	18.12	62.8
8	1-37	起挖乔木带土球（直径100cm以内） 栾树 胸径：10~12cm 株高：5.0~6.0m 冠径：3.5~4.0m	株	6	74.56		11.94	62.62	447.36		71.64	375.72
9	1-47	栽植乔木带土球（直径100cm以内） 栾树，胸径：10~12cm 株高：5.0~6.0m 冠径：3.5~4.0m	株	6	42.52	0.76	11.94	29.82	255.12	4.56	71.64	178.92

10	1－37	起挖乔木带土球（直径 100cm 以内） 合欢 胸径：10～12cm 株高：5.0～6.0m 冠径：3.5～4.0m	株	3	74.56		11.94	62.62	223.68		35.82	187.86
11	1－47	栽植乔木带土球（直径 100cm 以内） 合欢 胸径：10～12cm 株高：5.0～6.0m 冠径：3.5～4.0m	株	3	42.52	0.76	11.94	29.82	127.56	2.28	35.82	89.46
12	1－36	起挖乔木带土球（直径 80cm 以内） 玉兰 胸径：8～10cm 株高：4.0～5.0m 冠径：2.5～3.0m	株	9	35.95		7.01	28.94	323.55		63.09	260.46
13	1－46	栽植乔木带土球（直径 80cm 以内） 玉兰 胸径：8～10cm 株高：4.0～5.0m 冠径：2.5～3.0m	株	9	25.76	0.38	7.01	18.37	231.84	3.42	63.09	165.33
14	1－51	起挖乔木裸根（胸径 6cm 以内） 碧桃 地径：4～6cm 株高：2.5～3.0m 冠径：1.5～2.0m	株	3	3.43			3.43	10.29			10.29
15	1－61	栽植乔木裸根（胸径 6cm 以内） 碧桃 地径：4～6cm 株高：2.5～3.0m 冠径：1.5～2.0m	株	3	2.8	0.13		2.67	8.4	0.39		8.01
16	1－38	起挖乔木带土球（直径 120cm 以内） 云杉 株高：3.5～4.5m 冠径：2.0～3.0m	株	5	111.23		16.73	94.5	556.15		83.65	472.5
17	1－48	栽植乔木带土球（直径 120cm 以内） 云杉 株高：3.5～4.5m 冠径：2.0～3.0m	株	5	61.01	1.01	16.73	43.27	305.05	5.05	83.65	216.35
18	1－198	树棍桩三脚桩支撑	株	36	11.47	8.85		2.62	412.92	318.6		94.32
19	1－208	草绳绕树干 树干胸径（10cm 以内）	m	24	3.62	1.88		1.74	86.88	45.12		41.76

（续）

序号	定额编号	工程项目或费用名称	单位	数量	单价（元）				合价			
					定额直接费	其中			园林工程费	其中		
						材料费	机械费	人工费		材料费	机械费	人工费
20	1－209	草绳绕树干　树干胸径（15cm以内）	m	25.5	5	2.82		2.18	127.5	71.91		55.59
21	1－218	开盘直径（2m以内）松土（乔木）	100株	0.36	453.23			453.23	163.16			163.16
22	1－219	开盘直径（2m以内）施肥（乔木）	100株	0.36	960.75	67.28		893.47	345.87	24.22		321.65
23	1－246	树干防寒涂白胸径（6～10cm）	株	16	1.69	1.14		0.55	27.04	18.24		8.8
24	1－247	树干防寒涂白胸径（10cm以上）	株	15	4.16	3.07		1.09	62.4	46.05		16.35
25	1－301	乔木浇水	m^3	108	4.33	2.59		1.74	467.64	279.72		187.92
		3. 灌木							661.3	178.86		482.44
26	1－136	起挖灌木裸根（冠丛高200cm以内）　丁香　灌丛高：1.5～1.8m　冠幅：1.2～1.5m	株	4	4.31			4.31	17.24			17.24
27	1－140	栽植灌木裸根（冠丛高200cm以内）　$n>10$　丁香　灌丛高：1.5～1.8m　冠幅：1.2～1.5m	株	4	3.45	0.13		3.32	13.8	0.52		13.28
28	1－136	起挖灌木裸根（冠丛高200cm以内）　$n>10$　连翘　灌丛高：1.5～1.8m　冠幅：1.2～1.5m	株	7	4.31			4.31	30.17			30.17
29	1－140	栽植灌木裸根（冠丛高200cm以内）　$n>10$　连翘　灌丛高：1.5～1.8m　冠幅：1.2～1.5m	株	7	3.45	0.13		3.32	24.15	0.91		23.24
30	1－136	起挖灌木裸根（冠丛高200cm以内）　$n>10$　榆叶梅　灌丛高：1.5～1.8m　冠幅：1.2～1.5m	株	8	4.31			4.31	34.48			34.48
31	1－140	栽植灌木裸根（冠丛高200cm以内）　$n>10$　榆叶梅　灌丛高：1.5～1.8m　冠幅：1.2～1.5m	株	8	3.45	0.13		3.32	27.6	1.04		26.56

32	1－116	起挖灌木带土球（直径 40cm 以内）　黄杨球　灌丛高：1.0～1.2m　冠幅：1.0～1.2m	株	11	7.9	1.41		6.49	86.9	15.51		71.39
33	1－126	栽植灌木带土球（直径 40cm 以内）　黄杨球　灌丛高：1.0～1.2m，冠幅：1.0～1.2m	株	11	5.09	0.13		4.96	55.99	1.43		54.56
34	1－239	树冠修剪灌木整形（黄杨球）	株	11	3.97			3.97	43.67			43.67
35	1－216	开盘直径（1m 以内）松土	100 株	0.3	90.63			90.63	27.19			27.19
36	1－217	开盘直径（1m 以内）施肥	100 株	0.3	134.38	13.5		120.88	40.31	4.05		36.26
37	1－301	灌木浇水	m^3	60	4.33	2.59		1.74	259.8	155.4		104.4
		4. 地被							7622.47	837.61		6784.86
38	1－158	栽植片植绿篱　片植高度（60cm 以内）　苗木种类：紫叶李色带　苗木株高：修剪后 0.6m　苗木冠幅：0.2～0.3m　栽植密度：16 株/m^2	m^2	23.12	6.97	0.1		6.87	161.15	2.31		158.84
39	1－150	栽植双排绿篱（高 80cm 以内）　大叶黄杨绿篱　篱高：修剪后 0.8m　行数：双行	m	24.2	4.99	0.08		4.91	120.76	1.94		118.82
40	1－162	栽植花卉　木本花月季　苗木株高：0.6m　苗木冠幅：0.2～0.3m　栽植密度：9 株/m^2	m^2	18.89	4.96	0.27		4.69	93.69	5.1		88.59
41	1－163	栽植宿根花卉　萱草　苗木株高：0.20m　苗木冠幅：0.1～0.20m　栽植密度：25 株/m^2	m^2	41.08	5.74	0.45		5.29	235.8	18.49		217.31
42	1－164	栽植花坛　一般图案矮牵牛　苗木株高：0.2m　苗木冠幅：0.1～0.2m　栽植密度：36 株/m^2	m^2	59.76	10.09	1.32		8.77	602.98	78.88		524.1

（续）

序号	定额编号	工程项目或费用名称	单位	数量	单价（元）				合价			
					定额直接费	其中			园林工程费	其中		
						材料费	机械费	人工费		材料费	机械费	人工费
43	1－173	起挖草皮（带土厚度2cm以上）	m^2	484.75	1.04			1.04	504.14			504.14
44	1－175	满铺草皮　平坦表面	m^2	484.75	4.38	0.13		4.25	2123.21	63.02		2060.19
45	1－258	人工修剪绿篱　高×宽（90cm×80cm以内）	m	24.2	0.7			0.7	16.94			16.94
46	1－269	绿篱色带管理　松土除草	m^2	37.64	0.33			0.33	12.42			12.42
47	1－270	绿篱色带管理　施肥	m^2	37.64	2.9	0.07		2.83	109.16	2.63		106.52
48	1－261	机械修剪绿篱　高（80cm以内）	m^2	23.12	0.21			0.21	4.86			4.86
49	1－275	施干肥（追肥）　栽植花卉　木本花	m^2	18.89	0.33			0.33	6.23			6.23
50	1－276	施干肥（追肥）　栽植花卉　草本花	m^2	100.84	0.11			0.11	11.09			11.09
51	1－281	人工修剪　木本花	10株	17.001	0.65			0.65	11.05			11.05
52	1－282	人工修剪　草本花	10株	317.8	0.55			0.55	174.79			174.79
53	1－284	花卉管理　除草	m^2	120.45	0.21			0.21	25.29			25.29
54	1－291	草坪养护　人工除草	$10m^2$	48.475	2.29			2.29	111.01			111.01
55	1－293*2	草坪修剪　机剪2次	$10m^2$	48.475	13.29			13.29	644.23			644.23
56	1－296*150	草坪日常养护　150天	$10m^2$	48.475	31.8			31.8	1541.51			1541.51
57	1－301	地被植物浇水	m^3	256.85	4.33	2.59		1.74	1112.16	665.24		446.92
		二、园路工程										
		1. 花岗岩广场							19675.60	9258.39	2545.36	7871.85
58	借1－116	人工整平场地	$100m^2$	3.276	268.66			268.66	880.13			880.13
59	借1－78	反铲挖掘机挖土　斗容量$0.6m^3$（装车）　三类土	$1000m^3$	0.0949	6194		5914.16	279.84	587.81		561.25	26.56
60	借1－403	自卸汽车运土方（载重6.5t以内）　运距5km以内	$1000m^3$	0.0949	13196.66	30.29	13166.37		1252.36	2.87	1249.49	
61	2－1	园路土基	m^2	237.35	2.07			2.07	491.31			491.31

62	2－5	200mm 厚天然级配砂砾	m^3	47.47	92.58	58.74	0.61	33.23	4394.77	2788.39	28.96	1577.43
63	2－6	150mm 厚 C15 混凝土垫层	m^3	35.6	222.64	146.22	16.27	60.15	7925.98	5205.43	579.21	2141.34
64	2－30 换	600mm×600mm×30mm 烧面黄锈石花岗岩 45°斜铺　砂浆厚度、配合比：20mm 厚 1∶3 水泥砂浆	m^2	159.6	16.73	4.71	0.52	11.5	2670.11	751.72	82.99	1835.4
65	2－30 换	600mm×600mm×30mm 烧面黄锈石花岗岩收边　砂浆厚度、配合比：20mm＞厚 1∶3 水泥砂浆	m^2	74.4	16.73	4.71	0.52	11.5	1244.71	350.42	38.69	855.6
66	借 12－23	混凝土、钢筋混凝土模板及支架　现浇混凝土模板　混凝土　基础垫层　木模板	$100m^2$	0.1002	2279.62	1592.45	47.61	639.56	228.42	159.56	4.77	64.08
		2. 透水砖园路							10059.84	4773.8	1507.42	3778.61
67	借 1－116	人工平整场地	$100m^2$	1.24	268.66			268.66	333.14			331.14
68	借 1－78	反铲挖掘机挖土　斗容量 0.6m^3（装车）　三类土	$1000m^3$	0.0581	6194		5914.16	279.84	359.87		343.61	16.26
69	借 1－403	自卸汽车运土方（载重 6.5t 以内）　运距 5km 以内	$1000m^3$	0.0581	13196.66	30.29	13166.37		766.73	1.76	764.97	267.11
70	2－1	园路土基	m^2	129.04	2.07			2.07	267.11			267.11
71	2－5	200mm 厚天然级配砂砾	m^3	25.81	92.58	58.74	0.61	33.23	2389.49	1516.08	15.74	857.67
72	2－6	150mm 厚 C15 混凝土垫层	m^3	19.36	222.64	146.22	16.27	60.15	4310.31	2830.82	314.99	1164.50
73	2－35	铺设透水砖	m^2	124	11.77	2.45	0.52	8.8	1459.48	303.8	64.48	1091.2
74	借 12－23	混凝土、钢筋混凝土模板及支架　现浇混凝土模板　混凝土　基础垫层　木模板	$100m^2$	0.0762	2279.62	1592.45	47.61	639.56	173.71	121.34	3.63	48.73
		3. 卵石路							6278.26	2490.92	340.71	3446.63
75	借 1－116	人工平整场地	$100m^2$	0.4032	268.66			268.66	108.32			108.32

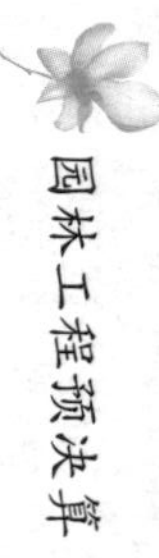

（续）

序号	定额编号	工程项目或费用名称	单位	数量	单价（元）				合价			
					定额直接费	其中			园林工程费	其中		
						材料费	机械费	人工费		材料费	机械费	人工费
76	借1-78	反铲挖掘机挖土　斗容量0.6m^3（装车）　三类土	1000m^3	0.0126	6194		5914.16	279.84	78.04		74.52	3.53
77	借1-403	自卸汽车运土方（载重6.5t以内）　运距5km以内	1000m^3	0.0126	13196.66	30.29	13166.37		166.28	0.38	165.9	
78	2-1	园路土基	m^2	31.36	2.07			2.07	64.92			64.92
79	2-5	200mm厚天然级配砂砾	m^3	6.27	92.58	58.74	0.61	33.23	580.48	368.3	3.82	208.35
80	2-6	150mm厚C15混凝土垫层	m^3	4.7	222.64	146.22	16.27	60.15	1046.41	687.23	76.47	282.71
81	2-17	满铺卵石面　拼花路面	m^2	28.8	143.92	47.67	0.63	95.62	4144.9	1372.9	18.14	2753.86
82	借12-23	混凝土、钢筋混凝土模板及支架　现浇混凝土模板　混凝土　基础垫层　木模板	100m^2	0.039	2279.62	1592.45	47.61	639.56	88.91	62.11	1.86	24.94
		4. 花架位置花岗岩碎拼							2387.75	1141.11	308.74	937.9
83	借1-116	人工平整场地	100m^2	0.3781	268.66			268.66	101.58			101.58
84	借1-78	反铲挖掘机挖土　斗容量0.6m^3（装车）　三类土	1000m^3	0.0115	6194		5914.16	279.84	71.23		68.01	3.22
85	借1-403	自卸汽车运土方（载重6.5t以内）　运距5km以内	1000m^3	0.0115	13196.66	30.29	13166.37		151.76	0.35	151.41	
86	2-1	园路土基	m^2	28.84	2.07			2.07	59.7			59.7
87	2-5	200mm厚天然级配砂砾	m^3	5.57	92.58	58.74	0.61	33.23	515.67	327.18	3.4	185.09
88	2-6	150mm厚C15混凝土垫层	m^3	4.33	222.64	146.22	16.27	60.15	964.03	633.13	70.45	260.45
89	2-30换	30mm厚烧面黄锈石花岗岩碎拼　砂浆强度：20mm厚1:3水泥砂浆	m^2	26.58	16.73	4.71	0.52	11.5	444.68	125.19	13.82	305.67
90	借12-23	混凝土、钢筋混凝土模板及支架　现浇混凝土模板　混凝土　基础垫层　木模板	100m^2	0.0347	2279.62	1592.45	47.61	639.56	79.1	55.26	1.65	22.19
		5. 边石							3870.07	1630.5	423.26	1816.32
91	借2-463	500mm×100mm×100mm花岗岩边石	100m	1.366	681.79	90.24		591.55	931.33	123.27		808.06

92	借 1－78	反铲挖掘机挖土　斗容量 $0.6m^3$（装车）　三类土	$1000m^3$	0.0262	6194		5914.16	279.84	162.28		154.95	7.33
93	借 1－299	土石方回填　回填土　夯填	$100m^3$	0.1435	1559.39		188.17	1371.22	223.77		27	196.77
94	借 1－403	自卸汽车运土方（载重 6.5t 以内）　运距 5km 以内	$1000m^3$	0.0133	13196.66	30.29	13166.37		149.12	0.34	148.787	
95	2－1	园路土基	m^2	54.64	2.07			2.07	113.1			113.1
96	2－6	150mm 厚 C15 混凝土垫层	m^3	4.1	222.64	146.22	16.27	60.15	912.82	599.5	66.71	246.62
97	2－6	C20 混凝土靠背	m^3	0.68	222.64	146.22	16.27	60.15	151.4	99.43	11.06	40.9
98	2－5	200mm 厚天然级配砂砾	m^3	8.2	92.58	58.74	0.61	33.23	759.16	481.67	5	272.49
99	借 12－23	混凝土、钢筋混凝土模板及支架　现浇混凝土模板　混凝土　基础垫层　木模板	$100m^2$	0.2049	2279.62	1592.45	47.61	639.56	467.09	326.29	9.76	131.05
		三、园林景观工程										
		（一）花架							11194.56	7466.6	202.21	3525.74
100	借 1－300	人工原土打夯	$100m^2$	0.2584	79.45		13.2	66.25	20.53		3.41	17.12
101	借 1－26	土方工程　人工挖沟槽基坑　挖基坑　三类土　深度 2m 以内	$100m^3$	0.2972	2951.36			2951.36	877.14			877.14
102	借 1－299	土石方回填　回填土　夯填	$100m^3$	0.2662	1559.39		188.17	1371.22	415.11		50.09	365.02
103	借 1－193	机械土方　自卸汽车运土方（载重 4.5t）　运距 5km 以内	$1000m^3$	0.0031	12211.77		11931.93	279.84	37.86		36.99	0.87
104	借 9－19	C15 混凝土垫层	$10m^3$	0.09	2154.18	1993.53		160.65	193.88	179.42		14.46
105	借 4－7	现浇混凝土基础　独立基础　混凝土　商品混凝土 C20	$10m^3$	0.22	3080.77	2934.78		145.99	677.77	645.65		32.12
106	借 2－132	20mm 厚黄锈石花岗岩火烧面碎拼花架柱基饰面	$100m^2$	0.06	23205.29	16678.21	96.22	6430.86	1392.32	1000.69	5.77	385.85
107	借 2－150	50mm 厚黄锈石花岗岩压顶	$100m^2$	0.0193	18527.59	14854.62	38.66	3634.31	357.58	286.69	0.75	70.14

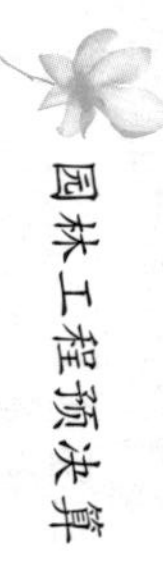

（续）

序号	定额编号	工程项目或费用名称	单位	数量	单价（元）				合价			
					定额直接费	其中			园林工程费	其中		
						材料费	机械费	人工费		材料费	机械费	人工费
108	借 5－231	花架柱米黄色真石漆饰面	$100m^2$	0.1565	8874.61	8134.55		740.06	1388.88	1273.06		115.82
109	借 10－66 换	花架柱水泥砂浆 1:2 找平层	$100m^2$	0.2034	1575.08	228.97	11.07	1335.04	320.37	46.57	2.25	271.55
110	3－56	现浇混凝土花架柱 C20	m^3	1.88	252.42	168.68	6.28	77.46	474.55	317.12	11.81	145.62
111	3－198	黄色耐火砖柱顶装饰	$10m^3$	0.013	3264.49	2046	19.65	1198.84	42.44	26.6	0.26	15.58
112	3－62	木制花架 200mm × 100mm 芬兰木横梁　防腐上色处理	m^3	0.59	1814.26	1639.67	1.13	173.46	1070.41	967.41	0.67	102.34
113	3－63	木制花架 200mm × 100mm 芬兰木构件　防腐上色处理	m^3	1.09	1856.95	1635.86	0.97	220.12	2024.08	1783.09	1.06	239.93
114	借 12－11	混凝土、钢筋混凝土模板及支架　现浇混凝土模板　独立基础　混凝土　组合钢模板	$100m^2$	0.1416	2891.53	1413.25	146.18	1332.1	409.44	200.12	20.7	188.63
115	借 12－23	混凝土、钢筋混凝土模板及支架　现浇混凝土模板　混凝土　基础垫层　木模板	$100m^2$	0.036	2279.62	1592.45	47.61	639.56	82.07	57.33	1.71	23.02
116	借 12－48	混凝土、钢筋混凝土模板及支架　现浇混凝土模板　矩形柱　组合钢模板　钢支撑	$100m^2$	0.1927	3198.41	946.38	187.15	2064.88	616.33	182.37	36.06	397.9
117	借 12－310	脚手架　单项脚手架　钢管架　15m 以内　单排	$100m^2$	0.5832	675	330.12	43.83	301.05	393.66	192.53	25.56	175.57
118	借 4－266	现浇混凝土钢筋　圆钢筋 ϕ8	t	0.065	3856.18	3132.48	51.98	671.72	250.65	203.61	3.38	43.66
119	借 4－295	现浇混凝土钢筋　箍筋 ϕ6	t	0.033	4529.85	3161.85	52.8	1315.2	149.49	104.34	1.74	43.4
		（二）花坛工程							8725.35	5527.6	203.41	2994.36
120	借 1－17	土方工程　人工挖沟槽基坑　挖沟槽　三类土　深度 2m 以内	$100m^3$	0.3311	2505.95			2505.95	829.72			829.72
121	借 1－193	机械土方　自卸汽车运土方（载重 4.5t）　运距 5km 以内	$1000m^3$	0.0098	12211.77		11931.93	279.84	119.68		116.93	2.74

122	借 1－101	人工土石方运输　人工装土 100m³	100m³	0.0977	728.96			728.96	71.22			71.22
123	借 1－299	土石方回填　回填土　夯填	100m³	0.2334	1559.39		188.17	1371.22	363.96		43.92	320.04
124	借 1－300	人工原土打夯	100m²	0.2708	79.45		13.2	66.25	21.52		3.57	17.94
125	借 9－19	楼地面工程　垫层　商品混凝土垫层 C15	10m³	0.271	2154.18	1993.53		160.65	583.78	540.25		43.54
126	借 12－23	混凝土、钢筋混凝土模板及支架　现浇混凝土模板　混凝土　基础垫层　木模板	100m²	0.0589	2291.17	1600.51	47.88	642.78	134.27	93.8	2.8	37.67
127	3－176	MU10 实心砖　M5.0 水泥砂浆砌筑	10m³	0.989	2283.56	1752.06	23.1	508.4	2258.44	1732.79	22.85	502.81
128	借 10－20 换	抹灰工程　现场搅拌抹灰砂浆　水泥砂浆 1:2.5	100m²	0.2534	1048.42	137.87	11.67	898.88	234.86	4.13	2.96	227.78
129	借 10－20 换	抹灰工程　现场搅拌抹灰砂浆　水泥砂浆 1:1.5	100m²	0.2176	1068.26	157.71	11.67	898.88	232.45	34.32	2.54	195.6
130	借 2－43 换	20mm 厚烧面黄锈石贴面	100m²	0.128	17434.4	14098.56	34.49	3301.35	2231.6	1804.62	4.41	422.57
131	借 2－150 换	400mm×300mm×50mm 光面黄锈石压顶	100m²	0.0888	18511.85	14838.88	38.66	3634.31	1643.85	1317.69	3.43	322.73
		（三）假山工程										
		1. 湖石假山							41723.84	18472.11	16565.69	6686.06
132	借 1－75	反铲挖掘机挖土　斗容量 0.6m³（不装车）　三类土	1000m³	0.0576	3017.99		2738.15	279.84	173.84		157.72	16.12
133	借 1－193	机械土方　自卸汽车运土方（载重 4.5t）　运距 5km 以内	1000m³	0.0445	12211.77		11931.93	279.84	543.42		530.97	12.45
134	借 1－299	土石方回填　回填土　夯填	100m³	0.131	1559.39		188.17	1371.22	204.28		24.65	179.63
135	2－1	平整场地	m²	56	2.07			2.07	115.92			115.92
136	2－6 C25	300mm 厚 C25 混凝土	m³	8.83	245.1	168.68	16.27	60.15	2164.23	1489.44	143.66	531.12

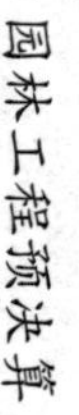

（续）

序号	定额编号	工程项目或费用名称	单位	数量	单价（元）				合价			
					定额直接费	其中			园林工程费	其中		
						材料费	机械费	人工费		材料费	机械费	人工费
137	借 9－13	800mm 厚块石砌筑	$10m^3$	2.765	1367.33	930.18	55.25	381.9	3780.67	2571.95	152.77	1055.95
138	2－5	200mm 碎石垫层	m^3	8.00	92.58	58.74	0.61	33.23	740.64	469.92	4.88	265.84
139	借 4－266	现浇混凝土钢筋　圆钢筋 $\phi 8$	t	0.161	3856.18	3132.48	51.98	671.72	620.84	504.33	8.37	108.15
140	借 12－23	混凝土、钢筋混凝土模板及支架　现浇混凝土模板　混凝土　基础垫层　木模板	$100m^2$	0.0744	2279.62	1592.45	47.61	639.56	169.6	118.48	3.54	47.58
141	2－110	堆砌石假山（高 4m 以内）	t	98.461	325.81	129.08	156.65	40.08	32079.58	12709.35	15423.92	3946.32
142	借 12－286	脚手架　综合脚手架　钢管脚手架（高度 15m 以内）	$100m^2$	0.888	1273.45	685.4	129.74	458.31	1130.82	608.64	115.21	406.98
		2. 土丘假山							842.36	493.71	11.19	337.46
143	2－104	堆筑土山丘（高 2m 以内）	m^3	18.34	45.93	26.92	0.61	18.4	842.36	493.71	11.19	337.46
		（四）园林座椅							205.26	102.6		102.66
144	3－84	1. 成品铁艺座椅 2. 长 1.3m，宽 0.45m，高 0.4m	组	6	34.21	17.1		17.11	205.26	102.6		102.66
		合计							126582.48	59947.56	22795.91	43839.01

表 3-2　工料分析表

序　　号	材　料　名	规　　格	单　　位	材　料　量
一	人工			
1	普工		工日	595.51
2	技工（78）		工日	21.31
3	技工（68）		工日	156.22
二	材料			
1	白灰		kg	70.20
2	108 胶		kg	0.76
3	板方材		m^3	1.85
4	清油		kg	0.16
5	煤油		kg	1.23
6	棉纱头		kg	0.31
7	彩色卵石 1～3cm		t	0.49
8	草酸		kg	0.31
9	本色卵石 4～6cm		t	1.58
10	硬白蜡		kg	0.82
11	水		m^3	564.85
12	草绳		kg	141.00
13	锯材		m^3	0.01
14	地脚螺栓 M10 以下		套	24
15	松节油		kg	0.19
16	动物油		kg	6.10
17	白水泥		kg	12.63
18	石料切割锯片		片	0.92
19	帆布水龙带		m	4.25
20	防腐油		kg	4.90
21	机制砖（红砖）240mm×115mm×53mm		千块	5.32
22	膨胀螺栓 M10		套	55.20
23	砾石		m^3	111.45
24	硫磺		kg	6.10
25	螺栓		个	14.87
26	电焊条		kg	0.17
27	钢筋		kg	8.90
28	木柴		kg	24.70
29	木脚手板		m^3	0.54
30	木脚手杆		根	25.60
31	片石		m^3	5.91
32	铜丝		kg	0.47
33	合金钢钻头 ϕ20		个	1.00
34	YJ－Ⅲ黏结剂		kg	10.44
35	砂子		m^3	6.20

（续）

序　　号	材　料　名	规　　格	单　　位	材　料　量
36	食盐		kg	6.10
37	树棍1.2m		根	108
38	条石		m^3	9.85
39	铁件		kg	1488.43
40	钢丝12#		kg	5.40
41	50mm厚烧面黄锈石压顶		m^2	2.05
42	400mm×300mm×50mm光面黄锈石压顶		m^2	9.41
43	20mm厚烧面黄锈石贴面		m^2	13.06
44	20mm厚黄锈石花岗岩火烧面碎拼		m^2	6.36
45	有机肥（土堆肥）		m^3	3.56
46	黏土		m^3	19.26
47	中砂（干净）		m^3	10.62
48	安全网		m^2	3.82
49	透明底漆		kg	5.48
50	防水漆（配套罩面漆）		kg	6.26
51	H型真石涂料		kg	78.25
52	二甲苯稀释剂		kg	0.91
53	草袋子		m^2	7.60
54	粗砂		m^3	13.70
55	水泥	32.5MPa	kg	36544.44
56	底座		个	0.42
57	垫层用商品混凝土C15		m^3	3.66
58	垫木		块	3.45
59	镀锌钢丝	22#	kg	2.64
60	镀锌钢丝	8#	kg	21.51
61	钢筋	ϕ8	t	0.23
62	钢筋	ϕ6	t	0.03
63	钢丝绳ϕ8		kg	0.40
64	隔离剂		kg	9.59
65	回转扣件		个	1.00
66	缆风桩木		m^3	0.004
67	零星卡具		kg	16.53
68	模板木材		m^3	0.93
69	尼龙编织布		m^2	21.48
70	商品混凝土C20		m^3	2.21
71	石灰膏		m^3	1.51
72	松厚板		m^3	0.007
73	塑料薄膜		m^2	2.87
74	铁钉（圆钉）		kg	15.80
75	油漆溶剂油		kg	0.91

（续）

序　　号	材　料　名	规　　格	单　　位	材　料　量
76	支撑方木		m^3	0.13
77	支撑钢管及扣件		kg	8.85
78	直角扣件		个	18.00
79	组合钢模板		kg	24.91
80	砾石 10mm		m^3	7.88
81	砂		m^3	37.71
82	砾石 20mm		m^3	68.57
83	TG 胶		kg	47.48
三	机械			
1	人工		工日	57.99
2	汽油（90#）		kg	856.16
3	柴油		kg	270.55
4	电		kW·h	282.72

表 3-3　人材机价差表

工程名称：××广场景观绿化工程　　　　　　　　　　　　专业：园林绿化工程

序号	材　料　名	规　　格	单　　位	材料量	预算价/元	市场价/元	价差/元	价差合计/元
一	人工							0
1	普工		工日	595.51	53	53	0	0
2	技工		工日	21.31	78	78	0	0
3	技工		工日	156.22	68	68	0	0
二	材料							928.22
1	白灰		kg	70.20	0.14	0.13	-0.01	-0.70
2	108 胶		kg	0.76	2.39	2.19	-0.20	-0.15
3	板方材		m^3	1.85	1452.99	1560	107.01	197.97
4	清油		kg	0.16	9.66	11.11	1.45	0.23
5	煤油		kg	1.23	5.47	6.02	0.55	0.68
6	棉纱头		kg	0.31	8.30	7.80	-0.50	-0.16
7	彩色卵石 1~3cm		t	0.49	1456.31	1244.71	-211.6	-103.68
8	草酸		kg	0.31	7.01	7.71	0.70	0.22
9	本色卵石 4~6cm		t	1.58	291.26	290.44	-0.82	-1.30
10	硬白蜡		kg	0.82	3.42	3.76	0.34	0.28
11	水		m^3	564.85	2.52	6.02	3.50	1976.98
12	草绳		kg	141.00	0.94	0.8	-0.14	-19.74
13	锯材		m^3	0.01	1025.64	1095.77	70.13	0.70
14	地脚螺栓 M10 以下		套	24	4.27	2.92	-1.35	-32.40
15	松节油		kg	0.19	8.12	5.85	-2.27	-0.43
16	动物油		kg	6.10	5.13	4.39	-0.74	-4.51
17	白水泥		kg	12.63	0.46	0.42	-0.04	-0.51
18	石料切割锯片		片	0.92	64.1	56.98	-7.12	-6.55

（续）

序号	材料名	规格	单位	材料量	预算价/元	市场价/元	价差/元	价差合计/元
19	帆布水龙带		m	4.25	6.84	7.52	0.68	2.89
20	防腐油		kg	4.90	0.43	0.41	-0.02	-0.10
21	机制砖（红砖）240mm×115mm×53mm		千块	5.32	281.55	400	118.45	630.15
22	膨胀螺栓 M10		套	55.20	0.73	0.79	0.06	3.31
23	砾石		m^3	111.45	53.4	47	-6.4	-713.28
24	硫磺		kg	6.10	1.28	1.44	0.16	0.98
25	螺栓		个	14.87	0.34	0.59	0.25	3.72
26	电焊条		kg	0.17	4.27	5.00	0.73	0.12
27	钢筋		kg	8.90	3.03	2.23	-0.80	-7.12
28	木柴		kg	24.70	0.27	0.37	0.10	2.47
29	木脚手板		m^3	0.54	1025.64	964.28	-61.36	-33.13
30	木脚手杆		根	25.60	36.92	36.53	-0.39	-9.98
31	片石		m^3	5.91	36.89	66.39	29.50	174.35
32	铜丝		kg	0.47	59.83	65.81	5.98	2.81
33	合金钢钻头 ϕ20		个	1.00	59.83	65.81	5.98	5.98
34	YJ-Ⅲ黏结剂		kg	10.44	13.68	11.69	-1.99	-20.78
35	砂子		m^3	6.20	48.54	56	7.46	46.25
36	食盐		kg	6.10	1.37	0.37	-1	-6.10
37	树棍 1.2m		根	108	2.73	3.05	0.32	34.56
38	条石		m^3	9.85	145.30	150.00	4.70	46.29
39	铁件		kg	1488.43	4.7	4.75	0.05	74.42
40	钢丝 12#		kg	5.40	3.59	2.87	-0.72	-3.89
41	50mm 厚烧面黄锈石压顶		m^2	2.05	128.21	145.00	16.79	34.42
42	400mm×300mm×50mm 厚烧面黄锈石贴面		m^2	9.41	128.21	145.00	16.79	157.99
43	20mm 厚烧面黄锈石贴面		m^2	13.06	128.21	90.00	-38.21	-499.02
44	20mm 厚黄锈石花岗岩火烧面碎拼		m^2	6.36	128.21	87.66	-40.55	-257.90
45	有机肥（土堆肥）		m^3	3.56	34.19	38.84	4.65	16.55
46	黏土		m^3	19.26	25.64	38.84	13.20	254.23
47	中砂（干净）		m^3	10.62	48.54	56	7.46	79.23
48	安全网		m^2	3.82	2.14	4.70	2.56	9.78
49	透明底漆		kg	5.48	8.55	7.31	-1.24	-6.80
50	防水漆（配套罩面漆）		kg	6.26	13.68	12.86	-0.82	-5.13
51	H 型真石涂料		kg	78.25	14.10	18.27	4.17	326.30
52	二甲苯稀释剂		kg	0.91	8.03	7.56	-0.47	-0.43
53	草袋子		m^2	7.60	0.94	0.95	0.01	0.08
54	粗砂		m^3	13.70	48.54	56	7.46	102.20
55	水泥	32.5MPa	kg	36544.44	0.26	0.22	-0.04	-1461.78

（续）

序号	材料名	规格	单位	材料量	预算价/元	市场价/元	价差/元	价差合计/元
56	底座		个	0.42	4.27	4.70	0.43	0.18
57	垫层用商品混凝土 C15		m^3	3.66	194.18	240.00	45.82	167.70
58	垫木		块	3.45	0.26	0.28	0.02	0.07
59	镀锌钢丝	22#	kg	2.64	4.27	3.6	-0.67	-1.77
60	镀锌钢丝	8#	kg	21.51	4.53	3.4	-1.13	-24.31
61	钢筋	ϕ8	t	0.23	3034.19	2210	-824.19	-189.56
62	钢筋	ϕ6	t	0.03	3034.19	2210	-824.19	-24.73
63	钢丝绳 ϕ8		kg	0.40	6.15	6.77	0.62	0.25
64	隔离剂		kg	9.59	2.82	2.56	-0.26	-2.49
65	回转扣件		个	1.00	4.79	4.90	0.11	0.11
66	缆风桩木		m^3	0.004	726.50	1210.00	483.50	1.93
67	零星卡具		kg	16.53	3.42	2.41	-1.01	-16.70
68	模板木材		m^3	0.93	1025.64	1300.00	274.36	255.15
69	尼龙编织布		m^2	21.48	3.59	4.70	1.11	23.84
70	商品混凝土 C20		m^3	2.21	291.26	245	-46.26	-102.23
71	石灰膏		m^3	1.51	135.21	149.37	14.16	21.38
72	松厚板		m^3	0.007	1452.99	1540.00	87.01	0.61
73	塑料薄膜		m^2	2.87	0.34	0.24	-0.1	-0.29
74	铁钉（圆钉）		kg	15.80	3.85	4.75	0.90	14.22
75	油漆溶剂油		kg	0.91	5.64	6.21	0.57	0.52
76	支撑方木		m^3	0.13	1025.64	1210	184.36	23.97
77	支撑钢管及扣件		kg	8.85	3.27	3.07	-0.20	-1.77
78	直角扣件		个	18.00	5.64	5.64	0	0
79	组合钢模板		kg	24.91	3.59	3.59	0	0
80	砾石 10mm		m^3	7.88	53.40	47.00	-6.40	-50.43
81	砂		m^3	37.71	48.54	56.00	7.46	281.32
82	砾石 20mm		m^3	68.57	53.40	47.00	-6.40	-438.85
83	TG 胶		kg	47.48	7.32	7.31	-0.01	-0.47
三	机械							958.31
1	人工		工日	57.99	64.74	64.74	0	0
2	汽油（90#）		kg	856.16	5.58	6.80	1.22	1044.52
3	柴油		kg	270.55	5.53	5.18	-0.35	-94.69
4	电		kW·h	282.72	0.70	0.73	0.03	8.48
	合计							1886.53

七、计算工程主材费

按照市场价格填写工程主材费和补充不完全材料价格，计算结果填入工程主材表中，见表3-4。

表3-4 工程主材表

工程名称：××广场景观绿化工程

序号	名称规格	单 位	材 料 量	市场价（元）	合价（元）
1	草皮	m^2	489.60	12.82	6276.67
2	肥料	m^3	2.07	44.25	91.60
3	黄杨球 灌丛高：1.0~1.2m 冠幅：1.0~1.2m	株	11	212.39	2336.29
4	丁香 灌丛高：1.5~1.8m 冠幅：1.2~1.5m	株	4	70.80	283.20
5	连翘 灌丛高：1.5~1.8m 冠幅：1.2~1.5m	株	7	70.80	495.60
6	榆叶梅 灌丛高：1.5~1.8m 冠幅：1.2~1.5m	株	8	70.80	566.40
7	600mm×600mm×30mm 烧面黄锈石花岗岩45°斜铺	m^2	162.79	102.56	16695.74
8	600mm×600mm×30mm 烧面黄锈石花岗岩收边	m^2	75.89	102.56	7783.28
9	30mm 厚烧面黄锈石花岗岩碎拼	m^2	27.11	102.56	2780.40
10	萱草	株	1027	1.33	1365.91
11	月季	株	176	2.66	468.16
12	矮牵牛	株	2151	0.89	1914.39
13	大叶黄杨绿篱	m	48.4	106.20	5140.08
14	紫叶李色带	m^2	23.12	132.74	3068.95
15	银杏 胸径：10~12cm 株高：7.0~8.0m 冠径：3.5~4.0m	株	6	1769.91	10619.46
16	樱花 胸径：6~8cm 株高：3.0~3.5m 冠径：2.5~3.0m	株	4	353.98	1415.92
17	栾树 胸径：10~12cm 株高：5.0~6.0m 冠径：3.5~4.0m	株	6	1327.43	7964.58
18	合欢 胸径：10~12cm 株高：5.0~6.0m 冠径：3.5~4.0m	株	3	1061.95	3185.85
19	玉兰 胸径：8~10cm 株高：4.0~5.0m 冠径：2.5~3.0m	株	9	707.97	6371.73
20	云杉 株高：3.5~4.5m 冠径：2.0~3.0m	株	5	707.97	3539.85
21	碧桃 地径：4~6cm 株高：2.5~3.0m 冠径：1.5~2.0m	株	3	300.89	902.67
22	太湖石	t	100.430	324.79	32618.66
23	铁艺椅	组	6	1025.64	6153.84
24	透水砖	m^2	126.48	38.46	4864.42
25	500mm×100mm×100mm 花岗岩边石	m	138.65	21.37	2962.95
	合计				129866.60

八、计算各项费用、汇总造价

根据辽宁省的园林工程取费标准，计算分部分项工程费+企业管理费+利润+措施项目费+其他项目费+规费+税金之和，汇总得出本工程施工图预算造价，见表3-5。

根据辽宁省建设工程费用标准，本工程以直接工程费中定额人工费与定额机械费之和为取费基数。

根据表3-1得工程定额直接工程费为126582.48元，其中定额人工费43839.01元，定额材料费59947.56元，定额机械费22795.91元。根据表3-3人材机价差分析表得人材机价差合计1886.53元，其中人工价费差合计为0元，材料费价差合计为928.22元，机械费价差合计为958.31元。根据表3-4工程主材表得出主材费和不完全材料合价为129866.60元。

1. 计算分部分项工程费

分部分项工程费 = 直接费 + 主材费 + 人材机价差

其中直接费 = 定额人工费 + 定额材料费 + 定额机械费

分部分项工程费 =（43839.01 + 59947.56 + 22795.91 + 129866.60 + 0 + 928.22 + 958.31）元 = 258335.61 元

其中人工费 + 机械费 = 定额人工费 + 人工费价差 + 定额机械费 + 机械费价差

=（43839.01 + 0 + 22795.91 + 958.31）元 = 67593.23 元

2. 计算企业管理费

管理费 =（定额人工费 + 人工费价差 + 定额机械费 + 机械费价差）×13.92%

= 67593.23 元 ×13.92% = 9408.98 元

3. 计算利润

利润 =（定额人工费 + 人工费价差 + 定额机械费 + 机械费价差）×17.75%

= 67593.23 元 ×17.75% = 11997.80 元

4. 计算措施项目费

安全文明施工措施费 =（定额人工费 + 人工费价差 + 定额机械费 + 机械费价差）×13.45%

= 67593.23 元 ×13.45% = 9091.29 元

雨季施工费 =（定额人工费 + 人工费价差 + 定额机械费 + 机械费价差）×1.01%

= 67593.23 元 ×1.01% = 682.69 元

措施项目费合计 = 9091.29 元 + 682.69 元 = 9773.98 元

5. 计算规费

规费 = 社会保障费 + 住房公积金

社会保障费 = 养老保险 + 失业保险 + 医疗保险 + 生育保险 + 工伤保险

养老保险 =（定额人工费 + 人工费价差 + 定额机械费 + 机械费价差）×16.36%

= 67593.23 元 ×16.36% = 11058.25 元

失业保险 =（定额人工费 + 人工费价差 + 定额机械费 + 机械费价差）×1.64%

= 67593.23 元 ×1.64% = 1108.53 元

医疗保险 =（定额人工费 + 人工费价差 + 定额机械费 + 机械费价差）×6.55%

= 67593.23 元 ×6.55% = 4427.36 元

生育保险 =（定额人工费 + 人工费价差 + 定额机械费 + 机械费价差）×0.82%

= 67593.23 元 ×0.82% = 554.26 元

工伤保险 =（定额人工费 + 人工费价差 + 定额机械费 + 机械费价差）×0.82%

= 67593.23 元 ×0.82% = 554.26 元

社会保障费 =（11058.25 + 1108.53 + 4427.36 + 554.26 + 554.26）元 = 17702.66 元

住房公积金 =（定额人工费 + 人工费价差 + 定额机械费 + 机械费价差）×8.18%

= 67593.23 元 ×8.18% = 5529.13 元

规费合计：17702.66 元 + 5529.13 元 = 23231.79 元

6. 计算税金

税金 =（分部分项工程费 + 企业管理费 + 利润 + 措施项目费 + 其他项目费 + 规费）×11%

=（258335.61 + 9408.98 + 11997.08 + 9773.98 + 15000 + 23231.79）元 ×11%

= 327747.55 元 ×11% = 36052.22 元

7. 汇总工程总造价

工程总造价 = 分部分项工程费 + 企业管理费 + 利润 + 措施项目费 + 其他项目费 + 规费 + 税金

工程总造价 =（258335.61 + 9408.98 + 11997.08 + 9773.98 + 15000 + 23231.79 + 36052.22）元
= 363799.66 元

将上述计算结果填入工程造价汇总表中，见表3-5。

表3-5 工程造价汇总表

项目名称：××广场景观绿化工程

序号	费用名称	取费说明	费率（%）	费用金额（元）
1	分部分项工程费合计	直接费 + 主材费 + 人材机价差		258335.61
1.1	其中：人工费 + 机械费	定额人工费 + 人工类价差 + 定额机械费 + 机械费价差		67593.23
2	企业管理费	人工费 + 机械费	13.92	9408.98
3	利润	人工费 + 机械费	17.75	11997.80
4	措施项目费	安全文明施工措施费 + 夜间施工增加费 + 二次搬运费 + 已完工程及设备保护费 + 冬雨季施工费 + 市政工程干扰费 + 其他措施项目费		9773.98
4.1	安全文明施工措施费	人工费 + 机械费	13.45	9091.29
4.2	夜间施工增加费			
4.3	二次搬运费			
4.4	已完工程及设备保护费			
4.5	雨季施工费	人工费 + 机械费	1.01	682.69
4.6	市政工程干扰费	人工费 + 机械费	0	
4.7	其他措施项目费			
5	其他项目费	15000		15000
6	规费	工程排污费 + 社会保障费 + 住房公积金 + 危险作业意外伤害保险		23231.79
6.1	工程排污费			
6.2	社会保障费	养老保险 + 失业保险 + 医疗保险 + 生育保险 + 工伤保险		17702.66
6.2.1	养老保险	人工费 + 机械费	16.36	11058.25
6.2.2	失业保险	人工费 + 机械费	1.64	1108.53
6.2.3	医疗保险	人工费 + 机械费	6.55	4427.36
6.2.4	生育保险	人工费 + 机械费	0.82	554.26
6.2.5	工伤保险	人工费 + 机械费	0.82	554.26
6.3	住房公积金	人工费 + 机械费	8.18	5529.13
7	税金	分部分项工程费 + 措施项目费 + 其他项目费 + 管理费 + 利润 + 规费	11	36052.22
8	工程总造价	分部分项工程费 + 措施项目费 + 其他项目费 + 管理费 + 利润 + 规费 + 税金		363799.66

九、复核

对项目填列、工程量计算公式、计算结果、套用单价、取费费率、数字计算结果、数据精确度等进行全面复核，发现差错及时修改，以保证预算的准确性。工程量计算公式和结果、套价、各项费用的计取及计算基础和计算结果、材料和人工价格及其调整等方面是否正确进行全面复核。

十、填写封面

如图 3-1 所示，封面填写应写明工程名称、工程编号、工程总造价、编制单位名称、法定代表人、编制人及其资格证号和编制日期等。

工程预算书

建设单位：××市政府投资项目建设管理办公室

工程名称：××广场景观绿化工程

工程编号：

工程造价：（小写）363799.66 元

（大写）叁拾陆万叁仟柒佰玖拾玖元陆角陆分

编制单位：

法定代表人：

编制人：

编制日期：

图 3-1　工程预算书封面

十一、编制说明

1）工程概况。本工程总面积 1043.42m²，包含园林绿化工程、园路假山工程、园林景观花架工程，不包括现场内的花台、台阶。施工现场已达到四通一平，满足施工条件。

2）编制依据：①××广场景观绿化工程设计施工图及有关说明；②现行的标准图集、规范、工艺标准、材料做法；③辽宁省 2008 园林绿化工程计价定额，2016 年 1 月材料价格及有关的补充说明解释等；④根据现场施工条件、实际情况。

3）暂列金额 15000.00 元。

4）企业取费类别为园林专业承包四类工程。

5）绿化工程养护期一年。

6）其他：施工时发生图纸变更或赔偿双方协商解决。

十二、预算书装订成册、造价人员签字、盖章

预算书按照单位工程费用汇总表，工程预算书、工料分析、主要材料价格表顺序装订成册。按照本地区招标文件或预算书封面要求签字及盖章。

【任务考核】

序号	考核项目	评分标准	配　分	得　分	备　注
1	预算资料收集	资料齐全	20		
2	套用定额	套用定额正确、表格完整	20		
3	价差调整	人材机价差调整正确	20		

（续）

序号	考核项目	评分标准	配分	得分	备注
4	费用汇总	汇总内容正确	15		
5	编制封面及说明	内容完整	15		
6	装订、签字、盖章	符合招标文件或本地预算书要求	10		
	合计		100		

实训指导教师签字：　　　　年　月　日

【巩固练习】

根据本书配套电子资源提供的××别墅景观绿化工程图纸和项目二中计算的定额工程量，在教师的指导下，结合本地的定额单价、市场材料价格、机械价格及有关规定，完成本工程的施工图预算。

任务二　园林工程工程量清单编制

【能力目标】

1. 能够正确、全面编制园林工程工程量清单。
2. 能够编制园林工程工程量清单说明。

【知识目标】

1. 理解工程量清单的概念、作用。
2. 掌握园林工程工程量清单计算编制依据及原则。
3. 掌握园林工程工程量清单编制的内容和方法。

【思政目标】

1. 通过园林工程工程量清单编制，培养客观、细致、严谨的精神。
2. 通过工程量清单的特征，树立诚实守信、认真负责的职业道德。

【任务描述】

根据××广场景观绿化图纸的施工内容和项目二中计算的工程量，按照工程量清单编制的规范，编制本工程的工程量清单。绿化工程栽植苗木为春季移栽，苗木养护期为一年，养护内容包括施肥、整形、松土、涂白、乔木支撑。考虑施工过程中可能发生设计变更及其他不可预见情况发生，设暂列金额15000.00元，计日工中普工20个工日、技工10个工日，SY115C-10小型液压挖掘机10个台班；太湖石价格不能确定，需要暂估。完成下列任务：

1）编制工程量清单封面。
2）编制工程量清单总说明。
3）编制分部分项工程量清单。
4）编制措施项目清单。
5）编制其他项目清单。
6）编制规费、税金项目清单。

【任务分析】

工程量清单是依据招标文件规定、施工设计图纸、施工现场条件和国家制定的统一工程量计算规则、分部分项工程的项目划分、计量单位及其有关法定技术标准，计算出的构成工程实体各分部分项工程的、可提供编制标底和投标报价的实物工程量的汇总清单。工程量清单是工程量清单计价的基础，贯穿于建设工程的招投标阶段和施工阶段，是编制招标控制价、投标报价、工程计量、支付工程款、调整合同价款、办理竣工结算以及工程索赔等的依据。要完成本任务，需要掌握分部分项工程量清单、措施项目清单、其他项目清单、规费和税金的内容、编制依据和原则。

【知识准备】

一、工程量清单概念

工程量清单是表现拟建工程的分部分项工程项目、措施项目、其他项目、规费项目和税金项目的名称和相应数量的明细清单。工程量清单是按照招标要求和施工设计图纸要求规定将拟建招标工程的全部项目和内容，依据统一的工程量计算规则、统一的工程量清单项目编制规则要求，计算拟建招标工程的分部分项工程数量的表格。

工程量清单是在19世纪30年代产生的。西方国家把计算工程量、提供专业化的工程量清单作为业主估价师的职责，所有的投标都要以业主提供的工程量清单为基础，从而使得最后的投标结果具有可比性。工程量清单管理模式的内涵是“量价分离”，充分体现市场竞争机制，是国际上通用的工程计价模式。它不同于过去一直沿用的定额计价模式。

二、工程量清单作用

1）工程量清单为投标人的投标竞争提供了一个平等和共同的基础。工程量清单是由招标人负责编制，将要求投标人完成的工程项目及其相应工程实体数量全部列出，为投标人提供拟建工程的基本内容、实体数量和质量要求等的基础信息。这样，在建设工程的招标投标中，投标人的竞争活动就有了一个共同基础，投标人机会均等，受到的待遇是公正和公平的。

2）工程量清单是建设工程计价的依据。在招标投标过程中，招标人根据工程量清单编制招标工程的招标控制价；投标人按照工程量清单所表述的内容，依据企业定额计算投标价格，自主填报工程量清单所列项目的单价与合价。

3）工程量清单是工程付款和结算的依据。在施工阶段，发包人根据承包人完成的工程量清单中规定的内容以及合同单价支付工程款。工程结算时，承发包双方按照工程量清单计价表中的序号对已实施的分部分项工程或计价项目，按合同单价和相关合同条款核算结算价款。

4）工程量清单是调整工程价款、处理工程索赔的依据。在发生工程变更和工程索赔时，可以选用或者参照工程量清单中的分部分项工程或计价项目及合同单价来确定变更价款和索赔费用。

三、园林工程工程量清单编制依据

1）《建设工程工程量清单计价规范》（GB 50500—2013）。

2）《园林绿化工程工程量计算规范》（GB 50858—2013）。

3）国家或省级、行业建设主管部门颁发的计价定额和办法。

4）建设工程设计文件及相关资料。

5）施工现场情况、工程特点及常规施工方案。

6）招标文件及补充通知、答疑纪要。

7）与建设工程项目有关的标准、规范、技术资料。

8）其他相关资料。

四、园林工程工程量清单编制原则

1）必须遵循市场经济活动的基本原则，即客观、公正、公平的原则。

2）符合国家《建设工程工程量清单计价规范》（GB50500—2013）的原则。项目分项类别、分项名称、清单分项编码、计量单位分项项目特征、工作内容等，都必须符合计价规范的规定和要求。

3）符合工程量实物分项与描述准确的原则。

4）工作认真审慎的原则。应当认真学习计价规范、相关政策法规、工程量计算规则、施工图纸、工程地质与水文资料和相关的技术资料等。

五、园林工程工程量清单的编制

工程量清单有下列内容组成：分部分项工程量清单表，措施项目清单表，其他项目清单表，规费、税金项目清单表。

（一）分部分项工程量清单

分部分项工程是在正常的施工条件下，按照常规的施工工序、施工步骤和操作方法、设计要求和施工验收规范，完成一项工程实体项目的全部过程，它由一个项目与若干个相关项目组成。分部分项工程量清单应包括项目编码、项目名称、项目特征、计量单位和工程量，其形式见表3-6。

表3-6 分部分项工程量清单

序号	项目编码	项目名称	项目特征	计量单位	工程量
1	050102008003	栽植宿根花卉	1. 花卉种类：萱草 2. 花卉株高：0.20m 3. 花卉冠幅：0.1～0.20m 4. 栽植密度：25株/m^2 5. 养护期：一年	m^2	41.08
2	…	…	…	…	…

1. 项目编码

项目编码是分部分项工程和措施项目清单名称的阿拉伯数字标识。分部分项工程的工程清单项目编码采用五级编码设置，用十二位阿拉伯数字表示。一、二、三、四级编码为全国统一，即一至九位应按计价规范的规定设置；第五级即十至十二位为清单项目编码，应根据拟建工程的工程量清单项目名称设置，不得有重码。

各位数字的含义如图3-2所示：一、二位为专业工程代码（01——房屋建筑与装饰工程；02——仿古建筑工程；03——通用安装工程；04——市政工程；05——园林绿化工程；06——矿山工程；07——构筑物工程；08——城市轨道交通工程；09——爆破工程）；三、四位为各专业工程下属分类顺序码；五、六位为分部工程顺序码；七、八、九位为分项工程项目名称顺序码；十至十二位为清单项目名称顺序码。当同一标段（或合同段）的一份工程量清单中含有多个单位工程且工程量清单是以单位工程为编制对象时，在编制工程量清单时应特别注意对项目编码十至十二位的设置不得有重码的规定。例如一个标段（或合同段）的工程量清单中含有三个单位工程，每一单位工程中都有项目特征相同的毛石基础，在工程量清单中又需反映三个不同单位工程的毛石基础工程量时，则第一个单位工程毛石基础的项目编码应为010305001001，第二个单位工程毛石基础的项目编码应为010305001002，第三个单位工程毛石基础的项目编码应为010305001003，并分别列出各单位工程毛石基础的工程量。

2. 项目名称

分部分项工程量清单的项目名称应按《园林绿化工程工程量计算规范》（GB 50858—2013）中的项目名称结合拟建工程的实际情况确定，例如在上述计算规范中项目名称为基础，则应结合拟建工程实际

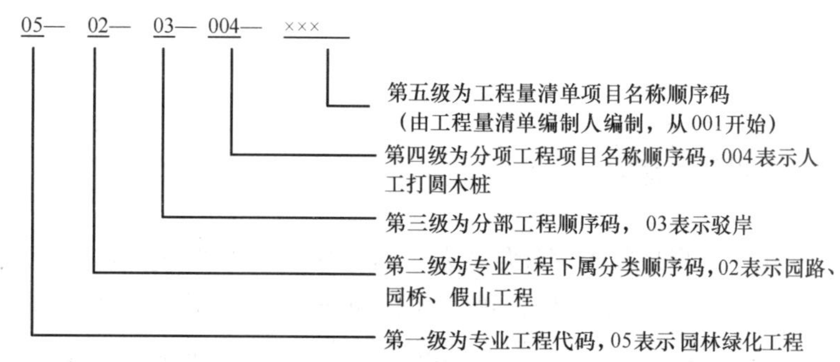

图 3-2 项目编码结构示意图

情况把清单项目名称具体化、细化，以反映影响工程造价的主要因素。例如园路花岗岩面层应区分为30mm 厚、50mm 厚黄锈石面层等。清单项目名称应表达详细、准确。

3. 项目特征

项目特征是指构成分部分项工程量清单项目、措施项目价值的本质特征。项目特征是对项目的准确描述，是确定一个清单项目综合单价不可缺少的重要依据，是区分清单项目的依据，是确定综合单价的前提，是履行合同义务的基础。分部分项工程量清单的项目特征应按《园林绿化工程工程量计算规范》（GB 50858—2013）附录中规定的项目特征，结合技术规范、标准图集、施工图纸、按照工程结构、使用材质及规格或安装位置等，予以详细而准确的表述和说明。

在《园林绿化工程工程量计算规范》（GB 50858—2013）附录中有关于各清单项目“工作内容”的描述。工作内容是指完成清单项目可能发生的具体工作和操作程序，但应注意的是，在编制分部分项工程量清单时，工作内容通常无须描述。因为在计价规范中，工程量清单项目与工程量计算规则、工作内容有一一对应关系，当采用计价规范这一标准时，工作内容均有规定。

4. 计量单位

工程量清单的计量单位应按《园林绿化工程工程量计算规范》（GB 50858—2013）中规定的计量单位确定，计量单位均为基本计量单位，不得使用扩大单位（如 10m、100m^3）。除有特殊规定外，一般按以下单位计量：

1）以质量计算的项目——吨或千克（t 或 kg）。

2）以体积计算的项目——立方米（m^3）。

3）以面积计算的项目——平方米（m^2）。

4）以长度计算的项目——米（m）。

工程数量主要通过工程量计算规则计算得到，工程数量的有效位数应遵守下列规定：

1）以“吨”为单位，应保留小数点后三位数字，第四位四舍五入。

2）以“立方米”“平方米”“米”为单位，应保留小数点后两位数字，第三位四舍五入。

3）以“个”“项”等为单位，应取整数。

5. 工程量的计算

分部分项工程量清单中所列工程量应按《建设工程工程量清单计价规范》（GB 50500—2013）附录中规定的工程量计算规则计算。清单项目的工程量是按照设计图示尺寸计算，也就是完成后的净值。因此，在计算综合单价时，应考虑施工中的各种损耗和需要增加的工程量。

6. 补充项目

编制工程量清单时如果出现《园林绿化工程工程量计算规范》（GB 50858—2013）附录中未包括的项目，编制人应做补充，并报省级或行业工程造价管理机构备案。补充项目的编码由对应计量规范的代码×（即 01 ~09）与 B 和三位阿拉伯数字组成，并应从×B001 起顺序编制，同一招标工程的项目不得重码。工程量清单中需附有补充项目的名称、项目特征、计量单位、工程量计算规则、工作内容。如园林工程补充编码“05B001”“05B002”等。补充项目应列在分部分项工程项目清单项目最后，并在序号栏中注明“补”字。

（二）措施项目清单

措施项目是指为完成工程项目施工，发生于工程施工准备和施工过程中的技术、生活、安全、环境保护等方面的项目。

措施项目清单应根据相关工程现行国家计量规范的规定编制，并根据拟建工程的实际情况列项。通用措施项目可按表 3-7 选择列项，专业工程的措施项目可按《建设工程工程量清单计价规范》（GB 50500—2013）中规定的项目选择列项。若出现本规范未列的项目，可根据工程实际情况补充。

措施项目中可以计算工程量的项目清单宜采用分部分项工程量清单的方式编制，列出项目编码、项目名称、项目特征、计量单位和工程量计算规则，也可称为单价措施项目；不能计算工程量的项目清单，以“项”为计量单位，相应数量为“1”，也可称为总价措施项目。

园林绿化工程措施项目在《建设工程工程量清单计价规范》（GB 50500—2013）中并未单独列出，故可使用《园林绿化工程工程量计算规范》（GB 50858—2013）中措施项目表中的通用项目，见表 3-7。

表 3-7　措施项目表

序　号	项 目 编 码	项 目 名 称	计 量 单 位
1	050405001	安全文明施工	项
2	050405002	夜间施工	项
3	050405003	非夜间施工照明	项
4	050405004	二次搬运	项
5	050405005	冬雨季施工	项
6	050405006	反季节栽植影响措施	项
7	050405007	地上、地下设施的临时保护措施	项
8	050405008	已完工程及设备保护	项

注：本表所列项目应根据工程实际情况计算措施项目费用，需分摊的应合理计算摊销费用。

（三）其他项目清单的编制

其他项目清单是指分部分项清单项目和措施项目以外，因招标人的特殊要求而发生的与拟建工程有关的其他费用项目和相应数量的清单。

其他项目清单的具体内容主要取决于园林工程建设标准的高低、工程的复杂程度、工程的工期长短、工程的组成内容、招标人对工程管理的要求等因素。

其他项目清单内容列项：

1. 暂列金额

招标人在工程量清单中暂定并包括在合同价款中的一笔款项。用于工程合同签订时尚未确定或者不可预见的所需材料、工程设备、服务的采购，施工中可能发生的工程变更、合同约定调整因素出现时的合同价款调整以及发生的索赔、现场签证确认等的费用。由招标人自主确定是否列项。若列项应由清单编制人根据招标人意图和拟建工程实际情况给出相应的金额。

2. 暂估价

招标人在工程量清单中提供的用于支付必然发生但暂时不能确定价格的材料、工程设备的单价以及专业工程的金额，包括材料暂估单价和专业工程暂估价。

材料暂估单价：业主出于特殊目的或要求，对工程消耗的某类或某几类材料，在招标文件中规定，由招标人采购的材料、设备暂估单价明细。一般而言，为方便合同管理和计价，计入分部分项工程量清单项目综合单价中的暂估价最好只是材料费，以方便投标人组价。以“项”为计量单位给出的专业工程

暂估价一般应是综合暂估价（规费和税金除外）。

专业工程暂估价：由于某分项工程或单位工程专业性强，必须由专业队伍施工，即可分列这项费用（必然发生但暂时不能确定价格），费用金额应通过向专业队伍询价（或招标）取得。

3. 计日工

在施工过程中，承包人完成发包人提出的工程合同范围以外的零星项目或工作，按合同中约定的单价计价的一种方式（目的是为了解决现场发生的零星工作的计价而设立的）。所谓的零星工作一般是指合同约定之外的或者因变更而产生的、工程量清单中没有相应项目的额外工作，尤其是那些时间不允许事先商定价格的额外工作。

结算时，计日工的数量以完成零星工作所消耗的人工工时、材料数量、机械台班进行计量，并按照计日工表中填报的单价进行计价支付。

4. 总承包服务费

总承包人为配合协调发包人进行的专业工程发包，对发包人自行采购的材料、工程设备等进行保管以及施工现场管理、竣工资料汇总整理等服务所需的费用。招标人只需列出该项目，投标人报价时可自主填报单价。招标人应当预计该项费用并按投标人的投标报价向投标人支付该项费用。总包服务费不包括投标人自行分包的费用。

如果招标文件对承包人的工作范围还有其他要求，也可根据工程实际情况补充（补充项目）。

（四）规费项目清单的编制

规费是根据省级政府或省级有关管理部门规定必须缴纳的，应计入园林工程造价的费用。规费项目清单可以根据实际调整和补充，但是不得参与竞争。《建设工程工程量清单计价规范》（GB 50500—2013）项目清单应按照下列内容列项：

1）社会保险费，包括养老保险费、失业保险费、医疗保险费、工伤保险费、生育保险费。

2）住房公积金。

3）工程排污费。

如出现未列的项目，应根据省级政府或省级有关权力部门的规定列项。

（五）税金项目清单

税金是指国家税法规定的应计入建筑安装工程造价内的营业税、城市维护建设税、教育费附加及地方教育附加。目前，营业税已改增值税，即以前缴纳营业税的应税项目改成缴纳增值税。如出现未列的项目，应根据税务部门的规定列项。

【任务实施】

一、准备工作

1）收集资料，主要包括《建设工程工程量清单计价规范》（GB 50500—2013）和《园林绿化工程工程量计算规范》（GB 50858—2013）、当地清单计价规定及相关文件。认真研究各项资料为工程量清单的编制做准备。

2）熟悉施工设计图纸，掌握园林工程内容及施工顺序，便于清单项目列项的完整、工程量的准确计算及清单项目的准确描述，对设计文件中出现的问题应及时提出。

3）现场踏勘。为了选用合理的施工组织设计和施工技术方案，需进行现场踏勘，以充分了解施工现场情况及工程特点。

4）拟订常规施工组织设计。施工组织设计是指导拟建工程项目的施工准备和施工的技术经济文件。根据项目的具体情况编制施工组织设计，拟定工程的施工方案、施工顺序、施工方法等，便于工程量清单的编制及准确计算，特别是工程量清单中的措施项目。

二、编制分部分项工程量清单

1）严格按分部分项清单名称、工程量计算规则、计量单位，计算清单工程量。

2）清单工程量计算底稿上注明清单项目名称、构件部位、计量单位，清晰、整洁书写计算式，在计算书中对各分部分项清单工程量统计（项目二中清单工程量已经计算，不再赘述）。

3）项目特征是构成分部分项工程量清单项目、措施项目自身价值的本质特征。分部分项工程量清单项目特征应按《园林绿化工程工程量计算规范》（GB 50858—2013）的项目特征，结合拟建工程项目的实际予以描述。

4）分部分项工程量清单见表3-8⊖。

表3-8　分部分项工程量清单

项目名称：××广场景观绿化工程

序　号	项目编码	项目名称	项目特征	计量单位	工程数量
		一、绿化工程			
		1. 绿化地整理			
1	050101006002	整理绿化用地		m^2	642.12
2	050101008003	人工挖树坑		m^3	74.26
3	05B001	回填种植土	1. 土壤类别：三类土 2. 土质要求：满足种植要求	m^3	192.81
		2. 乔木栽植			
4	050102001018	栽植乔木	1. 乔木种类：银杏 2. 胸径：10～12cm 3. 株高：7.0～8.0m 4. 冠径：3.5～4.0m 5. 土球直径：100cm 6. 养护期：一年	株	6
5	050102001016	栽植乔木	1. 乔木种类：樱花 2. 胸径：6～8cm 3. 株高：3.0～3.5m 4. 冠径：2.5～3.0m 5. 土球直径：70cm 6. 养护期：一年	株	4
6	050102001059	栽植乔木	1. 乔木种类：栾树 2. 胸径：10～12cm 3. 株高：5.0～6.0m 4. 冠径：3.5～4.0m 5. 土球直径：100cm 6. 养护期：一年	株	6

⊖ 辽宁省截至2017年底的预算软件还是使用《建设工程工程量清单计价规范》（GB 50500—2008）的项目编码，与目前的《园林绿化工程工程量计算规范》（GB 50858—2013）不同，请读者注意。——编者注

（续）

序　号	项目编码	项目名称	项目特征	计量单位	工程数量
7	050102001060	栽植乔木	1. 乔木种类：合欢 2. 胸径：10～12cm 3. 株高：5.0～6.0m 4. 冠径：3.5～4.0m 5. 土球直径：100cm 6. 养护期：一年	株	3
8	050102001017	栽植乔木	1. 乔木种类：玉兰 2. 胸径：8～10cm 3. 株高：4.0～5.0m 4. 冠径：2.5～3.0m 5. 土球直径：80cm 6. 养护期：一年	株	9
9	050102001061	栽植乔木	1. 乔木种类：碧桃 2. 地径：4～6cm 3. 株高：2.5～3.0m 4. 冠径：1.5～2.0m 5. 裸根 6. 养护期：一年	株	3
10	050102001020	栽植乔木	1. 乔木种类：云杉 2. 株高：4.5～5.5m 3. 冠径：2.0～3.0m 5. 土球直径：120cm 6. 养护期：一年	株	5
		3. 灌木栽植			
11	050102004027	栽植灌木	1. 灌木种类：丁香 2. 灌丛高：1.5～1.8m 3. 冠幅：1.2～1.5m 4. 养护期：一年	株	4
12	050102004029	栽植灌木	1. 灌木种类：连翘 2. 灌丛高：1.5～1.8m 3. 冠幅：1.2～1.5m 4. 养护期：一年	株	7
13	050102004030	栽植灌木	1. 灌木种类：榆叶梅 2. 灌丛高：1.5～1.8m 3. 冠幅：1.2～1.5m 4. 养护期：一年	株	8
14	050102004026	栽植灌木裸根（冠丛高 150cm 以内）$n>10$	1. 灌木种类：黄杨球 2. 灌丛高：1.0～1.2m 3. 冠幅：1.0～1.2m 4. 养护期：一年	株	11

（续）

序　号	项目编码	项目名称	项目特征	计量单位	工程数量
		4. 地被植物			
15	050102005009	栽植双排绿篱	1. 绿篱种类：大叶黄杨绿篱 2. 篱高：修剪后 0.8m 3. 行数：双行 4. 养护期：一年	m	24.20
16	050102007002	栽植色带	1. 苗木种类：紫叶李色带 2. 苗木株高：修剪后 0.6m 3. 苗木冠幅：0.2～0.3m 4. 栽植密度：16 株/m^2 5. 养护期：一年	m^2	23.12
17	050102008002	栽植花卉 木本花	1. 花卉种类：月季 2. 花卉株高：0.6m 3. 花卉冠幅：0.2～0.3m 4. 栽植密度：9 株/m^2 5. 养护期：一年	m^2	18.89
18	050102008003	栽植宿根花卉	1. 花卉种类：萱草 2. 花卉株高：0.20m 3. 花卉冠幅：0.1～0.20m 4. 栽植密度：25 株/m^2 5. 养护期：一年	m^2	41.08
19	050102008001	栽植花卉 草本花	1. 花卉种类：矮牵牛 2. 花卉株高：0.2m 3. 花卉冠幅：0.1～0.2m 4. 栽植密度：36 株/m^2 5. 养护期：一年	m^2	59.76
20	050102010004	满铺草皮 平坦表面	1. 草皮种类：优异早熟禾草坪卷 2. 铺种方式：满铺 3. 养护期：一年	m^2	484.75
		二、园路工程			
21	050201001030	花岗岩广场铺装	1. 路床土石类别：三类土 2. 垫层厚度、宽度、材料种类：150mm 厚 C15 混凝土垫层、200mm 天然级配砂砾 3. 路面厚度、宽度、材料种类：600mm×600mm×30mm 白烧面黄锈石花岗岩 45°斜铺，600mm×600mm×30mm 烧面黄锈石花岗岩收边 4. 砂浆厚度、配合比：20 厚 1∶3 水泥砂浆	m^2	234.00
22	050201001035	铺设透水砖	1. 路床土石类别：三类土 2. 垫层厚度、宽度、材料种类：150mm 厚 C15 混凝土垫层、200mm 天然级配砂砾，40mm 厚 1∶6 干拌水泥砂灰 3. 路面厚度、宽度、材料种类：200mm×100mm×60mm 透水砖	m^2	124.00

（续）

序　号	项目编码	项目名称	项目特征	计量单位	工程数量
23	050201001017	满铺卵石面 拼花路面	1. 路床土石类别：三类土 2. 垫层厚度、宽度、材料种类：150mm 厚 C15 混凝土垫层、200mm 天然级配砂砾 3. 路面厚度、宽度、材料种类：4～6cm 粒径本色卵石、1～3cm 彩色卵石 4. 砂浆厚度、配合比：20mm 厚 1∶3 水泥砂浆	m^2	28.80
24	050201001036	花岗岩碎拼	1. 路床土石类别：三类土 2. 垫层厚度、宽度：150mm 厚 C15 混凝土垫层、200mm 天然级配砂砾 3. 路面厚度、宽度、材料种类：30mm 烧面黄锈石花岗岩碎拼 4. 砂浆强度等级：20mm 厚 1∶3 水泥砂浆	m^2	26.58
25	050201002003	路牙铺设	1. 垫层厚度、材料种类：150mm 厚 C15 混凝土垫层、200mm 厚天然级配砂砾 2. 路牙材料种类、规格：500mm × 100mm × 100mm 芝麻白花岗岩边石 3. 砂浆厚度、配合比：30mm 厚 1∶3 水泥砂浆	m	136.60
		三、园林景观工程			
		1. 花架			
26	010106001003	人工原土打夯		m^2	16.24
27	010101003013	人工挖基坑	1. 土壤类别：三类土 2. 挖土平均深度：1.15m	m^3	18.68
28	010106001002	回填土夯填	满足设计要求	m^3	15.58
29	010104008003	汽车运土方	运距 5km	m^3	3.10
30	010901001019	垫层	1. 混凝土种类：商品混凝土 2. 强度等级：C15 3. 位置：花架柱独立基础	m^3	0.90
31	010401002003	独立基础	1. 混凝土种类：商品混凝土 2. 强度等级：C20 3. 位置：花架柱独立基础	m^3	2.20
32	020205001013	花架柱基饰面	1. 材料种类：黄锈石花岗岩火烧面碎拼 2. 厚度：50mm 3. 砂浆厚度、配合比：20mm 厚 1∶3 水泥砂浆	m^2	6.00
33	020206001005	花架柱基压顶	1. 材料种类：黄锈石花岗岩烧面 2. 厚度：50mm	m^2	1.93

（续）

序　　号	项目编码	项目名称	项目特征	计量单位	工程数量
34	020506001016	花架柱饰面	1. 材料种类：10mm 米黄色真石漆 2. 砂浆厚度、配合比：10mm 厚 1∶2 水泥砂浆	m^2	15.65
35	050303001003	现浇混凝土花架 柱	1. 柱截面：360mm×360mm 2. 高度：2230mm 3. 根数：6 根 4. 强度等级：C20	m^3	1.88
36	050306011023	黄色耐火砖柱顶装饰	1. 材料：200mm×100mm×60mm 黄色耐火砖 2. M5 混合砂浆砌筑	m^3	0.13
37	050303003002	木制花架 梁	1. 木材种类：芬兰木横梁，防腐上色处理 2. 梁截面：200mm×100mm 3. 连接方式：榫接 4. 防护材料种类：桐防腐油	m^3	0.59
38	050303003003	木制花架 檩条	1. 木材种类：芬兰木构件，防腐上色处理 2. 梁截面：200mm×100mm 3. 连接方式：榫接 4. 防护材料种类：桐防腐油	m^3	1.09
39	011201001011	混凝土独立基础模板	投标人自行考虑	m^2	12.96
40	011201001023	混凝土基础垫层模板	投标人自行考虑	m^2	3.60
41	011204002004	脚手架	投标人自行考虑	m^2	58.32
42	010416001002	现浇混凝土钢筋 圆钢筋 $\phi8$		t	0.065
43	010416001031	现浇混凝土钢筋 箍筋 $\phi6$		t	0.033
		2. 花坛			
44	010106001013	人工原土打夯		m^2	27.08
45	010101003004	人工挖沟槽	土壤类别：三类土	m^3	20.04
46	010104008076	运土方	运距 5km	m^3	9.77
47	010106001011	回填土夯填	满足设计要求	m^3	10.27
48	010901001028	垫层	1. 混凝土种类：商品混凝土 2. 强度等级：C15 3. 位置：花坛垫层	m^3	2.71
49	050306011001	砖基础	1. MU10 实心砖，M5.0 水泥砂浆砌筑 2. 1∶2.5 水泥砂浆粘合层 3. 1∶1.5 水泥砂浆粘合层	m^3	9.89
50	020204001010	花坛立面	20mm 厚烧面黄锈石贴面	m^2	12.80

（续）

序　号	项目编码	项目名称	项目特征	计量单位	工程数量
51	020206001009	花坛压顶	1. 400mm×300mm×50mm 光面黄锈石压顶 2. 20mm 厚 1:2.5 水泥砂浆	m^2	8.88
52	011201001115	垫层模板	投标人自行考虑	m^2	5.89
		3. 假山工程			
		（1）太湖石假山			
53	040101008059	机械挖土方	土壤类别：三类土	m^3	52.00
54	010104008077	汽车运土方	运距：5km	m^3	44.48
55	010106001012	回填土夯填	满足设计要求	m^3	7.52
56	050202002009	堆砌石假山（高 4m 以内）	1. 堆砌高度：3.7m 2. 石料种类：太湖石 3. 混凝土强度等级：C25 4. 砂浆强度等级：M7.5 水泥砂浆	t	98.461
		（2）土丘假山			
57	050202001004	堆筑土山丘（高 2m 以内）	1. 土丘高度：0.6m 2. 土丘坡度：20% 3. 土丘底外接矩形面积：91.68m^2	m^3	18.34
		4. 坐凳			
58	050304009002	安装铁艺椅	1. 成品铁艺座椅 2. 长 1.3m，宽 0.45m，高 0.4m	组	6

三、措施项目清单编制

编制本工程措施项目清单时需要考虑：

1）本工程的常规施工组织设计，以确定环境保护、安全文明施工、临时设施、材料的二次搬运等项目。

2）参阅相关的施工规范与工程验收规范，以确定施工方案没有表述的但为实现施工规范与工程验收规范要求而必须发生的技术措施。

3）确定设计文件中不足以写进施工方案，但要通过一定的技术措施才能实现的内容。

根据以上内容考虑，本工程都是在常规施工组织设计和正常条件下施工，但工期三个月，涉及一个雨季施工，影响施工效率，所以发生一项雨季施工费。安全文明施工费作为不可竞争性费用，按照辽宁省现行安全文明取费规定编制。综合上述内容编制措施项目清单表，见表 3-9。

表 3-9　措施项目表

序　号	项目编码	项目名称	计量单位	计算基数	费　率
1	050405001	安全文明施工	项	人工费 + 机械费	
2	050405002	夜间施工	项		
3	050405003	非夜间施工照明	项		
4	050405004	二次搬运	项		
5	050405005	冬雨季施工	项	人工费 + 机械费	

（续）

序　　号	项目编码	项目名称	计量单位	计算基数	费　　率
6	050405006	反季节栽植影响措施	项		
7	050405007	地上、地下设施的临时保护措施	项		
8	050405008	已完工程及设备保护	项		

注：本表所列项目应根据工程实际情况计算措施项目费用，需分摊的应合理计算摊销费用。

四、其他项目清单编制

根据本工程施工图纸和地质勘探的实际情况，在施工中可能要发生变更或签证。因此需要列暂列金额15000.00元，计日工中普工20个工日、技工10个工日，SY115C-10小型液压挖掘机10个台班。

太湖石假山的单价价格因形态、色泽、纹理等不同，价格会有很大差异，因此此假山单价定为暂估价，施工时按实际价格结算。

本工程为专业园林工程，不涉及总承包问题，因此没有总包承包服务费。

如果招标文件对承包人的工作范围还有其他要求，也可根据工程实际情况补充（补充项目）。

其他项目清单计价汇总表见表3-10，材料暂估单价表见表3-11，计日工表见表3-12。

表3-10　其他项目清单计价汇总表

工程名称：××广场景观绿化工程

序　　号	子目名称	计量单位	金额（元）	备　　注
1	暂列金额	项	15000	
2	暂估价			
2.1	太湖石	t	380	（进入综合单价），表3-11
2.2	专业工程暂估价	项		
3	计日工	工日		明细详见表3-12
4	总承包服务费			
5	工程担保费			

注：材料和工程设备暂估单价进入清单子目综合单价，此处不汇总。

表3-11　材料暂估单价表

工程名称：××广场景观绿化工程

序　　号	材料名称、规格、型号	计量单位	金额（元）	备　　注
1	太湖石	t	324.79	

注：1. 此表由招标人填写，并在备注栏说明暂估价的材料和工程设备拟用在哪些清单子目中，投标人应将上述材料、工程设备暂估单价计入工程量清单综合单价报价中；达到规定的规模标准的重要设备、材料以外的其他材料、设备约定采用招标方式采购的，应当同时注明。

2. 投标人应注意，这些材料和工程设备暂估单价中不包括投标人的企业管理费和利润，组成相应清单子目综合单价时，应避免漏计。

3. 材料、工程设备包括原材料、燃料、构配件以及按规定应计入建筑安装工程造价的设备。

表 3-12　计日工表

工程名称：××广场景观绿化工程

编　号	子目名称	单　位	暂定数量	综合单价	合　价
1	劳务（人工）				
1.1	普工	工日	20		
1.2	技工	工日	10		
人工小计					
2	材料				
2.1					
材料小计					
3	施工机械				
3.1	SY115C-10 小型液压挖掘机	台班	10		
施工机械小计					
投标单价应包括基本单价及承包人的管理费、利润等所有附加费，税金除外					
总计					

五、规费和税金项目清单

规费和税金按照本省政府或省级有关权力部门的规定列项，其项目清单与计价表见表 3-13。

表 3-13　规费、税金项目清单与计价表

工程名称：××广场景观绿化工程

序　号	项目名称	计算基础	费率（%）	金额（元）
1	规费	工程排污费＋社会保障费＋住房公积金		
1.1	工程排污费			
1.2	社会保障费	养老保险＋失业保险＋医疗保险＋生育保险＋工伤保险		
(1)	养老保险	人工费＋机械费		
(2)	失业保险	人工费＋机械费		
(3)	医疗保险	人工费＋机械费		
(4)	生育保险	人工费＋机械费		
(5)	工伤保险	人工费＋机械费		
1.3	住房公积金	人工费＋机械费		
2	税金	分部分项工程费＋措施项目费＋其他项目费＋规费		
合计				

六、工程量清单编制总说明

1）工程概况：建设规模、工程特征、计划工期、施工现场实际情况、交通运输情况、自然地理条件、环境保护要求等。

2）工程范围：图纸范围内，包括土方工程、绿化工程、园路工程、花架工程。

3）工程量清单编制依据：①施工图纸；②《建设工程工程量清单计价规范》（GB 50500—2013）；③ 2008 年《辽宁省建设工程计价依据》；④ 设计院回复的技术联系单。

4）工程质量、材料、施工等的特殊要求。

5）暂列金额 15000.00 元。

6）太湖石暂估单价 324.79 元/t。

7）其他须说明的问题：①土方场内倒运运距及土方外运运距投标单位自行考虑在投标报价内；②苗木养护期考虑一年。

七、工程量清单封面

工程量清单计价封面如图 3-3 所示。

××广场景观绿化工程　　工程

工 程 量 清 单

工程造价

招　标　人：＿＿＿＿＿＿＿＿　　咨　询　人：＿＿＿＿＿＿＿＿

（单位盖章）　　（单位资质专用章）

法定代表人　　法定代表人

或其授权人：＿＿＿＿＿＿＿＿　　或其授权人：＿＿＿＿＿＿＿＿

（签字或盖章）　　（签字或盖章）

编　制　人：＿＿＿＿＿＿＿＿　　复　核　人：＿＿＿＿＿＿＿＿

（造价人员签字盖专用章）　　（造价工程师签字盖专用章）

编制时间：　年　月　日　　复核时间：　年　月　日

图 3-3　清单计价封面

【任务考核】

序号	考核项目	评分标准	配分	得分	备注
1	分部分项工程量清单	项目编码、项目名称、项目特征、单位、工程量计算符合规范要求	30		
2	措施项目清单	除安全文明措施费按规范强制规定外，其他措施项目可按照施工组织设计合理设置	15		
3	其他措施项目清单	按照招标人要求正确填写暂列金额、材料暂估价及计日工等	15		
4	规费和税金清单	清单项目正确、全面	20		
5	工程量清单编制说明	说明全面，满足清单报价的要求	10		
6	工程量清单封面	符合清单封面要求	10		
			100		
实训指导教师签字：					年　月　日

【巩固练习】

根据本书配套电子资源提供的××别墅景观绿化工程图纸和项目二中计算的清单工程量，在教师的指导下，结合《建设工程工程量清单计价规范》（GB 50500—2013），省、行业主管部门的有关规定及本工程施工具体内容、方法和要求，完成本工程的各清单项目编制。

任务三　园林工程工程量清单计价

【能力目标】

1. 能够根据工程量清单项目特征描述工作内容并确定综合单价。
2. 能够将工程量清单计价组成内容汇总形成工程造价。

【知识目标】

1. 熟悉园林工程量清单计价的特点、作用。
2. 掌握园林工程量清单计价综合单价的确定方法和步骤。
3. 掌握工程量清单计价的各项目费用的确定和造价费用的汇总。

【思政目标】

1. 通过学习园林工程清单计价过程，培养爱岗敬业、精益求精的工匠精神。
2. 针对园林工程清单计价出现的问题，学会开拓思维、举一反三。

【任务描述】

××广场景观绿化工程计划采用公开招标方式确定施工企业。本工程政府控制价 360000.00 元，工程类别为园林绿化专业承包四类工程，取费计算基数为人工费与机械费之和。

A 园林绿化工程有限公司根据××广场景观绿化工程的工程量清单（本项目任务二）、施工图纸及现场实际情况，准备投标此项工程。

A 园林绿化工程有限公司的规费计取标准核定如下：养老保险 13.3%、失业保险 1.2%、医疗保险 4.5%、生育保险 0.3%、工伤保险 0.3%、住房公积金 1.8%。

A 园林绿化工程有限公司根据自身实力和本工程的实际情况，经投标报价小组决定企业管理费费率为12%，利润费率15%，人工价差不做调整。

请根据本工程工程量清单和企业的实际情况完成施工企业的投标报价。投标报价主要完成下列任务：

1）分部分项工程清单综合单价分析表。

2）分部分项工程量清单计价表。

3）措施项目清单计价表。

4）其他项目清单计价表。

5）规费、税金清单计价表。

6）单位工程费汇总表。

7）投标报价表。

8）工程量清单计价封面。

9）编制说明。

【任务分析】

完成该任务需要对工程量清单及要求进行详细的研究，依据《建设工程工程量清单计价规范》（GB 50500—2013）和国家及省、市、地区的定额、企业定额等，结合企业的实际情况进行综合报价。按照工程量清单计价方法，分别对分部分项工程费、措施项目费、其他项目费、规费和税金进行计价，最后汇总形成本工程的造价。

【知识准备】

一、工程量清单计价概述

（一）工程量清单计价

工程量清单计价作为一种独立的计价模式，主要在工程项目的招标投标过程中使用，包括编制招标控制价、编制投标报价、确定合同价款与调整和办理竣工结算等。工程量清单计价的主旨是在全国范围内，统一项目编码、统一项目名称、统一计量单位、统一工程量计算规则。在此前提下，由国家主管职能部门统一编制《建设工程工程量清单计价规范》(GB 50500—2013)，作为强制性标准，在全国统一实施。

采用工程量清单计价应按《建设工程工程量清单计价规范》（GB 50500—2013）执行，有如下规定：

1）建设工程施工发承包造价由分部分项工程费、措施项目费、其他项目费、规费和税金组成，见项目一图1-2所示。

2）分部分项工程和措施项目清单应采用综合单价计价。综合单价是指完成一个规定计量单位的分部分项工程量清单和措施项目清单项目所需的人工费、材料和工程设备费、施工机具使用费和企业管理费、利润以及一定范围内的风险费用。

3）招标工程量清单标明的工程量是投标人投标报价的基础，竣工结算的工程量按发、承包双方在合同中约定应予计量且实际完成的工程量确定。

4）措施项目清单中的安全文明施工费应按照国家或省级、行业建设主管部门的规定计价，不得作为竞争性费用。

5）规费和税金应按国家或省级、行业建设主管部门的规定计价。

（二）工程量清单计价的特点

工程量清单计价是指在建设工程投标时，招标人依据工程施工图纸，按照招标文件的要求，按现行的工程量计算规则为投标人提供事物工程量项目和技术措施项目的数量清单，供投标单位逐项填写单价，并计算出总价，再通过评标，最后确定合同价。工程量清单报价作为一种全新的较为客观合理的计

价方式，它有如下特征，能够消除以往计价模式的一些弊端。

（1）统一计价规则　通过制定统一的建设工程工程量清单计价方法、统一的工程量计量规则、统一的工程量清单项目设置规则，达到规范计价行为的目的。

（2）有效控制消耗量　通过由政府发布统一的社会平均消耗量指导标准，为企业提供一个社会平均尺度，避免企业盲目或随意大幅度减少或扩大消耗量，从而达到保证工程质量的目的。

（3）彻底放开价格　将工程消耗量定额中的工、料、机价格和利润、管理费全面放开，由市场的供求关系自行确定价格。

（4）企业自主报价　投标企业根据自身的技术专长、材料采购渠道和管理水平等，制定企业自己的消耗量定额，自主报价。企业尚无消耗量定额的，可参考使用造价管理部门颁布的《建设工程消耗量定额》。

（5）市场有序竞争形成价格　通过建立与国际惯例接轨的工程量清单计价模式，引入充分竞争形成价格的机制，制定衡量投标报价合理性的基础标准，在投标过程中，有效引入竞争机制，淡化标底的作用，在保证质量、工期的前提下，按《中华人民共和国招标投标法》及有关条款规定，最终以“不低于成本”的合理低价者中标。

二、工程量清单计价方法

采用工程量清单计价，建设工程造价由分部分项工程费、措施项目费、其他项目费、规费和税金组成。按照工程量清单计价规范规定，在各相应专业工程计量规范规定的工程量项目设置和工程量计算规则基础上，针对具体工程的施工图纸和施工组织设计计算出各个清单项目的工程量，根据规定的方法计算出综合单价，并汇总各清单合价得出工程总价。

分部分项工程费 = Σ（分部分项工程量 × 相应分部分项综合单价）

措施项目费 = Σ各措施项目费

其他项目费 = 暂列金额 + 暂估价 + 计日工 + 总承包服务费

单位工程报价 = 分部分项工程费 + 措施项目费 + 其他项目费 + 规费 + 税金

单项工程报价 = Σ单位工程报价

建设项目总报价 = Σ单项工程报价

三、分部分项工程费和单价措施项目费

利用单价法计算分部分项工程费需要解决两个核心问题，即确定分部分项工程的工程量和综合单价。

（一）分部分项工程量

分部分项工程量是编制人按施工图图示尺寸和清单工程量计算规则计算得到的工程净量，详见项目二。

（二）综合单价

工程量清单综合单价是指完成一个规定计量单位分部分项工程量清单项目或措施清单项目所需的人工费、材料费、施工机具使用费和企业管理费与利润，以及一定范围内的风险费用。

综合单价 = 人工费 + 材料费 + 施工机具使用费 + 企业管理费 + 利润 + 一定范围内风险费用

综合单价是分部分项工程和单价措施项目清单与计价表编制过程中最主要内容。根据分部分项工程和单价措施项目清单与计价表的特征描述确定综合单价计算。综合单价的计算可以概括为以下步骤。

1. 确定计算基础

有企业定额的依据企业定额，没有企业定额或企业定额缺项时，可参照与本企业定额相近的国家、地区、行业定额，并通过调整来确定清单项目的人工、材料、机械台班单位用量。各种人工、材料、机械台班的单价，应根据询价的结果和市场行情综合确定。

2. 分析每一清单项目的工程内容，确定组合定额子目

工程量清单项目是多个工程内容的综合体，在清单计价时，需要根据清单项目特征描述，分析各清单

项目实际应发生的工程内容，然后把工程内容和相对应的定额子目相比较，确定清单项目的组合定额子目。一般多个工程内容需要多个相对应的定额子目，因此，会出现一个清单项目对应多个定额子目情况。

3. 计算定额子目工程量

根据所选定额的工程量计算规则计算其工程数量，尤其注意的是当定额工程量计算规则与清单计算规则不一致时，必须按定额计算规则计算工程数量。

4. 计算工程内容的工程数量与清单单位含量

每一项工程内容都应根据所选定额的工程量计算规则计算其工程数量，当定额的工程量计算规则与清单的工程量计算规则相一致时，可直接以工程量清单中的工程量作为工程内容的工程数量。

当计算人工费、材料费、施工机具使用费时，还需要计算每一计量单位的清单项目所分摊的工程内容的工程数量，即清单单位含量。

5. 分部分项工程人工、材料、机械费用的计算

以完成每一计量单位的清单项目所需的人工、材料、机械用量为基础计算，即

每一计量单位清单项目某种资源的使用量 = 该种资源的定额单位用量 × 相应定额条目的清单单位含量

再根据预先确定的各种生产要素的单位价格，计算出每一计量单位清单项目的分部分项工程的人工费、材料费与施工机具使用费。

$$人工费 = 完成单位清单项目所需人工的工日数量 \times 人工工日单价$$

$$材料费 = \sum 完成单位清单项目所需各种材料、半成品的数量 \times 各种材料、半成品单价$$

$$施工机具使用费 = \frac{\sum 完成单位清单项目所需}{各种机械的台班数量} \times 各种机械的台班单价 + 仪器仪表使用费$$

当招标人提供的其他项目清单中列示了材料暂估价时，应根据招标人提供的价格计算材料费，并在分部分项工程量清单与计价表中表现出来。

6. 计算综合单价

企业管理费和利润的计算按人工费、施工机具使用费之和按照一定的费率取费计算。

$$企业管理费 = (人工费 + 施工机具使用费) \times 企业管理费费率$$

$$利润 = (人工费 + 施工机具使用费) \times 利润率$$

将上述五项费用汇总，并考虑合理的风险费用后，即可得到清单综合单价。根据计算出的综合单价，可编制分部分项工程量清单与计价表。

7. 确定综合单价注意事项

（1）以项目特征描述为依据　当出现清单中项目特征描述与设计图纸不符时，应以清单的项目特征描述为准，确定投标报价的综合单价。到施工时，发、承包双方再按实际施工的项目特征，依据合同约定重新确定综合单价。

（2）材料暂估价的处理　招标文件在其他项目清单中提供了暂估价的材料，应按其暂估的单价计入综合单价。

（3）考虑合理的风险

1）对于主要由市场价格波动导致的价格风险，根据招标文件和合同约定进行合理分摊，承包人承担5%以内的材料、工程设备价格风险，10%以内的施工机具使用费风险。

2）对于法律、法规、规章和政策出台导致的税金、规费、人工费发生变化，承包人不承担此类风险。

3）对于承包人根据自身技术水平、管理、经营状况能够自主控制的风险，由承包人全部承担。

（三）分部分项工程和单价措施项目费计算

根据单位工程施工图计算出各个分部分项工程的清单项所包含子目工程量，然后对所包含子目进行组价（可以套定额），进行人工、材料、机械调差、取费，形成子目综合单价。各子目组价项的工程量乘以其综合单价，得出综合合价，各子目综合合价之和成为清单综合合价，清单综合合价除以清单工程

量得出清单项的综合单价。再分别将各分项工程的清单工程量与其相应的综合单价相乘，其乘积就是各分项工程所需的全部费用。累计其乘积并加以汇总，就得出各单位工程全部的各分部分项工程费。

四、措施项目费

对于不能精确计量的措施项目，应编制总价措施项目清单与计价表，见表3-14。措施项目清单计价应依据工程的施工组织设计或施工方案。清单计价规范规定，措施项目清单中的安全文明施工费应按照国家或省级、行业建设主管部门的规定费用标准计价，其费用不能参与竞争。

表3-14　措施项目清单计价表

序　　号	项目名称	计算基数	费　　率	金额（元）
一	措施项目			
1	安全文明施工措施费	分部分项人工费+分部分项机械费		
2	夜间施工增加费			
3	非夜间施工照明			
4	二次搬运费			
5	冬雨季施工费	分部分项人工费+分部分项机械费		
6	反季节栽植影响措施			
7	地上、地下设施的临时保护设施			
8	已完工程及设备保护			
合　　计				

五、其他项目费

其他项目费主要包括暂列金额、暂估价、计日工以及总承包服务费，见表3-15，投标报价时应遵循以下原则：暂列金额应按照其他项目清单中列出的金额填写，不得变动；暂估价不得变动和更改；计日工应按照其他项目清单列出的项目和估算的数量，自主确定各项综合单价并计算费用；总承包服务费根据招标人在招标文件中列出的分包专业工程内容和供应材料、设备情况，按照招标人提出的协调、配合与服务要求和施工现场管理需要自主确定。

表3-15　其他项目清单计价表

工程名称：

序　　号	项目名称	金额（元）	备　　注
1	暂列金额		
2	暂估价		
2.1	材料（工程设备）		
2.2	专业工程暂估价/结算价		
3	计日工		
4	总承包服务费		
合　　计			

六、工程量清单综合单价分析

工程量清单综合单价分析表主要反映综合单价的编制过程，表明综合单价的合理性，作为评标、投标分析单价的判断依据见表3-16。

表 3-16　工程量清单综合单价分析表

工程名称：××广场景观绿化工程　　　　标段：

项目编码		050101006002		项目名称		整理绿化用地				计量单位	m^2
清单综合单价组成明细											
定额编号	定额名称	定额单位	数量	单价（元）				合价（元）			
				人工费	材料费	机械费	管理费和利润	人工费	材料费	机械费	管理费和利润
1-23	整理绿化用地	$10m^2$	0.10	14.25			3.85	1.43			0.39
人工单价				小计				1.43			0.39
技工：68 元/工日；普工：53 元/工日				未计价材料费							
清单项目综合单价								1.82			
材料费明细	主要材料名称、规格、型号					单位	数量	单价（元）	合价（元）	暂估单价（元）	暂估合价（元）

其中：单价　人工费 =（53 × 0.238 + 68 × 0.024）元 = 14.25 元　　合价　人工费 = 14.25 元 × 0.1 = 1.43 元

管理费和利润 = 14.25 ×（12% + 15%）元 = 3.85 元　　管理费和利润 = 3.85 元 × 0.1 = 0.39 元

综合单价　人工费 + 管理费 + 利润 = 1.43 元 + 0.39 元 = 1.82 元

注：整理绿化用地普工消耗量 0.238 工日/$10m^2$，技工消耗量 0.024 工日/$10m^2$，管理费率 12%，利润率 15%，计算基数为人工费 + 机械费。

七、规费、税金

规费、税金的计取标准是依据有关法律、法规和政策规定制定的，具有强制性，在投标时必须按照国家或省级、行业建设主管部门的有关规定计取，见表3-17。

表3-17　规费、税金项目清单计价表

工程名称：

序　号	项目名称	计算基础	计算基数	费率（%）	金额（元）
1	规费				
1.1	社会保险费	人工费+机械费			
(1)	养老保险费	人工费+机械费			
(2)	失业保险费	人工费+机械费			
(3)	医疗保险费	人工费+机械费			
(4)	工伤保险费	人工费+机械费			
(5)	生育保险费	人工费+机械费			
1.2	住房公积金	人工费+机械费			
1.3	工程排污费	按工程所在地环境保护部门收取标准、按实计入			
2	税金	分部分项工程费+措施项目费+其他项目费+规费－按规定不计税的工程设备金额			
合　计					

八、工程费用汇总表

费用汇总=分部分项工程费+措施项目费+其他项目费+规费+税金，见表3-18。

表3-18　单位工程费用汇总表

工程名称：

序　号	汇总内容	金额（元）	其中：暂估价
1	分部分项工程费		
1.1			
1.2			
1.3			
2	措施项目费		
2.1	其中：安全文明施工费		
3	其他项目费		
3.1	其中：暂列金额		
3.2	其中：专业工程暂估价		
3.3	其中：计日工		
3.4	其中：总承包服务费		
4	规费		
5	税金		
合计=1+2+3+4+5			

【任务实施】

一、准备工作

二、阅读图纸和熟悉现场

三、根据园林工程清单工程量计算规则复核已给清单工程量

以上三个阶段的程序和方法与工程量定额计价法基本一致。

四、工程量清单项目计价

本工程工程量清单计价任务实施，按照图3-4所示的顺序执行。

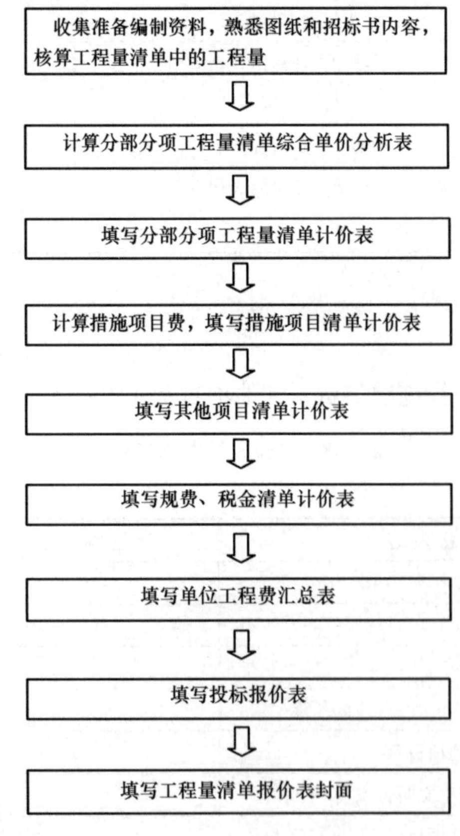

图3-4　工程量清单任务实施

（一）计算分部分项工程量清单综合单价分析表

一个工程量清单项目由一个或几个定额子目组成，将各定额子目的综合单价汇总累加，再除以该清单项目的工程数量，即可求得该清单项目的综合单价，见表3-19。

表 3-19　分部分项工程量清单综合单价分析表

工程名称：××广场景观绿化工程

序号	项目编码	项目名称	工程内容	综合单价组成（元）					综合单价（元）
				人工费	材料费	机械使用费	管理费	利润	
1	050101006002	整理绿化用地	整理绿化用地	1.43			0.17	0.22	1.82
			合计	1.43			0.17	0.22	
2	050101008003	人工挖树坑	人工挖树坑	8.28			0.99	1.24	10.51
			合计	8.28			0.99	1.24	
3	05B001	回填种植土	回填种植土	10	25		1.2	1.5	37.70
			合计	10	25		1.2	1.5	
4	050102001018	栽植乔木	起挖乔木带土球（直径 100cm 以内） 银杏	62.62		11.94	8.95	11.18	1993.86
			栽植乔木带土球（直径 100cm 以内） 银杏	29.82	1771.72	11.94	5.01	6.26	
			树棍桩三脚桩支撑	2.62	15.43		0.31	0.39	
			草绳绕树干　树干胸径（15cm 以内）	3.71	4.1		0.44	0.56	
			开盘直径（2m 以内）松土（乔木）	4.53			0.54	0.68	
			开盘直径（2m 以内）施肥（乔木）	8.93	0.76		1.07	1.34	
			树干防寒涂白　胸径（10cm 以上）	1.09	2.71		0.13	0.16	
			乔木浇水	5.22	18.29		0.63	0.78	
			合计	118.54	1813.01	23.88	17.08	21.35	
5	050102001016	栽植乔木	起挖乔木带土球（直径 70cm 以内）樱花	18.09		4.53	2.71	3.39	478.17
			栽植乔木带土球（直径 70cm 以内）樱花	15.7	354.73	4.53	2.43	3.03	
			树棍桩三脚桩支撑	2.62	15.43		0.31	0.39	
			草绳绕树干　树干胸径（10cm 以内）	2.61	2.42		0.32	0.39	
			开盘直径（2m 以内）松土（乔木）	4.53			0.55	0.68	

（续）

序号	项目编码	项目名称	工程内容	综合单价组成（元）					综合单价（元）
				人工费	材料费	机械使用费	管理费	利润	
5	050102001016	栽植乔木	开盘直径（2m以内）施肥（乔木）	8.93	0.76		1.07	1.34	478.17
			树干防寒涂白　胸径（6～10cm）	0.55	1.06		0.07	0.08	
			乔木浇水	5.22	18.29		0.63	0.78	
			合计	58.25	392.69	9.06	8.09	10.08	
6	050102001059	栽植乔木	起挖乔木带土球（直径100cm以内）　栾树	62.62		11.94	8.97	11.21	1551.38
			栽植乔木带土球（直径100cm以内）　栾树	29.82	1329.24	11.94	5.01	6.26	
			树棍桩三脚桩支撑	2.62	15.43		0.31	0.39	
			草绳绕树干　树干胸径（15cm以内）	3.71	4.1		0.44	0.56	
			开盘直径（2m以内）松土（乔木）	4.53			0.54	0.68	
			开盘直径（2m以内）施肥（乔木）	8.93	0.76		1.07	1.34	
			树干防寒涂白　胸径（10cm以上）	1.09	2.71		0.13	0.16	
			乔木浇水	5.22	18.29		0.63	0.78	
			合计	118.54	1370.53	23.88	17.08	21.35	
7	050102001060	栽植乔木	起挖乔木带土球（直径100cm以内）　合欢	62.62		11.94	8.95	11.18	1285.90
			栽植乔木带土球（直径100cm以内）　合欢	29.82	1063.76	11.94	5.01	6.26	
			树棍桩三脚桩支撑	2.62	15.43		0.31	0.39	
			草绳绕树干　树干胸径（15cm以内）	3.71	4.1		0.44	0.56	
			开盘直径（2m以内）松土（乔木）	4.53			0.54	0.68	
			开盘直径（2m以内）施肥（乔木）	8.93	0.76		1.07	1.34	
			树干防寒涂白　胸径（10cm以上）	1.09	2.71		0.13	0.16	
			乔木浇水	5.22	18.29		0.63	0.78	
			合计	118.54	1165.05	23.88	17.08	21.35	

8	050102001017	栽植乔木	起挖乔木带土球（直径 80cm 以内）玉兰	28.94		7.01	4.31	5.39	855.78
			栽植乔木带土球（直径 80cm 以内）玉兰	18.37	708.87	7.01	3.05	3.81	
			树棍桩三脚桩支撑	2.62	15.43		0.31	0.39	
			草绳绕树干　树干胸径（10cm 以内）	2.61	2.42		0.32	0.39	
			开盘直径（2m 以内）松土（乔木）	4.53			0.54	0.68	
			开盘直径（2m 以内）施肥（乔木）	8.93	0.76		1.07	1.34	
			树干防寒涂白　胸径（6～10cm）	0.55	1.06		0.07	0.08	
			乔木浇水	5.22	18.29		0.63	0.78	
			合计	71.77	746.83	14.02	10.3	12.86	
9	050102001061	栽植乔木	起挖乔木裸根（胸径 6cm 以内）碧桃	3.43			0.41	0.51	377.96
			栽植乔木裸根（胸径 6cm 以内）碧桃	2.67	301.20		0.32	0.4	
			树棍桩三脚桩支撑	2.62	15.43		0.31	0.39	
			草绳绕树干　树干胸径（10cm 以内）	2.61	2.42		0.32	0.39	
			开盘直径（2m 以内）松土（乔木）	4.53			0.54	0.68	
			开盘直径（2m 以内）施肥（乔木）	8.93	0.76		1.07	1.34	
			树干防寒涂白　胸径（6～10cm）	0.55	1.06		0.07	0.08	
			乔木浇水	5.22	18.29		0.63	0.78	
			合计	30.56	339.16		3.67	4.57	
10	050102001020	栽植乔木	起挖乔木带土球（直径 120cm 以内）云杉	94.5		16.73	13.35	16.68	989.36
			栽植乔木带土球（直径 120cm 以内）云杉	43.27	710.38	16.73	7.20	9.00	
			树棍桩三脚桩支撑	2.62	15.43		0.31	0.39	

（续）

序号	项目编码	项目名称	工程内容	综合单价组成（元）					综合单价（元）
				人工费	材料费	机械使用费	管理费	利润	
10	050102001020	栽植乔木	开盘直径（2m以内）松土（乔木）	4.53			0.54	0.68	989.36
			开盘直径（2m以内）施肥（乔木）	8.93	0.76		1.07	1.34	
			乔木浇水	5.22	18.29		0.63	0.78	
			合计	159.07	744.86	33.46	23.10	28.87	
11	050102004027	栽植灌木	起挖灌木裸根（冠丛高200cm以内） 丁香	4.31			0.52	0.65	100.23
			栽植灌木裸根（冠丛高200cm以内） $n>10$ 丁香	3.32	71.1		0.4	0.5	
			开盘直径（1m以内）松土	0.91			0.11	0.14	
			开盘直径（1m以内）施肥	1.21	0.15		0.15	0.18	
			灌木浇水	3.48	12.16		0.42	0.52	
			合计	13.23	83.41		1.60	1.99	
12	050102004029	栽植灌木	起挖灌木裸根（冠丛高200cm以内） $n>10$ 连翘	4.31			0.52	0.65	100.23
			栽植灌木裸根（冠丛高200cm以内） $n>10$ 连翘	3.32	71.1		0.4	0.5	
			开盘直径（1m以内）松土	0.91			0.11	0.14	
			开盘直径（1m以内）施肥	1.21	0.15		0.15	0.18	
			灌木浇水	3.48	12.16		0.42	0.52	
			合计	13.23	83.41		1.60	1.99	
13	050102004030	栽植灌木	起挖灌木裸根（冠丛高200cm以内） $n>10$ 榆叶梅	4.31			0.52	0.65	100.23
			栽植灌木裸根（冠丛高200cm以内） $n>10$ 榆叶梅	3.32	71.1		0.4	0.5	
			开盘直径（1m以内）松土	0.91			0.11	0.14	
			开盘直径（1m以内）施肥	1.21	0.15		0.15	0.18	
			灌木浇水	3.48	12.16		0.42	0.52	
			合计	13.23	83.41		1.60	1.99	

14	050102004026	栽植灌木裸根（冠丛高150cm以内）$n>10$	起挖灌木带土球（直径40cm以内）黄杨球	6.49	1.20		0.78	0.97	252.91
			栽植灌木带土球（直径40cm以内）黄杨球	4.96	212.69		0.60	0.74	
			树冠修剪灌木整形（黄杨球）	3.97			0.48	0.6	
			开盘直径（1m以内）松土	0.91			0.11	0.14	
			开盘直径（1m以内）施肥	1.21	0.15		0.15	0.18	
			灌木浇水	3.48	12.16		0.42	0.52	
			合计	21.02	226.20		2.54	3.15	
15	050102005009	栽植双排绿篱	栽植双排绿篱（高80cm以内）　大叶黄杨绿篱	4.91	212.57		0.59	0.74	225.46
			人工修剪绿篱　高×宽（90cm×80cm以内）	0.70			0.08	0.11	
			绿篱色带管理　松土除草	0.20			0.02	0.03	
			绿篱色带管理　施肥	1.70	0.05		0.20	0.25	
			地被植物浇水	0.70	2.43		0.08	0.10	
			合计	8.21	215.05		0.97	1.23	
16	050102007002	栽植色带	栽植片植绿篱 片植高度（60cm以内）　苗木种类：紫叶李色带	6.87	132.97		0.82	1.03	149.46
			绿篱色带管理　松土除草	0.33			0.04	0.05	
			绿篱色带管理　施肥	2.83	0.08		0.34	0.42	
			机械修剪绿篱　高（80cm以内）	0.21	0.08		0.03	0.03	
			地被植物浇水	0.7	2.45		0.08	0.10	
			合计	10.94	135.58		1.31	1.63	
17	050102008002	栽植花卉　木本花	栽植花卉　木本花月季	4.69	25.07		0.56	0.7	35.91
			施干肥（追肥）　栽植花卉　木本花	0.33	0.13		0.04	0.05	
			人工修剪木本花	0.59			0.07	0.09	

（续）

序号	项目编码	项目名称	工程内容	综合单价组成（元）					综合单价（元）
				人工费	材料费	机械使用费	管理费	利润	
17	050102008002	栽植花卉 木本花	花卉管理 除草	0.21			0.03	0.03	35.91
			地被植物浇水	0.7	2.44		0.08	0.10	
			合计	6.52	27.64		0.78	0.97	
18	050102008003	栽植宿根花卉	栽植宿根花卉 萱草	5.29	33.79		0.63	0.79	46.87
			施干肥（追肥） 栽植花卉 草本花	0.11	0.89		0.01	0.02	
			人工修剪草本花	1.38			0.17	0.20	
			花卉管理 除草	0.21			0.03	0.03	
			地被植物浇水	0.70	2.44		0.08	0.10	
			合计	7.69	37.12		0.92	1.14	
19	050102008001	栽植花卉 草本花	栽植花坛 一般图案矮牵牛	8.77	33.53		1.05	1.32	51.80
			施干肥（追肥） 栽植花卉 草本花	0.11	0.89		0.01	0.02	
			人工修剪草本花	1.98			0.24	0.29	
			花卉管理 除草	0.21			0.03	0.03	
			地被植物浇水	0.70	2.44		0.08	0.10	
			合计	11.77	36.86		1.41	1.76	
20	050102010004	满铺草皮 平坦表面	起挖草皮（带土厚度2cm以上）	1.04			0.12	0.16	29.31
			满铺草皮 平坦表面	4.25	13.27		0.51	0.64	
			草坪养护 人工除草	0.23			0.03	0.03	
			草坪修剪 机剪子目×2	1.33	0.01		0.16	0.20	
			草坪日常养护子目×150	3.15			0.38	0.47	
			地被植物浇水	0.70	2.44		0.08	0.11	
			合计	10.70	15.72		1.28	1.61	
21	050201001030	花岗岩广场铺装	人工平整场地	3.76			0.45	0.56	197.55
			反铲挖掘机挖土 斗容量 $0.6m^3$（装车） 三类土	0.11		2.4	0.31	0.38	
			自卸汽车运土方（载重6.5t以内）运距5km以内		0.03	5.34	0.64	0.80	
			园路土基	2.1			0.25	0.31	

21	050201001030	花岗岩广场铺装	200mm 厚天然级配砂砾	6.74	10.49	0.12	0.82	1.03	197.55
			150mm 厚 C15 混凝土垫层	9.15	20.6	2.48	1.4	1.74	
			600mm×600mm×30mm 烧面黄锈石花岗岩 45°斜铺 砂浆强度：20mm 厚 1∶3 水泥砂浆	7.84	74.48	0.35	0.98	1.23	
			600mm×600mm×30mm 烧面黄锈石花岗岩收边 砂浆强度：20mm 厚 1∶3 水泥砂浆	3.66	34.75	0.17	0.46	0.57	
			混凝土、钢筋混凝土模板及支架　现浇混凝土模板　混凝土　基础垫层　木模板	0.27	0.69	0.02	0.04	0.04	
			合计	33.63	141.04	10.88	5.34	6.66	
22	050201001035	铺设透水砖	人工平整场地	2.69			0.32	0.40	129.11
			反铲挖掘机挖土　斗容量 0.6m^3（装车）　三类土	0.13		2.77	0.35	0.44	
			自卸汽车运土方（载重 6.5t 以内）运距 5km 以内		0.03	6.17	0.74	0.92	
			园路土基	2.15			0.26	0.32	
			200mm 厚天然级配砂砾	6.92	10.76	0.13	0.85	1.06	
			150mm 厚 C15 混凝土垫层	9.39	21.14	2.54	1.43	1.79	
			铺设透水砖	8.8	42.05	0.52	1.12	1.40	
			混凝土、钢筋混凝土模板及支架　现浇混凝土模板　混凝土　基础垫层　木模板	0.39	0.99	0.03	0.05	0.06	
			合计	30.47	74.97	12.16	5.12	6.39	
23	050201001017	满铺卵石面 拼花路面	人工平整场地	3.76			0.45	0.56	250.06
			反铲挖掘机挖土　斗容量 0.6m^3（装车）　三类土	0.12		2.58	0.32	0.40	

（续）

序号	项目编码	项目名称	工程内容	综合单价组成（元）					综合单价（元）
				人工费	材料费	机械使用费	管理费	利润	
23	050201001017	满铺卵石面 拼花路面	自卸汽车运土方（载重6.5t以内）运距5km以内		0.03	5.74	0.69	0.86	250.06
			园路土基	2.25			0.27	0.34	
			200mm厚天然级配砂砾	7.23	11.26	0.13	0.88	1.11	
			150mm厚C15混凝土垫层	9.82	22.10	2.66	1.50	1.87	
			满铺卵石面 拼花路面	95.62	47.53	0.63	11.55	14.44	
			混凝土、钢筋混凝土模板及支架 现浇混凝土模板 混凝土 基础垫层 木模板	0.87	2.18	0.06	0.11	0.14	
			合计	119.67	83.10	11.80	15.77	19.72	
24	050201001036	花岗岩碎拼	人工平整场地	3.82			0.46	0.57	203.83
			反铲挖掘机挖土 斗容量0.6m³（装车） 三类土	0.12		2.57	0.32	0.40	
			自卸汽车运土方（载重6.5t以内）运距5km以内		0.03	5.71	0.69	0.86	
			园路土基	2.25			0.27	0.34	
			200mm厚天然级配砂砾	6.96	10.83	0.13	0.85	1.06	
			150mm厚C15混凝土垫层	9.8	22.06	2.65	1.49	1.87	
			30mm厚烧面黄锈石花岗岩碎拼 砂浆：20mm厚1:3水泥砂浆	11.5	109.23	0.52	1.44	1.80	
			混凝土、钢筋混凝土模板及支架 现浇混凝土模板 混凝土 基础垫层 木模板	0.83	2.10	0.06	0.11	0.13	
			合计	35.28	144.25	11.64	5.63	7.03	
25	050201002003	路牙铺设	500mm×100mm×100mm芝麻白花岗岩边石	5.92	22.72		0.71	0.89	53.8
			反铲挖掘机挖土 斗容量0.6m³（装车） 三类土	0.05		1.14	0.14	0.18	

25	050201002003	路牙铺设	自卸汽车运土方（载重 6.5t 以内）运距 5km 以内		0.01	1.09	0.13	0.16	53.8
			土石方回填　回填土　夯填	1.44		0.2	0.2	0.25	
			园路土基	0.83			0.1	0.12	
			150mm 厚 C15 混凝土垫层	1.81	4.06	0.49	0.28	0.34	
			C20 混凝土靠背	0.3	0.67	0.08	0.05	0.06	
			200mm 厚天然级配砂砾	1.99	3.10	0.04	0.24	0.30	
			混凝土、钢筋混凝土模板及支架　现浇混凝土模板　混凝土　基础垫层　木模板	0.96	2.41	0.07	0.12	0.15	
			合计	13.30	32.97	3.11	1.97	2.45	
26	010106001003	人工原土打夯	土石方回填 原土打夯	1.05		0.21	0.15	0.19	1.60
			合计	1.05		0.21	0.15	0.19	
27	010101003013	人工挖基坑	土方工程　人工挖沟槽基坑　挖基坑　三类土　深度 2m 以内	46.96			5.64	7.04	59.64
			合计	46.96			5.64	7.04	
28	010106001002	回填土夯填	土石方回填　回填土　夯填	23.43		3.22	3.20	4.00	33.85
			合计	23.43		3.22	3.20	4.00	
29	010104008003	汽车运土方	机械土方　自卸汽车运土方（载重 4.5t）　运距 5km 以内	0.28		11.93	1.47	1.83	15.21
			合计	0.28		11.93	1.47	1.83	
30	010901001019	垫层	C15 混凝土垫层	16.07	247.4		1.93	2.41	267.81
			合计	16.07	247.4		1.93	2.41	
31	010401002003	独立基础	现浇混凝土基础　独立基础　混凝土　商品混凝土 C20	14.61	247.51		1.75	2.19	266.06
			合计	14.61	247.51		1.75	2.19	

（续）

序号	项目编码	项目名称	工程内容	综合单价组成（元）					综合单价（元）
				人工费	材料费	机械使用费	管理费	利润	
32	020205001013	花架柱基饰面	20mm厚黄锈石花岗岩火烧面碎拼花架柱基饰面	64.31	121.94	0.96	7.83	9.79	204.83
			合计	64.31	121.94	0.96	7.83	9.79	
33	020206001005	花架柱基压顶	50mm厚黄锈石花岗岩压顶	36.34	147.26	0.38	4.41	5.51	193.90
			合计	36.34	147.26	0.38	4.41	5.51	
34	020506001016	花架柱饰面	花架柱米黄色真石漆饰面	7.4	101.38		0.89	1.11	136.25
			花架柱水泥砂浆1:2找平层	17.35	2.80	0.50	2.14	2.68	
			合计	24.75	104.18	0.50	3.03	3.79	
35	050303001003	现浇混凝土花架　柱	混凝土、钢筋混凝土模板及支架　现浇混凝土模板矩形柱　组合钢模板钢支撑	211.62	95.87	19.18	27.70	34.62	647.40
			现浇混凝土花架　柱C20	77.46	152.06	6.28	10.05	12.56	
			合计	289.08	247.93	25.46	37.75	47.18	
36	050306011023	黄色耐火砖柱顶装饰	黄色耐火砖柱顶装饰	119.52	274.29	1.96	14.58	18.22	428.57
			合计	119.52	274.29	1.96	14.58	18.22	
37	050303003002	木制花架　梁	木制花架　梁	174.05	1766.08	1.13	21.02	26.28	1988.56
			合计	174.05	1766.08	1.13	21.02	26.28	
38	050303003003	木制花架　檩条	木制花架　檩条	219.72	1752.72	0.97	26.48	33.10	2032.99
			合计	219.72	1752.72	0.97	26.48	33.10	
39	011201001011	混凝土独立基础模板	混凝土、钢筋混凝土模板及支架　现浇混凝土模板　独立基础　混凝土组合钢模板	14.55	16.23	1.60	1.94	2.42	36.74
			合计	14.55	16.23	1.60	1.94	2.42	
40	011201001023	混凝土基础垫层模板	混凝土、钢筋混凝土模板及支架　现浇混凝土模板　混凝土　基础垫层　木模板	6.40	16.06	0.48	0.83	1.03	24.80
			合计	6.40	16.06	0.48	0.83	1.03	
41	011204002004	脚手架	脚手架　单项脚手架　钢管架　15m以内　单排	3.01	3.26	0.44	0.41	0.52	7.64
			合计	3.01	3.26	0.44	0.41	0.52	

42	010416001002	现浇混凝土钢筋圆钢筋 ϕ8	现浇混凝土钢筋　圆钢筋 ϕ8	671.72	2285.81	58.02	87.54	109.46	3212.55
			合计	671.72	2285.81	58.02	87.54	109.46	
43	010416001031	现浇混凝土钢筋箍筋 ϕ6	现浇混凝土钢筋　箍筋 ϕ6	1315.20	2310.47	52.79	164.16	205.20	4047.82
			合计	1315.20	2310.47	52.79	164.16	205.20	
44	010106001013	人工原土打夯	土石方回填　原土打夯	0.66		0.13	0.1	0.12	1.00
			合计	0.66		0.13	0.1	0.12	
45	010101003004	人工挖沟槽	土方工程　人工挖沟槽基坑　挖沟槽　三类土　深度 2m 以内	41.63			5.00	6.24	52.87
			合计	41.63			5.00	6.24	
46	010104008076	运土方	机械土方　自卸汽车运土方（载重 4.5t）运距 5km 以内	0.28		11.93	1.47	1.83	24.77
			人工土石方运输　人工装土 100m³	7.29			0.88	1.09	
			合计	7.57		11.93	2.34	2.93	
47	010106001011	回填土夯填	土石方回填　回填土　夯填	13.71		1.88	1.87	2.34	19.80
			合计	13.71		1.88	1.87	2.34	
48	010901001028	垫层	楼地面工程　垫层　商品混凝土垫层 C15	16.06	247.27		1.93	2.41	267.67
			合计	16.06	247.27		1.93	2.41	
49	050306011001	砖基础	MU10 实心砖　M5.0 水泥砂浆砌筑	50.85	237.86	2.31	6.38	7.97	368.92
			抹灰工程　墙面一般抹灰　墙面墙裙抹水泥砂浆 20mm　砖墙	19.78	3.28	0.90	2.48	3.10	
			抹灰工程　墙面一般抹灰　墙面墙裙抹水泥砂浆 20mm　砖墙	23.03	3.44	1.04	2.89	3.61	
			合计	93.66	244.58	4.25	11.75	14.68	
50	020204001010	花坛立面	20mm 厚烧面黄锈石贴面	33.01	96.51	0.34	4.00	5.00	138.86
			合计	33.01	96.51	0.34	4.00	5.00	
51	020206001009	花坛压顶	400mm × 300mm × 50mm 光面黄锈石压顶	36.34	147.26	0.39	4.41	5.51	193.91
			合计	36.34	147.26	0.39	4.41	5.51	
52	011201001115	垫层模板	混凝土、钢筋混凝土模板及支架　现浇混凝土模板　混凝土　基础垫层　木模板	6.39	16.07	0.48	0.83	1.03	24.80
			合计	6.39	16.07	0.48	0.83	1.03	

（续）

序号	项目编码	项目名称	工程内容	综合单价组成（元）					综合单价（元）
				人工费	材料费	机械使用费	管理费	利润	
53	040101008059	机械挖土方	反铲挖掘机挖土　斗容量 0.6m³（不装车）　三类土	0.31		3.03	0.40	0.50	4.24
			合计	0.31		3.03	0.40	0.50	
54	010104008077	汽车运土方	机械土方　自卸汽车运土方（载重 4.5t）　运距 5km 以内	0.28		11.93	1.47	1.83	15.51
			合计	0.28		11.93	1.47	1.83	
55	010106001012	回填土夯填	土石方回填　回填土　夯填	23.89		3.28	3.26	4.08	34.51
			合计	23.89		3.28	3.26	4.08	
56	050202002009	堆砌石假山（高 4m 以内）	平整场地	0.84			0.10	0.13	789.95
			300mm 厚 C25 混凝土	5.39	13.8	1.46	0.82	1.03	
			800mm 厚块石砌筑	10.72	24.57	1.55	1.47	1.84	
			200mm 碎石垫层	2.7	4.2	0.05	0.33	0.41	
			现浇混凝土钢筋　圆钢筋 φ8	1.12	3.81	0.10	0.15	0.18	
			混凝土、钢筋混凝土模板及支架　现浇混凝土模板　混凝土　基础垫层木模板	0.48	1.22	0.04	0.06	0.08	
			堆砌石假山（高 4m 以内）	40.08	461.45	156.65	23.61	29.51	
			合计	61.33	509.05	159.85	26.54	33.18	
57	050202001004	堆筑土山丘（高 2m 以内）	堆筑土山丘（高 2m 以内）	18.40	31.50	0.61	2.28	2.85	55.64
			合计	18.40	31.50	0.61	2.28	2.85	
58	050304009002	安装铁艺椅	1. 成品铁艺座椅 2. 长 1.3m，宽 0.45m，高 0.4m	17.11	1037.33		2.05	2.57	1059.06
			合计	17.11	1037.33		2.05	2.57	

（二）计算分部分项工程费，填写分部分项工程清单计价表

根据综合单价分析表计算出的综合单价，可编制分部分项工程量清单计价表，见表 3-20。

表 3-20 分部分项工程量清单计价表

工程名称：××广场景观绿化工程

序号	项目编码	项目名称	特征	计量单位	工程数量	金额（元）		
						综合单价	合价	其中：人工费+机械费
		一、绿化工程						14960. 13
		1. 绿化地整理						3468. 16
1	050101006002	整理绿化用地		m^2	642. 7	1. 82	1168. 66	925. 19
2	050101008003	人工挖树坑		m^3	74. 26	10. 51	780. 47	614. 87
3	05B001	回填种植土	1. 土壤类别：三类土 2. 土质要求：满足种植要求	m^3	192. 81	37. 70	7268. 94	1928. 1
		2. 乔木栽植						4232. 13
4	050102001018	栽植乔木	1. 乔木种类：银杏 2. 胸径：10～12cm 3. 株高：7. 0～8. 0m 4. 冠径：3. 5～4. 0m 5. 土球直径：100cm 6. 养护期：一年	株	6	1993. 86	11963. 16	854. 54
5	050102001016	栽植乔木	1. 乔木种类：樱花 2. 胸径：6～8cm 3. 株高：3. 0～3. 5m 4. 冠径：2. 5～3. 0m 5. 土球直径：70cm 6. 养护期：一年	株	4	478. 17	1912. 68	269. 27
6	050102001059	栽植乔木	1. 乔木种类：栾树 2. 胸径：10～12cm 3. 株高：5. 0～6. 0m 4. 冠径：3. 5～4. 0m 5. 土球直径：100cm 6. 养护期：一年	株	6	1551. 38	9308. 28	854. 54

（续）

序号	项目编码	项目名称	特征	计量单位	工程数量	金额（元）		
						综合单价	合价	其中：人工费+机械费
7	050102001060	栽植乔木	1. 乔木种类：合欢 2. 胸径：10～12cm 3. 株高：5.0～6.0m 4. 冠径：3.5～4.0m 5. 土球直径：100cm 6. 养护期：一年	株	3	1285.90	3357.70	427.27
8	050102001017	栽植乔木	1. 乔木种类：玉兰 2. 胸径：8～10cm 3. 株高：4.0～5.0m 4. 冠径：2.5～3.0m 5. 土球直径：80cm 6. 养护期：一年	株	9	855.78	7702.02	772.08
9	050102001061	栽植乔木	1. 乔木种类：碧桃 2. 地径：4～6cm 3. 株高：2.5～3.0m 4. 冠径：1.5～2.0m 5. 裸根 6. 养护期：一年	株	3	377.96	1133.88	91.70
10	050102001020	栽植乔木	1. 乔木种类：云杉 2. 株高：4.5～5.5m 3. 冠径：2.0～3.0m 5. 土球直径：120cm 6. 养护期：一年	株	5	989.36	4946.80	962.73
		3. 灌木栽植						482.45
11	050102004027	栽植灌木	1. 灌木种类：丁香 2. 灌丛高：1.5～1.8m 3. 冠 幅：1.2～1.5m 4. 养护期：一年	株	4	100.23	400.92	52.91
12	050102004029	栽植灌木	1. 灌木种类：连翘 2. 灌丛高：1.5～1.8m 3. 冠 幅：1.2～1.5m 4. 养护期：一年	株	7	100.23	701.61	92.57

13	050102004030	栽植灌木	1. 灌木种类：榆叶梅 2. 灌丛高：1.5～1.8m 3. 冠　幅：1.2～1.5m 4. 养护期：一年	株	8	100.23	801.84	105.80
14	050102004026	栽植灌木裸根 （冠丛高150cm以内） $n>10$	1. 灌木种类：黄杨球 2. 灌丛高：1.0～1.2m 3. 冠　幅：1.0～1.2m 4. 养护期：一年	株	11	252.91	2782.01	231.17
		4. 地被植物						6777.39
15	050102005009	栽植双排绿篱	1. 绿篱种类：大叶黄杨绿篱 2. 篱高：修剪后0.8m 3. 行数：双行 4. 养护期：一年	m	24.2	225.46	5456.13	198.48
16	050102007002	栽植色带	1. 苗木种类：紫叶李色带 2. 苗木株高：修剪后0.6m 3. 苗木冠幅：0.2～0.3m 4. 栽植密度：16株/m^2 5. 养护期：一年	m^2	23.12	149.46	3455.52	252.84
17	050102008002	栽植花卉 木本花	1. 花卉种类：月季 2. 花卉株高：0.6m 3. 花卉冠幅：0.2～0.3m 4. 栽植密度：9株/m^2 5. 养护期：一年	m^2	18.89	35.91	678.34	122.99
18	050102008003	栽植宿根花卉	1. 花卉种类：萱草 2. 花卉株高：0.20m 3. 花卉冠幅：0.1～0.20m 4. 栽植密度：25株/m^2 5. 养护期：一年	m^2	41.08	46.87	1925.42	315.54

（续）

序号	项目编码	项目名称	特征	计量单位	工程数量	金额（元）		
						综合单价	合价	其中：人工费+机械费
19	050102008001	栽植花卉 草本花	1. 花卉种类：矮牵牛 2. 花卉株高：0.2m 3. 花卉冠幅：0.1～0.2m 4. 栽植密度：36株/m^2 5. 养护期：一年	m^2	59.76	51.80	3095.57	703.13
20	050102010004	满铺草皮 平坦表面	1. 草皮种类：优异早熟禾草坪卷 2. 铺种方式：满铺 3. 养护期：一年	m^2	484.75	29.31	14208.02	5184.41
		二、园路工程						22977.76
21	050201001030	花岗岩广场铺装	1. 路床土石类别：三类土 2. 垫层厚度、宽度、材料种类：150mm厚C15混凝土垫层、200mm天然级配砂砾 3. 路面厚度、宽度、材料种类：600mm×600mm×30mm烧面黄锈石花岗岩45°斜铺、600mm×600mm×30mm烧面黄锈石花岗岩收边 4. 砂浆厚度、配合比：20mm厚1∶3水泥砂浆	m^2	234	197.55	46226.70	10417.78
22	050201001035	铺设透水砖	1. 路床土石类别：三类土 2. 垫层厚度、宽度、材料种类：150mm厚C15混凝土垫层、200mm天然级配砂砾，40mm厚1∶6干拌水泥砂灰 3. 路面厚度、宽度、材料种类：200mm×100mm×60mm透水砖	m^2	124	129.11	16009.64	5286.44
23	050201001017	满铺卵石面 拼花路面	1. 路床土石类别：三类土 2. 垫层厚度、宽度、材料种类：150mm厚C15混凝土垫层、200mm天然级配砂砾 3. 路面厚度、宽度、材料种类：4～6cm粒径本色卵石、1～3cm彩色卵石 4. 砂浆厚度、配合比：20mm厚1∶3水泥砂浆	m^2	28.8	250.06	720.73	3786.45

24	050201001036	花岗岩碎拼	1. 路床土石类别：三类土 2. 垫层厚度、宽度：150mm 厚 C15 混凝土垫层、200mm 厚天然级配砂砾 3. 路面厚度、宽度、材料种类：30mm 烧面黄锈石花岗岩碎拼 4. 砂浆强度等级：20mm 厚 1∶3 水泥砂浆	m^2	26.58	203.83	5417.80	1247.30
25	050201002003	路牙铺设	1. 垫层厚度、材料种类：150mm 厚 C15 混凝土垫层、200mm 厚天然级配砂砾 2. 路牙材料种类、规格：500mm × 100mm × 100mm 芝麻白花岗岩边石 3. 砂浆厚度、配合比：30mm 厚 1∶3 水泥砂浆	m	136.6	53.80	7349.08	2239.79
		三、园林景观工程						29896.10
		1. 花架						3636.24
26	010106001003	人工原土打夯		m^2	16.24	1.60	25.98	20.53
27	010101003013	人工挖基坑	1. 土壤类别：三类土 2. 挖土平均深度：1.15m	m^3	18.68	59.64	1114.08	877.14
28	010106001002	回填土夯填	满足设计要求	m^3	15.58	33.85	527.38	415.19
29	010104008003	汽车运土方	运距 5km	m^3	3.1	15.51	48.08	37.85
30	010901001019	垫层	1. 混凝土种类：商品混凝土 2. 强度等级：C15 3. 位置：花架柱独立基础	m^3	0.9	267.81	241.03	14.46
31	010401002003	独立基础	1. 混凝土种类：商品混凝土 2. 强度等级：C20 3. 位置：花架柱独立基础	m^3	2.2	266.06	585.33	32.15
32	020205001013	花架柱基饰面	1. 材料种类：黄锈石花岗岩火烧面碎拼 2. 厚度：50mm 3. 20mm 厚 1∶3 水泥砂浆	m^2	6	204.83	1228.98	391.62
33	020206001005	花架柱基压顶	1. 材料种类：黄锈石花岗岩烧面 2. 厚度：50mm	m^2	1.93	193.9	374.23	70.89

（续）

序号	项目编码	项目名称	特征	计量单位	工程数量	金额（元）		
						综合单价	合价	其中：人工费+机械费
34	020506001016	花架柱饰面	1. 材料种类：10mm 米黄色真石漆 2. 砂浆厚度、配合比：10mm 厚 1:2 水泥砂浆	m^2	15.65	136.25	2132.31	395.15
35	050303001003	现浇混凝土花架　柱	1. 柱截面：360mm×360mm 2. 高度：2230mm 3. 根数：6 根 4. 强度等级：C20	m^3	1.88	647.40	1217.11	591.34
36	050306011023	黄色耐火砖柱顶装饰	1. 材料：200mm×100mm×60mm 黄色耐火砖 2. M5 混合砂浆砌筑	m^3	0.13	428.57	55.71	15.79
37	050303003002	木制花架　梁	1. 木材种类：芬兰木横梁，防腐上色处理 2. 梁截面：200mm×100mm 3. 连接方式：榫接 4. 防护材料种类：桐防腐油	m^3	0.59	1988.56	1173.25	103.37
38	050303003003	木制花架　檩条	1. 木材种类：芬兰木构件，防腐上色处理 2. 梁截面：200mm×100mm 3. 连接方式：榫接 4. 防护材料种类：桐防腐油	m^3	1.09	2032.99	2215.96	240.55
39	011201001011	混凝土独立基础模板	投标人自行考虑	m^2	12.96	36.74	476.15	209.37
40	011201001023	混凝土基础垫层模板	投标人自行考虑	m^2	3.6	24.80	89.28	24.78
41	011204002004	脚手架	投标人自行考虑	m^2	58.32	7.64	445.56	201.23
42	010416001002	现浇混凝土钢筋圆钢筋 ϕ8		t	0.065	3212.55	208.82	47.43
43	010416001031	现浇混凝土钢筋箍筋 ϕ6		t	0.33	4047.82	133.58	45.14
		2. 花坛						3206.41
44	010106001013	人工原土打夯		m^2	27.08	1.00	27.08	21.64
45	010101003004	人工挖沟槽	土壤类别：三类土	m^3	20.04	52.87	1059.51	834.23
46	010104008076	运土方	运距 5km	m^3	9.77	24.47	242.00	190.51
47	010106001011	回填土夯填	满足设计要求	m^3	10.27	19.80	203.35	160.13

48	010901001028	垫层	1. 混凝土种类：商品混凝土 2. 强度等级：C15 3. 位置：花坛垫层	m^3	2.71	267.67	725.39	43.51
49	050306011001	砖基础	1. MU10 实心砖，M5.0 水泥砂浆砌筑 2. 1∶2.5 水泥砂浆粘合层 3. 1∶1.5 水泥砂浆粘合层	m^3	9.89	368.92	3648.62	967.45
50	020204001010	花坛立面	20mm 厚烧面黄锈石贴面	m^2	12.80	138.86	1777.41	426.92
51	020206001009	花坛压顶	1. 400mm × 300mm × 50mm 光面黄锈石压顶 2. 20mm 厚 1∶2.5 水泥砂浆	m^2	8.88	193.91	1721.92	326.19
52	011201001115	垫层模板	投标人自行考虑	m^2	5.89	24.80	146.07	40.49
		3. 假山工程						23048.58
		（1）堆塑假山工程						22699.93
53	040101008059	机械挖土方	土壤类别：三类土	m^3	52.00	4.24	220.48	173.67
54	010104008077	汽车运土方	运距：5km	m^3	44.48	15.21	689.88	543.10
55	010106001012	回填土夯填	满足设计要求	m^3	7.52	34.51	259.52	204.22
56	050202002009	堆砌石假山（高 4m 以内）	1. 堆砌高度：3.7m 2. 石料种类：太湖石 3. 混凝土强度等级：C25 4. 砂浆强度等级：M7.5 水泥砂浆	t	98.461	789.95	7779.27	21778.94
		（2）土丘假山						348.65
57	050202001004	堆筑土山丘（高 2m 以内）	1. 土丘高度：0.6m 2. 土丘坡度：20% 3. 土丘底外接矩形面积：91.68m^2	m^3	18.34	55.64	1020.44	348.65
		4. 坐凳						102.66
58	050304009002	安装铁艺椅	1. 成品铁艺座椅 2. 长 1.3m，宽 0.45m，高 0.4m	组	6	1059.06	6354.36	102.66
		合　计					273921.04	67833.99

（三）计算措施项目费，填写措施项目清单计价表

1）根据招标人提供的措施项目清单和投标人拟定的施工组织设计或方案进行填写措施项目内容。

2）措施项目费用的计算。措施项目费用由投标人自主确定，但安全文明施工费必须按国家或省级、行业建设主管部门的规定计算，不得作为竞争性费用。本工程从招标文件上可知为园林绿化工程专业承包四类工程，根据辽住建［2016］49 号《辽宁省住房和城乡建设厅关于建筑业营改增后辽宁省建设工程计价依据调整的通知》得知：园林工程专业承包四类工程安全文明施工措施费费率 13.45%。措施项目清单计价表编制见表 3-21。

表 3-21　措施项目清单计价表（本例）

工程名称：××广场景观绿化工程

序　　号	项 目 名 称	计 算 基 数	费　　率	金额（元）
一	措施项目			9808.79
1	安全文明施工措施费	分部分项人工费＋分部分项机械费	13.45	9123.67
2	夜间施工增加费			
3	非夜间施工照明			
4	二次搬运费			
5	冬雨季施工费	分部分项人工费＋分部分项机械费	1.01	685.12
6	反季节栽植影响措施		0	
7	地上、地下设施的临时保护设施			
8	已完工程及设备保护			
合计				9808.79

（四）计算其他项目费，填写其他项目清单计价表

1）暂列金额应按照招标人提供的其他项目清单中列出的金额填写，不得变动，见表 3-22。

2）暂估价不得变动和更改。暂估价中的太湖石材料必须按照招标人提供的暂估单价计入清单项目的综合单价，见表 3-23。

3）计日工应按照招标人提供的其他项目清单列出的项目和估算的数量，自主确定各项综合单价并计算费用，见表 3-24。

表 3-22　其他项目清单计价表（本例）

工程名称：××广场景观绿化工程

序　　号	项 目 名 称	金额（元）	备　　注
1	暂列金额	15000	
2	暂估价		
2.1	材料暂估价	32618.66	明细详见表 3-23
2.2	专业工程暂估价/结算价		
3	计日工	13200	明细详见表 3-24
4	总承包服务费		

表 3-23　材料暂估单价表（本例）

序　　号	材料名称、规格、型号	计 量 单 位	数　　量	暂估（元）		备　　注
				单价	合价	
1	太湖石	t	100.430	324.79	32618.66	
合计			32618.66			

表 3-24　计日工表（本例）

序　　号	名　　称	单　　位	暂定数量	单价（元）	合价（元）
1	人工				
1.1	普工	工日	20	100	2000
1.2	技工	工日	10	120	1200
	人工小计				3200
2	材料				
2.1					
	材料小计				
3	机械				
3.1	SY115C-10 小型液压挖掘机	台班	10	1000	10000
	机械小计				10000
4	投标单价除税金外包括基本单价及承包人的管理费、利润等所有附加费				
合计					13200

(五) 填写规费、税金清单计价表

投标人在投标报价时必须按照国家或省级、行业建设主管部门的有关规定计算规费和税金。本工程规费费率必须按照施工企业所取得的规费核定费率进行计算。规费、税金项目清单计价表的编制见表 3-25。

表 3-25　规费、税金清单计价表（本例）

工程名称：××广场景观绿化工程

序　　号	项 目 名 称	计 算 基 础	费率（%）	金额（元）
1	规费	工程排污费 + 社会保险费 + 住房公积金		14516.47
1.1	社会保险费			13295.46
(1)	养老保险费	人工费 + 机械费	13.3	9021.92
(2)	失业保险费	人工费 + 机械费	1.2	814.01
(3)	医疗保险费	人工费 + 机械费	4.5	3052.53
(4)	工伤保险费	人工费 + 机械费	0.3	203.50
(5)	生育保险费	人工费 + 机械费	0.3	203.50
1.2	住房公积金	人工费 + 机械费	1.8	1221.01
1.3	工程排污费	按工程所在地环境保护部门收取标准、按实计入		
2	税金	分部分项工程费 + 措施项目费 + 其他项目费 + 规费	11	304457.09

（六）填写单位工程费汇总表

在工程量计算、综合单价分析经复查无误后，即可进行分部分项工程费、措施项目费、其他项目费、规费和税金的计算，从而汇总得出工程造价，见表3-26。

表3-26　单位工程费汇总表（本例）

工程名称：××广场景观绿化工程

序　　号	汇 总 内 容	金额（元）	其中：暂估价（元）
一	分部分项工程费	273921.04	32618.66
1.1	一、绿化工程	83547.97	
1.2	二、园路工程	82204.95	
1.3	三、园林景观工程	108168.12	32618.66
1.3.1	其中：人工费	45157.07	
1.3.2	其中：机械费	22676.92	
二	措施项目费	9808.79	
2.1	其中：安全文明施工费	9123.67	
三	其他项目费	15000	
四	税费前工程造价合计	298729.83	
五	规费	14516.47	
5.1	工程排污费		
5.2	社会保障费	13295.46	
5.2.1	养老保险	9021.92	
5.2.2	失业保险	814.01	
5.2.3	医疗保险	3052.53	
5.2.4	生育保险	203.50	
5.2.5	工伤保险	203.50	
5.3	住房公积金	1221.01	
六	税金	34457.09	
投标报价合计		347703.39	

（七）填写投标报价（图3-5）

投标总价

建　设　单　位：××市政府投资项目建设管理办公室

工　程　名　称：××广场景观绿化工程

投标总价（小写）：347703.39

（大写）：叁拾肆万柒仟柒佰零叁元叁角玖分

投 标 人：A园林绿化工程有限公司　　（单位签字盖章）

法定代表人：＿＿＿＿＿＿＿＿　　（签字盖章）

编制时间：

图3-5　投标报价

（八）填写工程量清单报价封面（图3-6）

××广场景观绿化工程
工程量清单报价表

投标人：＿A园林绿化工程有限公司＿　（单位签字盖章）

法定代表人：＿＿＿＿＿＿＿＿＿＿＿＿＿＿　（签字盖章）

造价工程师及注册证号：＿＿＿＿＿＿＿＿＿＿　（签字盖章）

编制时间：＿＿＿＿＿＿＿＿＿＿＿＿＿＿＿＿＿＿＿

图3-6　清单报价封面

（九）编制说明

1）工程概况：本工程总面积1043.42m^2，包含园林绿化工程、园路假山工程、园林景观花架工程，不包括现场内的花台、台阶。施工现场已达到四通一平，满足施工条件。

2）工程量清单计价依据：

① 业主提供的工程量清单及要求。

② 工程施工图纸。

③《建设工程工程量清单计价规范》（GB 50500—2013）。

④ 辽宁省建设工程计价依据（园林绿化工程计价定额）。

⑤ 辽宁省工程造价管理站发布的材料价格信息。

⑥ 企业定额。

3）工程量清单报价表中所填入的综合单价和合价均包括人工费、材料费、机械费、管理费、利润以及一定范围风险等全部费用。

4）措施项目报价表中所填入的措施项目报价，包括为完成本工程项目施工必须采取的措施所发生的费用。

5）其他项目报价表中所填入的其他项目报价，包括工程量清单报价表和措施项目报价表以外的，为完成本工程项目施工必须发生的其他费用。

6）本工程量清单报价表中的每一单项均应填写单价和合价，对没有填写单价和合价的项目费用，视为已包括在工程量清单的其他单价和合价之中。

7）本报价的币种为人民币。

【任务考核】

序号	考核项目	评分标准	配　分	得　分	备　注
1	分部分项综合单价报价	严格按照清单描述和工作内容组价，每项综合单价包含人材机和管理费、利润及一定范围的风险	30		
2	措施项目费计价	除安全文明施工费按照国家、省级或主管部门要求，不作为竞争性费用外，其他按照施工组织设计合理报价	20		
3	其他项目费计价	按招标文件要求组价	20		
4	规费和税金	按照国家、省级或主管部门要求组价	20		
5	费用汇总	费用汇总正确	10		
			100		

实训指导教师签字：　　　　　　　　　　　　年　月　日

【巩固练习】

根据本书配套电子资源提供的××别墅景观绿化工程图纸和本项目任务二编制的工程量清单，在教师的指导下，结合《建设工程工程量清单计价规范》（GB 50500—2013），省、行业主管部门的有关规定及本工程施工具体内容、方法和要求，完成本工程的清单计价，最后汇总工程造价。

项目四　园林工程施工阶段合同价款调整与结算

项目概述

园林工程包含了一定的工程技术和艺术创造，是地形地貌、花草树木、建筑小品、道路铺装等园林要素在特定地域内的综合体现。由于环境或工程条件的变化，都会引起园林各要素发生相应的变化，因此在园林工程施工阶段，经常遇到园林工程发生变更的情况，发承包双方在施工合同中约定的合同价款也会因工程变更而出现变动。为合理分配双方的合同价款变动风险，有效地控制工程造价，发承包双方在施工合同中明确约定合同价款的调整事件、调整方法及调整程序。

工程结算是指施工企业按照承包合同和已完工程量向建设单位（业主）办理工程价款的经济文件。工程建设周期长，耗用资金额大，为使园林企业在施工中耗用的资金及时得到补偿，需要对工程价款进行进度款结算（中间结算）、年终结算。全部工程竣工验收后应进行竣工结算。

在园林工程竣工结算后，发包人应按照合同约定及时向承包人支付工程结算价款并预留质量保证金。缺陷期期满后，发包人应将剩余的质量保证金返还给承包人，最终结清工程款。

技能要求

1. 能够运用《建设工程工程量清单计价规范》(GB 50500—2013）相关条款进行合同价款调整。
2. 能够运用《建设工程工程量清单计价规范》（GB 50500—2013）相关条款编制中间结算和竣工结算。
3. 能够正确处理园林工程缺陷期的质量保证金，并最终结清工程款。

知识要求

1. 掌握园林工程合同价款调整程序。
2. 掌握园林工程合同价款调整内容。
3. 掌握园林工程合同价款调整的规范规定。
4. 掌握园林工程预付款及其计算。
5. 掌握园林工程进度款结算和竣工结算。
6. 掌握园林工程质量保证金的处理。

任务一　合同价款调整

【能力目标】

1. 能够运用《建设工程工程量清单计价规范》(GB 50500—2013）确定合同价款调整范围及程序。

2. 能够运用《建设工程工程量清单计价规范》（GB 50500—2013）计算合同价款调整造价。

【知识目标】

1. 掌握园林工程合同价款调整程序。
2. 掌握园林工程合同价款调整内容。
3. 掌握园林工程合同价款调整的规范规定。

【思政目标】

1. 对于合同价款调整中可能出现的问题，找出解决办法，挖掘解决问题过程中所涉及的价值观和思维方式等思政元素。

2. 通过合同价款调整过程，培养团队合作意识，以及勇于发现和质疑的精神。

【任务描述】

A 园林绿化工程有限公司中标××广场景观绿化工程。2016 年 2 月 15 日，建设单位与 A 园林绿化工程有限公司签订了××广场景观绿化工程合同，合同价是按照工程量清单计价方式确定（以项目三中任务三的投标报价为合同价），合同工期为 90 天，工期 2016 年 3 月 1 日—5 月 29 日。施工过程中发生如下事件：

1）在 4 月 12 日，施工园路工程时，出现图纸中未标明的地下障碍物，处理该障碍物用普工 5 个工日，技工 2 个工日，SY115C-10 小型液压挖掘机 2 个台班。

2）因绿化工程设计变更，增加卫矛球 23 株（规格同原清单中黄杨球），减少玉兰 3 株。

针对上述事件，按照《建设工程工程量清单计价规范》（GB 50500—2013）合同价款调整方法和程序，完成上述事件的工程价款调整和签证变更程序。

【任务分析】

园林工程的特殊性决定了工程造价不可能是固定不变的，在施工过程中由于政策和法规变化、工程变更、工程量清单变化等都会引起合同价款的变化。为了维护工程合同价款的合理性、合法性，减少履行合同时甲乙双方的纠纷，维护合同双方利益，合同价款必须做出一定的调整，以适应不断变化的合同状态。要做到合理合法调整合同价款，必须要掌握合同价款调整程序、内容以及计算方法。

【知识准备】

一、合同价款调整因素

《建设工程工程量清单计价规范》（GB 50500—2013）将施工阶段不可确定因素的计价归纳为以下 15 种，要求按照合同中的约定执行，如果合同中没有进行约定，则按照规范的要求执行。

1）法律法规变化。
2）工程变更。
3）项目特征描述不符。
4）工程量清单缺项。
5）工程量偏差。
6）计日工。
7）现场签证。
8）物价变化。
9）暂估价。
10）不可抗力。

11）提前竣工（赶工补偿）。

12）误期赔偿。

13）施工索赔。

14）暂列金额。

15）发承包双方约定的其他调整事项。

二、合同价款调整程序

《建设工程工程量清单计价规范》（GB 50500—2013）对于工程价款的调整工作程序规定如下：

1）出现合同价款调增事项（不含工程量偏差、计日工、现场签证、索赔）后的14天内，承包人应向发包人提交合同价款调增报告并附上相关资料；承包人在14天内未提交合同价款调增报告的，应视为承包人对该事项不存在调整价款请求。

2）出现合同价款调减事项（不含工程量偏差、索赔）后的14天内，发包人应向承包人提交合同价款调减报告并附相关资料；发包人在14天内未提交合同价款调减报告的，应视为发包人对该事项不存在调整价款请求。

3）发（承）包人应在收到承（发）包人合同价款调增（减）报告及相关资料之日起14天内对其核实，予以确认的应书面通知承（发）包人。当有疑问时，应向承（发）包人提出协商意见。发（承）包人在收到合同价款调增（减）报告之日起14天内未确认也未提出协商意见的，应视为承（发）包人提交的合同价款调增（减）报告已被发（承）包人认可。发（承）包人提出协商意见的，承（发）包人应在收到协商意见后的14天内对其核实，予以确认的应书面通知发（承）包人。承（发）包人在收到发（承）包人的协商意见后14天内既不确认也未提出不同意见的，应视为发（承）包人提出的意见已被承（发）包人认可。

4）发包人与承包人对合同价款调整的不同意见不能达成一致的，只要对发承包双方履约不产生实质影响，双方应继续履行合同义务，直到其按照合同约定的争议解决方式得到处理。

5）经发承包双方确认调整的合同价款，作为追加（减）合同价款，应与工程进度款或结算款同期支付。

三、合同价款调整内容与规范规定

1. 法律法规变化

招标工程以投标截止日前28天，非招标工程以合同签订前28天为基准日，其后因国家的法律、法规、规章和政策发生变化引起工程造价增减变化的，发承包双方应按照省级或行业建设主管部门或其授权的工程造价管理机构据此发布的规定调整合同价款。

因承包人原因导致工期延误的，且调整时间在合同工程原定竣工时间之后，合同价款调增的不予调整，合同价款调减的予以调整。

2. 工程变更

1）因工程变更引起已标价工程量清单项目或其工程数量发生变化时，应按照下列规定调整：

① 已标价工程量清单中有适用于变更工程项目的，应采用该项目的单价；但当工程变更导致该清单项目的工程数量发生变化，且工程量偏差超过15%时，该项目单价应按照《建设工程工程量清单计价规范》（GB 50500—2013）工程量偏差中的规定调整。

② 已标价工程量清单中没有适用但有类似于变更工程项目的，可在合理范围内参照类似项目的单价。

③ 已标价工程量清单中没有适用也没有类似于变更工程项目的，应由承包人根据变更工程资料、计量规则和计价办法、工程造价管理机构发布的信息价格和承包人报价浮动率提出变更工程项目的单价，并应报发包人确认后调整。承包人报价浮动率可按下列公式计算。

招标工程：

$$承包人报价浮动率\ L=(1-中标价/招标控制价)\times 100\%$$

非招标工程：

承包人报价浮动率 $L=(1-$报价/施工图预算$)\times100\%$

④ 已标价工程量清单中没有适用也没有类似于变更工程项目，且工程造价管理机构发布的信息价格缺价的，应由承包人根据变更工程资料、计量规则、计价办法和通过市场调查等取得有合法依据的市场价格提出变更工程项目的单价，并应报发包人确认后调整。

2）工程变更引起施工方案改变并使措施项目发生变化时，承包人提出调整措施项目费的，应事先将拟实施的方案提交发包人确认，并应详细说明与原方案措施项目相比的变化情况。拟实施的方案经发承包双方确认后执行，并应按照下列规定调整措施项目费：

① 安全文明施工费应按照实际发生变化的措施项目依据《建设工程工程量清单计价规范》（GB 50500—2013）的规定计算。措施项目中的安全文明施工费必须按国家或省级、行业建设主管部门的规定计算，不得作为竞争性费用。

② 采用单价计算的措施项目费，应按照实际发生变化的措施项目，按《建设工程工程量清单计价规范》（GB 50500—2013）工程变更中规定确定单价。

③ 按总价（或系数）计算的措施项目费，按照实际发生变化的措施项目调整，但应考虑承包人报价浮动因素，即调整金额按照实际调整金额乘以《建设工程工程量清单计价规范》（GB 50500—2013）工程变更中规定的承包人报价浮动率计算。

如果承包人未事先将拟实施的方案提交给发包人确认，则应视为工程变更不引起措施项目费的调整或承包人放弃调整措施项目费的权利。

3）当发包人提出的工程变更因非承包人原因删减了合同中的某项原定工作或工程，致使承包人发生的费用或（和）得到的收益不能被包括在其他已支付或应支付的项目中，也未被包含在任何替代的工作或工程中时，承包人有权提出并应得到合理的费用及利润补偿。

3. 项目特征不符

发包人在招标工程量清单中对项目特征的描述，应被认为是准确的和全面的，并且与实际施工要求相符合。承包人应按照发包人提供的招标工程量清单，根据项目特征描述的内容及有关要求实施合同工程，直到项目被改变为止。

承包人应按照发包人提供的设计图纸实施合同工程，若在合同履行期间出现设计图纸（含设计变更）与招标工程量清单任一项目的特征描述不符，且该变化引起该项目工程造价增减变化的，应按照实际施工的项目特征，按工程变更相关条款的规定重新确定相应工程量清单项目的综合单价，并调整合同价款。

4. 工程量清单缺项

合同履行期间，由于招标工程量清单中缺项，新增分部分项工程清单项目的，应按照《建设工程工程量清单计价规范》（GB 50500—2013）工程变更中的规定确定单价，并调整合同价款。

新增分部分项工程清单项目后，引起措施项目发生变化的，应按照《建设工程工程量清单计价规范》（GB 50500—2013）工程变更中的规定，在承包人提交的实施方案被发包人批准后调整合同价款。

由于招标工程量清单中措施项目缺项，承包人应将新增措施项目实施方案提交发包人批准后，按照《建设工程工程量清单计价规范》（GB 50500—2013）工程变更中的规定调整合同价款。

5. 工程量偏差

合同履行期间，当应予计算的实际工程量与招标工程量清单出现偏差，双方应按照下列规定调整合同价款。

1）对于任一招标工程量清单项目，当因工程量偏差和工程变更等原因导致工程量偏差超过15%时，可进行调整。当工程量增加15%以上时，增加部分的工程量的综合单价应予调低；当工程量减少15%以上时，减少后剩余部分的工程量的综合单价应予调高。

2）如果工程量变化，引起相关措施项目相应发生变化，按系数或单一总价方式计价的，工程量增加的措施项目费调增，工程量减少的措施项目费调减。

6. 计日工

发包人通知承包人以计日工方式实施的零星工作，承包人应予执行。

采用计日工计价的任何一项变更工作，在该项变更的实施过程中，承包人应按合同约定提交下列报表和有关凭证送发包人复核：

1）工作名称、内容和数量。

2）投入该工作所有人员的姓名、工种、级别和耗用工时。

3）投入该工作的材料名称、类别和数量。

4）投入该工作的施工设备型号、台数和耗用台时。

5）发包人要求提交的其他资料和凭证。

任一计日工项目持续进行时，承包人应在该项工作实施结束后的24小时内向发包人提交有计日工记录汇总的现场签证报告一式三份。发包人在收到承包人提交现场签证报告后的2天内予以确认并将其中一份返还给承包人，作为计日工计价和支付的依据。发包人逾期未确认也未提交修改意见的，应视为承包人提交的现场签证报告已被发包人认可。

任一计日工项目实施结束后，承包人应按照确认的计日工现场签证报告核实该类项目的工程数量，并应根据核实的工程数量和承包人已标价工程量清单中的计日工单价计算，提出应付价款；已标价工程量清单中没有该类计日工单价的，由发承包双方按《建设工程工程量清单计价规范》（GB 50500—2013）中工程变更估价规定商定计日工单价计算。

每个支付期末，承包人应按照《建设工程工程量清单计价规范》（GB 50500—2013）中进度款的规定向发包人提交本期间所有计日工记录的签证汇总表，并应说明本期间自己认为有权得到的计日工金额，调整合同价款，列入进度款支付。

7. 物价变化

合同履行期间，因人工、材料、工程设备、机械台班价格波动影响合同价款时，应根据合同约定和《建设工程工程量清单计价规范》（GB 50500—2013）的规定方法调整合同价款。

承包人采购材料和工程设备的，应在合同中约定主要材料、工程设备价格变化的范围或幅度；当没有约定，且材料、工程设备单价变化超过5%时，超过部分的价格应按照《建设工程工程量清单计价规范》（GB 50500—2013）规定的方法计算调整材料、工程设备费。

执行上述规定时，发生合同工程工期延误的，应按照下列规定确定合同履行期的价格调整：

1）因非承包人原因导致工期延误的，计划进度日期后续工程的价格，应采用计划进度日期与实际进度日期两者的较高者。

2）因承包人原因导致工期延误的，计划进度日期后续工程的价格，应采用计划进度日期与实际进度日期两者的较低者。

其他发包人供应材料和工程设备的价格变化情形，由发包人按照实际变化调整，列入合同工程的工程造价内。

8. 暂估价

发包人在招标工程量清单中给定暂估价的材料、工程设备属于依法必须招标的，应由发承包双方以招标的方式选择供应商，确定价格，并应以此为依据取代暂估价、调整合同价款。

发包人在招标工程量清单中给定暂估价的材料、工程设备不属于依法必须招标的，应由承包人按照合同约定采购，经发包人确认单价后取代暂估价，调整合同价款。

发包人在工程量清单中给定暂估价的专业工程不属于依法必须招标的，应按照《建设工程工程量清单计价规范》（GB 50500—2013）中工程变更相应条款的规定确定专业工程价款，并应以此为依据取代专业工程暂估价，调整合同价款。

发包人在招标工程量清单中给定暂估价的专业工程，依法必须招标的，应当由发承包双方依法组织招标选择专业分包人，并接受有管辖权的建设工程招标投标管理机构的监督，还应符合下列要求：

1）除合同另有约定外，承包人不参加投标的专业工程发包招标，应由承包人作为招标人，但拟定的招标文件、评标工作、评标结果应报送发包人批准。与组织招标工作有关的费用应当被认为已经包括在承包人的签约合同价（投标总报价）中。

2）承包人参加投标的专业工程发包招标，应由发包人作为招标人，与组织招标工作有关的费用由发包人承担。同等条件下，应优先选择承包人中标。

3）应以专业工程发包中标价为依据取代专业工程暂估价，调整合同价款。

9. 不可抗力

因不可抗力事件导致的人员伤亡、财产损失及其费用增加，发承包双方应按下列原则分别承担并调整合同价款和工期：

1）合同工程本身的损害、因工程损害导致第三方人员伤亡和财产损失以及运至施工场地用于施工的材料和待安装的设备的损害，应由发包人承担。

2）发包人、承包人人员伤亡应由其所在单位负责，并应承担相应费用。

3）承包人的施工机械设备损坏及停工损失，应由承包人承担。

4）停工期间，承包人应发包人要求留在施工场地的必要的管理人员及保卫人员的费用应由发包人承担。

5）工程所需清理、修复费用，应由发包人承担。

不可抗力解除后复工的，若不能按期竣工，应合理延长工期。发包人要求赶工的，赶工费用应由发包人承担。

因不可抗力解除合同的，按《建设工程工程量清单计价规范》（GB 50500—2013）规定办理已完工程未支付款项。

10. 提前竣工（赶工补偿）

招标人应根据相关工程的工期定额合理计算工期，压缩的工期天数不得超过定额工期的 20%，超过者，应在招标文件中明示增加赶工费用。

发包人要求合同工程提前竣工的，应征得承包人同意后与承包人商定采取加快工程进度的措施，并应修订合同工程进度计划。发包人应承担承包人由此增加的提前竣工（赶工补偿）费用。

发承包双方应在合同中约定提前竣工每日历天应补偿额度，此项费用应作为增加合同价款列入竣工结算文件中，应与结算款一并支付。

11. 误期赔偿

承包人未按照合同约定施工，导致实际进度迟于计划进度的，承包人应加快进度，实现合同工期。合同工程发生误期，承包人应赔偿发包人由此造成的损失，并应按照合同约定向发包人支付误期赔偿费。即使承包人支付误期赔偿费，也不能免除承包人按照合同约定应承担的任何责任和应履行的任何义务。

发承包双方应在合同中约定误期赔偿费，并应明确每日历天应赔额度。误期赔偿费应列入竣工结算文件中，并应在结算款中扣除。

在工程竣工之前，合同工程内的某单项（位）工程已通过了竣工验收，且该单项（位）工程接收证书中表明的竣工日期并未延误，而是合同工程的其他部分产生了工期延误时，误期赔偿费应按照已颁发工程接收证书的单项（位）工程造价占合同价款的比例幅度予以扣减。

12. 索赔

1）当合同一方向另一方提出索赔时，应有正当的索赔理由和有效证据，并应符合合同的相关约定。

2）根据合同约定，承包人认为非承包人原因发生的事件造成了承包人的损失，应按下列程序向发包人提出索赔：

① 承包人应在知道或应当知道索赔事件发生后 28 天内，向发包人提交索赔意向通知书，说明发生索赔事件的事由。承包人逾期未发出索赔意向通知书的，丧失索赔的权利。

② 承包人应在发出索赔意向通知书后28天内，向发包人正式提交索赔通知书。索赔通知书应详细说明索赔理由和要求，并应附必要的记录和证明材料。

③ 索赔事件具有连续影响的，承包人应继续提交延续索赔通知，说明连续影响的实际情况和记录。

④ 在索赔事件影响结束后的28天内，承包人应向发包人提交最终索赔通知书，说明最终索赔要求，并应附必要的记录和证明材料。

3）承包人索赔应按下列程序处理：

① 发包人收到承包人的索赔通知书后，应及时查验承包人的记录和证明材料。

② 发包人应在收到索赔通知书或有关索赔的进一步证明材料后的28天内，将索赔处理结果答复承包人，如果发包人逾期未作出答复，视为承包人索赔要求已被发包人认可。

③ 承包人接受索赔处理结果的，索赔款项应作为增加合同价款，在当期进度款中进行支付；承包人不接受索赔处理结果的，应按合同约定的争议解决方式处理。

4）承包人要求赔偿时，可以选择下列一项或几项方式获得赔偿：

① 延长工期。

② 要求发包人支付实际发生的额外费用。

③ 要求发包人支付合理的预期利润。

④ 要求发包人按合同的约定支付违约金。

5）当承包人的费用索赔与工期索赔要求相关联时，发包人在做出费用索赔的批准决定时，应结合工程延期，综合做出费用赔偿和工期延期的决定。

6）发承包双方在合同约定办理了竣工结算后，应被认为承包人已无权再提出竣工结算前后所发生的任何索赔。承包人在提交的最终结清申请中，只限于提出竣工结算后的索赔，提出索赔的期限应自发承包双方最终结清时终止。

7）根据合同约定，发包人认为由于承包人的原因造成发包人的损失，宜按承包人索赔的程序进行索赔。

8）发包人要求赔偿时，可以选择下列一项或几项方式获得赔偿：

① 延长质量缺陷修复期限。

② 要求承包人支付实际发生的额外费用。

③ 要求承包人按合同的约定支付违约金。

9）承包人应付给发包人的索赔金额可从拟支付给承包人的合同价款中扣除，或由承包人以其他方式支付给发包人。

13. 现场签证

承包人应发包人要求完成合同以外的零星项目、非承包人责任事件等工作的，发包人应及时以书面形式向承包人发出指令，并应提供所需的相关资料；承包人在收到指令后，应及时向发包人提出现场签证要求。

承包人应在收到发包人指令后的7天内向发包人提交现场签证报告，发包人应在收到现场签证报告后的48小时内对报告内容进行核实，予以确认或提出修改意见。发包人在收到承包人现场签证报告后的48小时内未确认也未提出修改意见的，应视为承包人提交的现场签证报告已被发包人认可。

现场签证的工作如已有相应的计日工单价，现场签证中应列明完成该类项目所需的人工、材料、工程设备和施工机械台班的数量。如现场签证的工作没有相应的计日工单价，应在现场签证报告中列明完成该签证工作所需的人工、材料设备和施工机械台班的数量及单价。

合同工程发生现场签证事项，未经发包人签证确认，承包人擅自施工的，除非征得发包人书面同意，否则发生的费用应由承包人承担。

现场签证工作完成后的7天内，承包人应按照现场签证内容计算价款，报送发包人确认后，作为增加合同价款，与进度款同期支付。

在施工过程中，当发现合同工程内容因场地条件、地质水文、发包人要求等不一致时，承包人应提

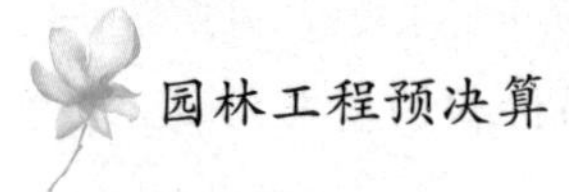

供所需的相关资料，并提交发包人签证认可，作为合同价款调整的依据。

14. 暂列金额

已签约合同价中的暂列金额只能按照发包人的指示使用。暂列金额虽然列入合同价款，但并不属于承包人所有，也不必然发生。

15. 发承包双方约定的其他调整事项

【任务实施】

一、收集资料

收集有关影响××广场景观绿化工程合同价款因素的资料，如政策法规的变化、工程设计变更单、现场签证、物价变化等资料。本工程在施工过程发生的事件资料有：

1）现场签证表。

2）设计变更通知单。

二、提出变更

项目经理根据相关变更事项向项目监理部提出，提交现场签证表（表4-1、表4-2）及设计变更通知单（表4-3、表4-4）。

表4-1　现场签证表

工程名称：××广场景观绿化工程　　　　编号：01

<table>
<tr><td>施工部位</td><td>园　路</td><td>日　期</td><td>2016年4月12日</td></tr>
<tr><td colspan="4">致：　××管委会　(发包人全称)
根据　×××　(指令人姓名)　2016年4月12日的口头指令或你方　(或监理人)　2016年4月12日的书面通知，我方要求完成此项工作应支付价款金额为（大写）叁仟零肆拾壹元肆角　（小写：3041.40)，请予核准。
附：1. 签证事由及原因（表4-2）
2. 附图及计算式

承包人（章）

造价人员＿＿＿＿＿　承包人代表＿＿＿＿＿　日　期＿＿＿＿＿</td></tr>
<tr><td colspan="2">复核意见：
你方提出的此项签证申请经复核：
□不同意此项签证，具体意见见附件
□同意此项签证，签证金额的计算，由造价工程师复核

监理工程师＿＿＿
日　期＿＿＿</td><td colspan="2">复核意见：
□此项签证按承包人中标的计日工单价计算，金额为（大写）叁仟零肆拾壹元肆角（小写：3041.40元）
□此项签证因无计日工单价计算，金额为（大写）＿＿＿元，（小写＿＿＿＿＿）

造价工程师＿＿＿＿
日　期＿＿＿＿</td></tr>
<tr><td colspan="4">审核意见：
□不同意此项签证
□同意此项签证，价款一本期进度款同期支付

发包人（章）＿＿＿＿
发包人代表＿＿＿＿
日　期＿＿＿＿</td></tr>
</table>

表 4-2　附件：签证事由及计算式

<table>
<tr><td>工程名称</td><td>××广场景观绿化工程</td><td>施工单位</td><td>A 园林绿化工程有限公司</td></tr>
<tr><td>分项工程名称</td><td>园路</td><td>日　　期</td><td>2016 年 4 月 12 日</td></tr>
<tr><td>签证内容</td><td colspan="3">我单位在施工园路工程时，遇到图纸未标明的障碍物，长 12.5m、宽 2m，深 0.8m。未发生安全文明施工措施费及其他措施费，需要计日工普工 5 个工日、技工 2 个工日，SY115C-10 小型液压挖掘机 2 个台班，清除此障碍物造成我方增加费用如下：
1. 普工人工费：5 个工日 ×100.00 元/工日 =500.00 元
2. 技工人工费：2 个工日 ×120.00 元/工日 =240.00 元
3. 机械费：2 个台班 ×1000.00 元/台班 =2000.00 元
4. 工程费：(500.00 +240.00 +2000) 元 =2740.00 元
5. 税金：(500.00 +240.00 +2000)元 ×11% =301.4 元
6. 总计发生费用：(500.00 +240.00 +2000 +301.4) 元 =3041.4 元</td></tr>
<tr><td colspan="2">建设单位：
签章
年　月　日</td><td>监理单位：
签章
年　月　日</td><td>施工单位：
签章
年　月　日</td></tr>
</table>

表 4-3　设计变更通知单

<table>
<tr><td colspan="3">设计变更通知单</td><td>编　　号</td><td>2016-L1-001</td></tr>
<tr><td colspan="2">工程名称</td><td>××广场景观绿化工程</td><td>专 业 名 称</td><td>绿化工程</td></tr>
<tr><td colspan="2">设计单位名称</td><td>××景观设计有限公司</td><td>日　　期</td><td>2016 年 3 月 15 日</td></tr>
<tr><td>序　　号</td><td>图　　号</td><td colspan="3">变 更 内 容</td></tr>
<tr><td>1</td><td>LS-02</td><td colspan="3">因绿化工程设计变更，增加卫矛球 23 株（规格同原清单中黄杨球），减少玉兰 3 株。变更后价款调增金额为 4287.49 元，工程价款计算见附件（表 4-4）。</td></tr>
<tr><td></td><td colspan="2">建设单位：
签章
年　月　日</td><td>监理单位：
签章
年　月　日</td><td>设计单位：
签章
年　月　日</td></tr>
</table>

施工单位：签章　年　月　日

表4-4 附件：工程价款计算式

<table>
<tr><td>工程名称</td><td colspan="2">××广场景观绿化工程</td><td>施工单位</td><td colspan="2">A园林绿化工程有限公司</td></tr>
<tr><td>分项工程名称</td><td colspan="2">绿化工程</td><td>日期</td><td colspan="2">2016年3月12日</td></tr>
<tr><td>签证内容</td><td colspan="5">合同价款调整计算
1. 分部分项工程数量增减
根据建设单位要求增加卫矛球23株，减少玉兰3株。
2. 分部分项工程单价确定
（1）增加卫矛球　卫矛球在施工过程为设计新增树种，规格同原清单黄杨球。根据已标价工程量清单中没有适用但有类似于变更工程项目的，可在合理范围内参照类似项目的单价的原则进行单价调整。卫矛球与清单中的黄杨球属于类似项目，因此卫矛球的综合单价参照黄杨球单价执行。
黄杨球综合单价为252.91元/株，其中人工费为21.02元/株（查综合单价表可知）。
（2）减少玉兰　玉兰减少3株，原工程量清单数量为9株，减少工程量偏差率为33.33%，按照《建设工程工程量清单计价规范》（GB 50500—2013）工程量偏差中的规定调整。工程量偏差超过15%时，该项综合单价应调高。按照签订合同约定，工程量减少超过15%时，综合单价调高10%。
原清单中玉兰综合单价为855.78元，因工程量减少33.33%>15%，因此综合单价调整为855.78元×(1+10%) = 941.36元。其中每株玉兰人工费+机械费调整为(71.77+14.02)元×(1+10%) =94.37元。
3. 增减分部分项工程费计算
（1）增加卫矛球分部分项工程费=（23×252.91）元=5816.93元，其中人工费=（23×21.02）元=483.46元
（2）减少玉兰分部分项工程费=（941.36×6－9×855.78）元=－2053.86元，其中人工费+机械费=（94.37×6－9×85.79）元=－205.89元
分部分项工程费增减金额=（5816.93－2053.86）元=3763.07元，其中人工费+机械费增减金额=（483.46－205.89）元=277.57元
4. 措施项目费增减计算
安全文明施工费=277.57元×13.45%=37.33元
雨季施工费=277.57元×1.01%=2.80元
措施费总计（37.33+2.80）元=40.13元
5. 规费增减计算
按照投标规费费率计取。
增加规费=277.57元×(13.3%+1.2%+4.5%+0.3%+0.3%+1.8%) =59.40元
6. 税金增减计算
增加税金=(3763.07+40.13+59.40)元×11%=424.89元
7. 变更工程费用
工程费用=（3763.07+40.13+59.40+424.89）元=4287.49元</td></tr>
<tr><td colspan="2">建设单位：

签章

年　月　日</td><td colspan="2">监理单位：

签章

年　月　日</td><td colspan="2">施工单位：

签章

年　月　日</td></tr>
</table>

三、核查

项目监理部收到“工程变更签证单”后应对该单的依据、实物工作量、完成质量及价格是否符合合同及国家有关规定进行核查，然后提交工程部复核。本工程经监理部核查无误，提交工程部复核。

四、复核

工程部经理（总工）和相关的专业工程师对经监理核查认可的“工程变更签证单”和书面依据内容进行复核，并签署意见。本工程经复核后无误，工程部经理签署同意。

五、批准

成本部对该项“工程变更签证表”的书面依据及单价、金额是否符合合同、国家规定及市场实际水

平进行审查。签署意见后提交总经理（分管副总）批准。经批准的“工程变更签证表”由成本部留存、登记后经工程部发还承包人。

成本部对工程签证表和设计变更通知单中的变更单价、金额审查后无异议，同意变更价格并交总经理批准。

【任务考核】

序号	考核项目	评分标准	配　分	得　分	备　注
1	合同价款调整内容	工程价款调整内容正确，符合规范规定	25		
2	合同价款计算	计算正确，取费正确	25		
3	合同价款调整报告	填写规范，符合要求	25		
4	合同价款确定	合同价款确定正确	25		
			100		

实训指导教师签字：　　　　　　　　　　　　年　月　日

【巩固练习】

根据本书配套电子资源提供的××别墅景观绿化工程施工内容，学生可自设工程签证、设计变更及其他引起工程价款变化的情况，依据《建设工程工程量清单计价规范》（GB 50500—2013）自行练习工程价款的调整。

任务二　园林工程价款结算

【能力目标】

1. 能够运用《建设工程工程量清单计价规范》（GB 50500—2013）进行园林工程进度款结算。
2. 能够运用《建设工程工程量清单计价规范》（GB 50500—2013）进行园林工程最终竣工结算。

【知识目标】

1. 掌握园林工程预付款及其计算。
2. 掌握园林工程进度款结算和支付。
3. 掌握园林工程最终竣工结算。
4. 掌握园林工程竣工结算的依据与方式。
5. 掌握园林工程竣工结算的内容。
6. 掌握园林工程竣工结算的编制方法。

【思政目标】

1. 针对合同价款结算过程中出现的问题，找出解决办法，挖掘解决问题过程中所涉及的价值观和思维方式等思政元素。

2. 通过合同价款结算过程，培养团队合作意识和诚信、客观、严谨的态度。

【任务描述】

××广场景观绿化工程合同工期为3个月，开工时间2016年3月1日。

A 园林绿化工程有限公司各月计划完成的工程内容如下：

月　份	3 月	4 月	5 月
计划完成工程内容	绿化工程	园路工程	园林景观工程
计划完成分部工程费（元）	83547.97	82204.95	108168.12

该工程的合同付款条款如下：

1）工程预付款为合同价（扣暂列金额和安全文明施工措施费）的 20%，在开工前支付，在最后一个月扣回。

2）在开工前支付全部安全文明施工措施费，其他措施项目费在第一个月支付。

3）工程款逐月支付，经确认的变更金额、索赔金额等与工程进度款同期支付。规费及税金在最后一个月支付。

4）建设单位按承包商每月应结算款项的 90% 支付。

5）工程竣工验收后结算时，按总造价的 3% 扣留质量保证金，其余工程款一次性结清。

6）合同约定，每月按时报送结算报表，进行工程进度款支付，并最后进行工程竣工结算。

根据上述合同约定付款条款和《建设工程工程量清单计价规范》（GB 50500—2013）相关规定，完成本园林工程进度款结算和竣工结算。

【任务分析】

工程价款结算的目的是施工单位向建设单位要求支付工程款，以实现“商品销售”。工程价款结算的主体是施工单位。园林工程的进度款结算、最终竣工结算与施工单位的利益有着紧密的关系，是企业成本控制管理工作的最重要一环，也是对工程质量最后一步的鉴定。本工程为工程量清单计价报价并签订合同，因此进度款结算和竣工结算需按照工程量清单计价进行。要完成该任务，必须掌握合同对进度款结算的约定，依据约定完成进度款结算。竣工结算是在原清单计价的基础上，根据合同价款调整内容进行相应工程项目的增减，并计算出相应的金额，形成最终的结算价。

【知识准备】

一、工程价款结算概念

工程价款结算是指对园林建设工程的发承包合同价款进行约定和依据合同约定进行工程预付款、工程进度款、工程竣工价款结算的活动。它主要包括工程价款进度结算和工程竣工结算。

二、工程价款结算的意义

由于园林工程施工周期较长，占用资金额较大，及时办理工程价款结算对于施工企业具有十分重要的意义。

1. 工程价款结算是反映工程进度的主要指标

在施工过程中，工程结算的依据之一是已完成的工程量，累计已结算的工程价款占合同总价款的比例，能够近似反映出工程的进度情况。

2. 工程价款结算是加速资金周转的重要环节

施工单位尽快尽早地结算工程款，有利于偿还债务，有利于资金回笼，降低内部运营成本。通过加速资金周转，能提高资金的使用效率。

3. 工程价款结算是考核经济效益的重要指标

对于施工单位来说，只有工程款如数地结清，才意味着避免了经营风险，施工单位也才能够获得相应的利润，进而达到良好的经济效益。

三、工程价款进度结算

依据《建设工程工程量清单计价规范》（GB 50500—2013）的规定，合同价款进度结算包括工程预付款、安全文明施工费、工程进度款。

1. 工程预付款结算

施工企业承包工程，一般实行包工包料，这就需要有一定数量的备料周转金。在工程承包合同条款中，一般规定在开工前发包方拨付给承包方一定限额的工程预付备料款。

（1）《建设工程工程量清单计价规范》（GB 50500—2013）中关于预付款的相关规定

1）包工包料工程的预付款的支付比例不得低于签约合同价（扣除暂列金额）的 10%，不宜高于签约合同价（扣除暂列金额）的 30%。

2）承包人应在签订合同或向发包人提供与预付款等额的预付款保函后向发包人提交预付款支付申请。

3）发包人应在收到支付申请的 7 天内进行核实，向承包人发出预付款支付证书，并在签发支付证书后的 7 天内向承包人支付预付款。

4）发包人没有按合同约定按时支付预付款的，承包人可催告发包人支付；发包人在预付款期满后的 7 天内仍未支付的，承包人可在付款期满后的第 8 天起暂停施工。发包人应承担由此增加的费用和延误的工期，并应向承包人支付合理利润。

5）预付款应从每一个支付期应支付给承包人的工程进度款中扣回，直到扣回的金额达到约定的预付款金额为止。

6）承包人的预付款保函的担保金额根据预付款扣回的数量相应递减，但在预付款全部扣回之前一直保持有效。发包人应在预付款扣完后的 14 天内将预付款保函退还给承包人。

（2）预付款（备料款）的计算　影响预付款限额的因素有：主要材料占工程造价比重、材料储备期、施工工期。

1）公式计算法

$$备料款数额=\frac{年度承包工程总价\times主要材料占造价比重}{年度施工天数}\times材料储备天数$$

例如：某工程合同总价款 800 万元，主要材料、构配件占造价比重为 60%，年度施工天数为 300 天，材料储备天数 100 天，则

$$备料款数额=\frac{800\ 万元\times60\%}{300\ 天}\times100\ 天=160\ 万元$$

2）在合同中约定。发包人根据工程的特点，招标时在合同条件中约定工程预付款（备料款）的额度（百分率）。

$$备料款数额=年度建筑安装工程合同价\times预付备料款比例额度$$

（3）预付款（备料款）的扣回　发包单位拨付给承包单位的备料款属于预支性质，工程实施后随着工程所需主要材料储备的逐步减少，应以抵扣工程价款的方式陆续扣回。扣款的方法有两种：

1）可以从未施工工程尚需的主要材料及构件的价值相当于备料款数额时起扣，从每次结算工程价款中，按材料所占比率抵扣工程价款，竣工前全部扣清。起扣点（即预付款开始扣回时的累计完成工程价款）计算公式为

$$备料款起扣点=工程价款总额-\frac{预付备料款数额}{主要材料及构件所占比重}$$

2）按合同约定办法扣还预付款。例如，合同约定工程进度达到 60%，开始抵扣预付款，扣回的比例是按每完成 10% 进度，扣预付总款的 25%。

3）工程最后一次抵扣预付款。此形式适用于造价低、工期短的简单园林工程。

2. 安全文明施工费

安全文明施工费包括的内容和使用范围，应符合国家有关文件和计量规范的规定。

1）发包人应在工程开工后的28天内预付不低于当年施工进度计划的安全文明施工费总额的60%，其余部分应按照提前安排的原则进行分解，并应与进度款同期支付。

2）发包人没有按时支付安全文明施工费的，承包人可催告发包人支付；发包人在付款期满后的7天内仍未支付的，若发生安全事故，发包人应承担相应责任。

3）承包人对安全文明施工费应专款专用，在财务账目中应单独列项备查，不得挪作他用，否则发包人有权要求其限期改正；逾期未改正的，造成的损失和延误的工期应由承包人承担。

3. 工程进度款结算

（1）工程进度款的支付原则

1）发承包双方应按照合同约定的时间、程序和方法，根据工程计量结果，办理期中价款结算，支付进度款。

2）进度款支付周期应与合同约定的工程计量周期一致。

3）已标价工程量清单中的单价项目，承包人应按工程计量确认的工程量与综合单价计算；综合单价发生调整的，以发承包双方确认调整的综合单价计算进度款。

4）已标价工程量清单中的总价项目和按《建设工程工程量清单计价规范》（GB 50500—2013）中的第8.32条规定形成的总价合同，承包人应按合同中约定的进度款支付分解，分别列入工程进度款支付申请中的安全文明施工费和本周期应支付的总价项目的金额中。

5）发包人提供的甲供材料金额，应按照发包人签约提供的单价和数量从进度款支付中扣除，列入本周期应扣减的金额中。

6）承包人现场签证和得到发包人确认的索赔金额应列入本周期应增加的金额中。

7）进度款的支付比例按照合同约定，按期中结算价款总额计，不低于60%，不高于90%。

（2）承包人提交进度款支付申请　承包人应在每个计量周期到期后的7天内向发包人提交已完工程进度款支付申请一式四份，详细说明此周期认为有权得到的款额，包括分包人已完工程的价款。支付申请应包括下列内容：

1）累计已完成的合同价款。

2）累计已实际完成的合同价款。

3）本周期合计完成的合同价款。①本周期已完成单价项目的金额；②本周期应支付的总价项目的金额；③本周期已完成的计日工价款；④本周期应支付的安全文明施工费；⑤本周期应增加的金额。

4）本周期合计应扣减的金额：①本周期应扣回的预付款；②本周期应扣减的金额。

5）本周期实际应支付的合同价款。

（3）已完工程的计量与支付

1）发包人应在收到承包人进度款支付申请后的14天内，根据计量结果和合同约定对申请内容予以核实，确认后向承包人出具进度款支付证书。若发承包双方对部分清单项目的计量结果出现争议，发包人应对无争议部分的工程计量结果向承包人出具进度款支付证书。

2）发包人应在签发进度款支付证书后的14天内，按照支付证书列明的金额向承包人支付进度款。

3）若发包人逾期未签发进度款支付证书，则视为承包人提交的进度款支付申请已被发包人认可，承包人可向发包人发出催告付款的通知。发包人应在收到通知后的14天内，按照承包人支付申请的金额向承包人支付进度款。

4）发包人未按合同约定支付进度款的，承包人可催告发包人支付，并有权获得延迟支付的利息；发包人在付款期满后的7天内仍未支付的，承包人可在付款期满后的第8天起暂停施工。发包人应承担由此增加的费用和延误的工期，向承包人支付合理利润，并应承担违约责任。

5）发现已签发的任何支付证书有错、漏或重复的数额，发包人有权予以修正，承包人也有权提出修正申请。经发承包双方复核同意修正的，应在本次到期的进度款中支付或扣除。

四、工程竣工结算

（一）工程竣工结算的编制依据

1）《建设工程工程量清单计价规范》（GB 50500—2013）。

2）工程合同。

3）发承包双方实施过程中已确认的工程量及其结算的合同价款。

4）发承包双方实施过程中已确认调整后追加（减）的合同价款。

5）建设工程设计文件及相关资料。

6）投标文件。

7）其他依据。

（二）工程竣工结算的计价原则

1）分部分项工程和措施项目中的单价项目应依据发承包双方确认的工程量与已标价工程量清单的综合单价计算；发生调整的，应以承发包双方确认调整的综合单价计算。

2）措施项目中的总价项目应依据已标价工程量清单的项目和金额计算；发生调整的，应以发承包双方确认调整的金额计算，其中安全文明施工费必须按照国家或省级、行业建设主管部门的规定计算。

3）其他项目应按下列规定计价：

① 计日工应按发包人实际签证确认的事项计算。

② 暂估价应按《建设工程工程量清单计价规范》（GB 50500—2013）的相关规定计算。

③ 总承包服务费应依据已标价工程量清单金额计算；发生调整的，应以发承包双方确认调整的金额计算。

④ 索赔费用应依据发承包双方确认的索赔事项和金额计算。

⑤ 现场签证费用应依据发承包双方签证资料确认的金额计算。

⑥ 暂列金额应减去合同价款调整（包括索赔、现场签证）金额计算，如有余额归发包人。

4）规费和税金应按《建设工程工程量清单计价规范》（GB 50500—2013）的规定计算，规费中的工程排污费应按工程所在地环境保护部门规定的标准缴纳后按实列入。

5）发承包双方在合同工程实施过程中已经确认的工程计量结果和合同价款，在竣工结算办理中应直接进入结算。

（三）工程竣工结算审核

1）国有资金投资园林工程的发包人，应当委托具有相应资质的工程造价咨询企业对竣工结算文件进行审核，并在收到竣工结算文件后的约定期限内向承包人提出由工程造价咨询企业出具的竣工结算文件审核意见；逾期未答复的，按照合同约定处理，合同没有约定的，竣工结算文件视为已被认可。

2）非国有资金投资的园林工程发包人，应当在收到竣工结算文件后的约定期限内予以答复，逾期未答复的，按照合同约定处理，合同没有约定的，竣工结算文件视为已被认可；发包人对竣工结算文件有异议的，应当在答复期内向承包人提出，并可以在提出异议之日起的约定期限内与承包人协商；发包人在协商期内未与承包人协商或者经协商未能与承包人达成协议的，应当委托工程造价咨询企业进行竣工结算审核，并在协商期满后的约定期限内向承包人提出由工程造价咨询企业出具的竣工结算文件审核意见。

3）发包人委托工程造价咨询人核对竣工结算的，工程造价咨询人应在 28 天内核对完毕，核对结论与承包人竣工结算文件不一致的，应提交给承包人复核；承包人应在 14 天内将同意核对结论或不同意见的说明提交工程造价咨询人。工程造价咨询人收到承包人提出的异议后，应再次复核，复核无异议的，按《建设工程工程量清单计价规范》（GB 50500—2013）相应规定办理，复核后仍有异议的，按《建设工程工程量清单计价规范》（GB 50500—2013）争议条款规定办理。承包人逾期未提出书面异议的，视为工程造价咨询人核对的竣工结算文件已被承包人认可。

（四）工程竣工结算的规定

《建设工程工程量清单计价规范》（GB 50500—2013）对工程竣工结算有如下的规定：

1）合同工程完工后，承包人应在经发承包双方确认的合同工程期中价款结算的基础上汇总编制完成竣工结算文件，应在提交竣工验收申请的同时向发包人提交竣工结算文件。承包人未在合同约定的时间内提交竣工结算文件，经发包人催告后14天内仍未提交或没有明确答复的，发包人有权根据已有资料编制竣工结算文件，作为办理竣工结算和支付结算款的依据，承包人应予以认可。

2）发包人委托工程造价咨询人核对竣工结算的，工程造价咨询人应在28天内核对完毕，核对结论与承包人竣工结算文件不一致的，应提交给承包人复核；承包人应在14天内将同意核对结论或不同意见的说明提交工程造价咨询人。工程造价咨询人收到承包人提出的异议后，应再次复核，并将复核结果通知承包人。复核无异议的，工程造价咨询人和承包人应在7天内在竣工结算文件上签字确认，竣工结算办理完毕。复核后仍有异议的，无异议部分工程造价咨询人和承包人应在7天内在竣工结算文件上签字确认，办理不完全竣工结算；有异议部分由工程造价咨询人员和承包人协商解决，协商不成的应按合同约定的争议解决方式处理。承包人逾期未提出书面异议的，应视为工程造价咨询人核对的竣工结算文件已被承包人认可。

3）对发包人或发包人委托的工程造价咨询人指派的专业人员与承包人指派的专业人员经核对后无异议并签名确认的竣工结算文件，除非发承包人能提出具体、详细的不同意见，发承包人都应在竣工结算文件上签名确认，如其中一方拒不签认的，按下列规定办理：

① 若发包人拒不签认的，承包人可不提供竣工验收备案资料，并有权拒绝与发包人或其上级部门委托的工程造价咨询人重新核对竣工结算文件。

② 若承包人拒不签认的，发包人要求办理竣工验收备案的，承包人不得拒绝提供竣工验收资料，否则，由此造成的损失，承包人承担相应责任。

4）合同工程竣工结算核对完成，发承包双方签字确认后，发包人不得要求承包人与另一个或多个工程造价咨询人重复核对竣工结算。

5）发包人对工程质量有异议，拒绝办理工程竣工结算的，已竣工验收或已竣工未验收但实际投入使用的工程，其质量争议应按该工程保修合同执行，竣工结算应按合同约定办理；已竣工未验收且未实际投入使用的工程以及停工、停建工程的质量争议，双方应就有争议的部分委托有资质的检测鉴定机构进行检测，并应根据检测结果确定解决方案，或按工程质量监督机构的处理决定执行后办理竣工结算，无争议部分的竣工结算应按合同约定办理。

（五）结算款支付

1）承包人应根据办理的竣工结算文件向发包人提交竣工结算款支付申请。申请应包括：竣工结算合同价款总额；累计已实际支付的合同价款；应预留的质量保证金；实际应支付的竣工结算款金额。

2）发包人应在收到承包人提交竣工结算款支付申请后7天内予以核实，向承包人签发竣工结算支付证书。

3）发包人签发竣工结算支付证书后的14天内，应按照竣工结算支付证书列明的金额向承包人支付结算款。

4）发包人在收到承包人提交的竣工结算款支付申请后7天内不予核实，不向承包人签发竣工结算支付证书的，视为承包人的竣工结算款支付申请已被发包人认可；发包人应在收到承包人提交的竣工结

算款支付申请7天后的14天内，按照承包人提交的竣工结算款支付申请列明的金额向承包人支付结算款。

5）发包人未按照上述第3）、4）条规定支付竣工结算款的，承包人可催告发包人支付，并有权获得延迟支付的利息。发包人在竣工结算支付证书签发后或者在收到承包人提交的竣工结算款支付申请7天后的56天内仍未支付的，除法律另有规定外，承包人可与发包人协商将该工程折价，也可直接向人民法院申请将该工程依法拍卖。承包人应就该工程折价或拍卖的价款优先受偿。

（六）工程价款结算争议处理

1. 和解

合同当事人可以就争议自行和解，自行和解达成协议的经双方签字并盖章后作为合同补充文件，双方均应遵照执行。

2. 调解

合同当事人可以就争议请求建设行政主管部门、行业协会或其他第三方进行调解，调解达成协议的，经双方签字并盖章后作为合同补充文件，双方均应遵照执行。

3. 争议评审

合同当事人在专用合同条款中约定采取争议评审方式解决争议以及评审规则，并按下列约定执行：

（1）争议评审小组的确定　合同当事人可以共同选择一名或三名争议评审员，组成争议评审小组。除专用合同条款另有约定外，合同当事人应当自合同签订后28天内，或者争议发生后14天内，选定争议评审员。

选择一名争议评审员的，由合同当事人共同确定；选择三名争议评审员的，各自选定一名，第三名成员为首席争议评审员，由合同当事人共同确定或由合同当事人委托已选定的争议评审员共同确定，或由专用合同条款约定的评审机构指定第三名首席争议评审员。

除专用合同条款另有约定外，评审员报酬由发包人和承包人各承担一半。

（2）争议评审小组的决定　合同当事人可在任何时间将与合同有关的任何争议共同提请争议评审小组进行评审。争议评审小组应秉持客观、公正原则，充分听取合同当事人的意见，依据相关法律、规范、标准、案例经验及商业惯例等，自收到争议评审申请报告后14天内做出书面决定，并说明理由。合同当事人可以在专用合同条款中对本项事项另行约定。

（3）争议评审小组决定的效力　争议评审小组做出的书面决定经合同当事人签字确认后，对双方具有约束力，双方应遵照执行。

任何一方当事人不接受争议评审小组决定或不履行争议评审小组决定的，双方可选择采用其他争议解决方式。

4. 仲裁或诉讼

因合同及合同有关事项产生的争议，合同当事人可以在专用合同条款中约定以下一种方式解决争议：

1）向约定的仲裁委员会申请仲裁；

2）向有管辖权的人民法院起诉。

5. 争议解决条款效力

合同有关争议解决的条款独立存在，合同的变更、解除、终止、无效或者被撤销均不影响其效力。

（七）竣工结算实例

竣工结算工程价款＝合同价款＋施工过程中预算或合同价款调整数额－预付及已结清工程价款－保修金

例：某工程合同价款总额为600万元，施工合同规定预付备料款为合同价款的25%，主要材料为工程价款的60%，在每月工程款中扣留5%保修金，每月实际完成工作量见表4-5，求预备料付款、每月结算工程款。

表4-5　某工程每月实际完成工作量

月　　份	1月	2月	3月	4月	5月	6月
完成工作量（万元）	70	100	120	125	110	75

解：预付备料款 = 600 万元 × 25% = 150 万元

起扣点 = 600 万元 − $\frac{150\text{ 万元}}{60\%}$ = 350 万元

1 月份：累计完成 70 万元，结算工程款（70 − 70 × 5%）万元 = 66.5 万元

2 月份：累计完成 170 万元，结算工程款（100 − 100 × 5%）万元 = 95 万元

3 月份：累计完成 290 万元，结算工程款（120 − 120 × 5%）万元 = 114 万元

4 月份：累计完成 415 万元，超过起扣点 350 万元，

结算工程款 125 万元 −（415 − 350）万元 × 60% − 125 万元 × 5% = 79.75 万元

5 月份：累计完成 525 万元，结算工程款（110 − 110 × 60% − 110 × 5%）万元 = 38.5 万元

6 月份：累计完成 600 万元，结算工程款（75 − 75 × 60% − 75 × 5%）万元 = 26.25 万元

【任务实施】

A 园林绿化工程有限公司中标××广场景观绿化工程，中标价为 347703.99 元，其中分部分项工程费 273921.04 元，措施项目费 9808.79 元，其中安全措施项目施工费为 9123.67 元，其他项目费暂列金额 15000 元，规费 14516.47 元，税金 34457.09 元。A 园林绿化工程有限公司在工期内各月计划完成的工程内容见表4-6。

表4-6　各月完成的工程内容

月　　份	3月	4月	5月
计划完成工程内容	绿化工程	园路工程	园林景观工程
计划完成分部工程费（元）	83547.97	82204.95	108168.12

在 3 月份施工绿化工程时，发生绿化苗木设计变更。4 月份园路工程施工时，发生清除不明障碍物增加计日工费用（详见本项目任务一）。5 月份施工园林景观工程时，太湖石材料实际单价为 400 元/t。投标时暂估价为 324.79 元/t，太湖石总量为 100.430t（含损耗系数 1.02）。

一、收集资料

收集设计变更单、竣工图纸、签证单、合同书、清单预算书及相关结算资料。

二、预付款支付申请

按照合同约定，在工程开工前付签约合同价格（扣暂列金额和安全文明施工措施费）的 20% 预付款和全部安全文明施工措施费 9123.67 元，计算预付款金额并填写工程预付款支付申请（核准），见表4-7。

申请预付款金额 =［签约合同价格 − 暂列金额 ×（1 + 11%）− 安全文明施工措施费］× 20% =［347703.39 元 − 15000 元 ×（1 + 11%）− 9123.67 元］× 20% = 64385.94 元。

表 4-7　预付款支付申请（核准）表

工程名称：××广场景观绿化工程　　　　编号：001

致：××市政府投资项目建设管理办公室　　（发包人全称）

我方根据施工合同的约定，现申请支付工程预付款为（大写）柒万叁仟伍佰零玖元陆角壹分，（小写）73509.61 元，请予核准。

序号	名称	申请金额（元）	复核金额（元）	备注
1	已签约合同价款金额	347703.39	347703.39	
2	其中：安全文明施工费	9123.67	9123.67	
3	应支付的预付款	64385.94	64385.94	
4	应支付的安全文明施工费	9123.67	9123.67	
5	合计应支付的预付款	73509.61	73509.61	

造价人员________承包人代表________日　期________

复核意见：

□与合同约定不相符，修改意见见附件。

☑与合同约定相符，具体金额由造价工程师复核。

监理工程师________

日　　期________

复核意见：

你方提出的支付申请经复核，应支付的工程预付款金额为（大写）柒万叁仟伍佰零玖元陆角壹分（小写：73509.61 元）。

造价工程师________

日　　期________

审核意见：

□不同意。

☑同意，支付时间为本表签发后的 15 天内。

发包人（章）

发包人代表________

日　　期________

注：1. 在选择栏中的“□”内做标示“✓”。

2. 本表一式三份，由承包人填报，发包人、监理人、承包人各存一份。

三、工程进度款结算

（一）3 月份工程进度款结算

1）完成绿化工程分部分项工程费 83547.97 元。

2）完成绿化工程设计变更增加分部分项工程费 3763.07 元，安全文明施工费 37.33 元，雨季施工费 2.80 元（详见本项目任务一）。

3）签约合同价款雨季施工费 685.12 元。

4）本月已完成工程价款 = (83547.97 + 3763.07 + 37.33 + 2.80 + 685.12) 元 = 88036.29 元。

5）申请结算价款金额 = (88036.29 − 37.33) 元 × 90% + 37.33 元 = 79199.06 元 + 37.33 元 = 79236.39 元。

6）填制 3 月份进度款支付申请（核准）见表 4-8。

表4-8 3月份进度款支付申请（核准）表

工程名称：××广场景观绿化工程　　　　编号：002

致：××市政府投资项目建设管理办公室　　（发包人全称）

我方与 3月1日 至 3月31日 期间已完成了绿化工程工作，根据施工合同的约定，现申请支付本周期的合同款为（大写）柒万玖仟贰佰叁拾陆元叁角玖分（小写） 79236.39，请核准。

序号	名称	实际金额（元）	申请金额（元）	复核金额（元）	备注
1	累计已完成的合同价款	9123.67	9123.67	9123.67	
2	累计已实际支付的合同价款	73509.61	73509.61	73509.61	
3	本周期合计完成的合同价款	88036.29	79236.39	79236.39	
3.1	本周期已完成单价项目的金额	83547.97	75193.17	75193.17	
3.2	本周期应支付的总价项目的金额	685.12	616.61	616.61	
3.3	本周期已完成的计日工价款	0	—	—	
3.4	本周期应支付的安全文明施工费	37.33	37.33	37.33	
3.5	本周期应增加的合同价款	3765.87	3389.28	3389.28	
4	本周期合计应扣减的金额	—	—	—	
4.1	本周期应抵扣的预付款	0	—	—	
4.2	本周期应扣减的金额	0	—	—	
5	本周期应支付的合同价款	88036.29	79236.39	79236.39	

附：上述3、4详见清单（略）

承包人（章）

造价员____________承包人____________日　期____________

复核意见：

☐与实际施工情况不相符，修改意见见附件。

☑与实际施工情况相符，具体金额由造价工程师复核。

监理工程师__________

日　期__________

复核意见：

你方提出的支付申请经复核，本周期已完成合同款额为（大写）捌万捌仟零叁拾陆元贰角玖分（小写：88036.29元），本周期应支付金额为（大写）柒万玖仟贰佰叁拾陆元叁角玖分（小写：79236.39元）。

造价工程师__________

日　期__________

审核意见：

☐不同意。

☑同意，支付时间为本表签发后的15天内。

发包人（章）__________

发包人代表__________

日　期__________

注：1. 在选择栏中的"☐"内做标示"✓"。

2. 本表一式三份，由承包人填报，发包人、监理人、承包人各存一份。

（二）4月份工程进度款结算

1）完成园路工程分部分项工程费82204.95元。

2）完成计日工签证工程费2740.00元（详见本项目任务一）。

3）本月已完成工程价款 82204.95 元 +2740.00 元 =84944.95 元。

4）申请结算价款金额 84944.95 元 ×90% =76450.46 元。

5）填制 4 月份进度款支付申请（核准）表，见表 4-9。

表 4-9　4 月份进度款支付申请（核准）表

工程名称：× ×广场景观绿化工程　　　　编号：003

致：× ×市政府投资项目建设管理办公室　（发包人全称）

我方与 4 月 1 日 至 4 月 30 日期间已完成了 园路工程 工作，根据施工合同的约定，现申请支付本周期的合同款为（大写）柒万陆仟肆佰伍拾元肆角陆分（小写 76450.46），请核准。

序号	名　　称	实际金额（元）	申请金额（元）	复核金额（元）	备注
1	累计已完成的合同价款	97159.96	88360.06	88360.06	
2	累计已实际支付的合同价款	152746.00	152746.00	152746.00	
3	本周期合计完成的合同价款	84944.95	76450.46	76450.46	
3.1	本周期已完成单价项目的金额	82204.95	73984.46	73984.46	
3.2	本周期应支付的总价项目的金额				
3.3	本周期已完成的计日工价款	2740.00	2466.00	2466.00	
3.4	本周期应支付的安全文明施工费				
3.5	本周期应增加的合同价款		—	—	
4	本周期合计应扣减的金额	0	—	—	
4.1	本周期应抵扣的预付款	0	—	—	
4.2	本周期应扣减的金额	0	—	—	
5	本周期应支付的合同价款	84944.95	76450.46	76450.46	

附：上述 3、4 详见清单（略）

承包人（章）

造价员________　承包人________　日　期________

复核意见：

□与实际施工情况不相符，修改意见见附件。

☑与实际施工情况相符，具体金额由造价工程师复核。

监理工程师________

日　　期________

复核意见：

你方提出的支付申请经复核，本周期已完成合同款额为（大写）捌万肆仟玖佰肆拾肆元玖角伍分（小写）84944.95，本周期应支付金额为（大写）柒万陆仟肆佰伍拾元肆角陆分（小写：76450.46 元）。

造价工程师________

日　　期________

审核意见：

□不同意。

☑同意，支付时间为本表签发后的 15 天内。

发包人（章）________

发包人代表________

日　　期________

注：1. 在选择栏中的“□”内做标示“✓”。

2. 本表一式三份，由承包人填报，发包人、监理人、承包人各存一份。

(三) 5月份工程进度款结算

1）完成园林景观工程分部分项工程费108168.12元。

2）太湖石暂估材料价调增费用＝（400.00－324.79）×100.430元＝7553.34元。

税金＝7553.34元×11%＝830.87元。

费用合计＝7553.34元＋830.87元＝8384.21元。

3）规费税金费用：

签约合同规费税金价款＝14516.47元＋34457.09元－15000元×11%＝48973.56元－1650.00元＝47323.56元

计日工签证税金＝2740元×11%＝301.40元

绿化工程变更规费税金＝59.40元＋424.89元＝484.29元

太湖石暂估材料价调增税金费用＝830.87元

规费税金总计＝47323.56元＋301.40元＋484.29元＋830.87元＝48940.12元

4）本月已完工程价款＝108168.12元＋7553.34元＋48940.12元＝164661.58元

5）本工期应抵扣预付款＝64385.94元

6）本月应支付的合同价款＝164661.58元－64385.94元＝100275.64元

7）申请结算价款金额＝164661.58元×90%－64385.94元＝148195.42元－64385.94元＝83809.48元

8）填制5月份进度款支付申请（核准）表，见表4-10。

表4-10　5月份进度款支付申请（核准）表

工程名称：××广场景观绿化工程　　　　编号：004

致：××市政府投资项目建设管理办公室　（发包人全称）

我方与5月1日至5月29日期间已完成了园林景观工程工作，根据施工合同的约定，现申请支付本周期的合同款为（大写）捌万叁仟捌佰零玖元肆角捌分（小写：83809.48元），请核准。

序号	名　称	实际金额（元）	申请金额（元）	复核金额（元）	备注
1	累计已完成的合同价款	182104.91	164810.52	164810.52	
2	累计已实际支付的合同价款	229196.46	229196.46	229196.46	
3	本周期合计完成的合同价款	164661.58	148195.42	148195.42	
3.1	本周期已完成单价项目的金额	108168.12	97351.31	97351.31	
3.2	本周期应支付的总价项目的金额	48940.12	44046.11	44046.11	
3.3	本周期已完成的计日工价款	0			
3.4	本周期应支付的安全文明施工费	0			
3.5	本周期应增加的合同价款	7553.34	6798.00	6798.00	
4	本周期合计应扣减的金额				
4.1	本周期应抵扣的预付款	64385.94	64385.94	64385.94	
4.2	本周期应扣减的金额				
5	本周期应支付的合同价款	100275.64	83809.48	83809.48	

附：上述3、4详见清单（略）

承包人（章）

造价员________　承包人________　日　期________

（续）

<table>
<tr>
<td>复核意见：
□与实际施工情况不相符，修改意见见附件。
☑与实际施工情况相符，具体金额由造价工程师复核。

监理工程师________________
日　　期________________</td>
<td>复核意见：
你方提出的支付申请经复核，本周期已完成合同款额为（大写）壹拾陆万肆仟陆佰陆拾壹元伍角捌分（小写：164661.58元），本周期应支付金额为（大写）捌万叁仟捌佰零玖元肆角捌分（小写：83809.48元）。

造价工程师________________
日　　期________________</td>
</tr>
<tr>
<td colspan="2">审核意见：
□不同意。
☑同意，支付时间为本表签发后的15天内。

发包人（章）________________
发包人代表________________
日　　期________________</td>
</tr>
</table>

注：1. 在选择栏中的“□”内做标示“✓”。
2. 本表一式三份，由承包人填报，发包人、监理人、承包人各存一份。

四、工程竣工结算

1）工程最终合同价 = 182104.91 元 + 164661.58 元 = 346766.49 元或 347703.39 元 − 15000 元 ×（1 + 11%）+ 3041.40 元 + 4287.49 元 + 8384.21 元 = 346766.49 元。

2）应扣留质量保证金 = 346766.49 元 × 3% = 10402.99 元。

3）已经支付工程款 = 229196.46 元 + 83809.48 元 = 313005.94 元。

4）应付工程竣工结算款 = 工程最终合同价 − 质量保证金 − 已实际支付合同价款 = 346766.49 − 10402.99 − 313005.94 = 23357.56 元。

5）填制竣工结算款支付申请表，见表 4-11。

表 4-11　竣工结算款支付（核准）申请表

工程名称：××广场景观绿化工程　　　　编号：005

致：××市政府投资项目建设管理办公室（发包人全称）

我方于 3月1日 至 5月29日 期间已完成合同约定工作，工程已经完工，根据施工合同约定，现申请支付竣工结算合同款金额为（大写）贰万叁仟叁佰伍拾柒元伍角陆分（小写：23357.56元），请予核准。

号	名　称	申请金额（元）	复核金额（元）	备　注
1	竣工结算合同价款总额	346766.49	346766.49	
2	累计已实际支付的合同价款	313005.94	313005.94	
3	应预留的质量保证金	10402.99	10402.99	
4	应支付的竣工结算款金额	23357.56	23357.56	

承包人（章）

造价人员________________　承包人员________________　日　　期________________

（续）

<table>
<tr><td>复核意见：

□与实际施工情况不相符，修改意见见附件。
☑与实际施工情况相符，具体金额由造价工程师复核。

监理工程师＿＿＿＿＿＿
日　　期＿＿＿＿＿＿</td><td>复核意见：
你方提出的竣工结算款支付申请经复核，竣工结算款总额为（大写）叁拾肆万陆仟柒佰陆拾陆元肆角玖分（小写：346766.49 元），扣除前期支付以及质量保证金后应支付金额为大写贰万叁仟叁佰伍拾柒元伍角陆分（小写：23357.56 元）。

造价工程师＿＿＿＿＿＿
日　　期＿＿＿＿＿＿</td></tr>
<tr><td colspan="2">审核意见：
□不同意。
☑同意，支付时间为本表签发后的 15 天内

发包人（章）＿＿＿＿＿＿
发包人代表＿＿＿＿＿＿
日　　期＿＿＿＿＿＿</td></tr>
</table>

注：1. 在选择栏中的“□”内做标示“√”。
2. 本表一式三份，由承包人填报，发包人、监理人、承包人各存一份。

【任务考核】

序　号	考核项目	评分标准	配　分	得　分	备　注
1	收集资料	资料齐全	10		
2	施工内容	内容完整、全面	10		
3	工程量计算	正确	20		
4	工程综合单价调价计算	调价符合规范要求和合同约定	10		
5	竣工结算编制	表格符合要求、内容准确	40		
6	装订、签字、盖章	装订顺序正确，签字、盖章内容完整	10		
			100		

实训指导教师签字：　　　　　　　　　　年　　月　　日

【巩固练习】

根据项目三中学生完成的××别墅景观绿化工程造价，项目四中合同价款的调整，依据《建设工程工程量清单计价规范》（GB 50500—2013）自行进行工程阶段结算和竣工结算练习。

任务三　质量保证金处理

【能力目标】

1. 能够正确处理园林工程缺陷期的质量保证金，并最终结清工程价款。

【知识目标】

1. 掌握园林工程项目保修的范围及年限。
2. 掌握园林工程项目保修的经济责任及费用处理。

【思政目标】

1. 通过质量保证金处理方法的学习，树立社会主义核心价值观。
2. 通过观看质量保证金处理的案例，学会正确做人、做事。

【任务描述】

按照××景观绿化工程合同约定，此园林工程缺陷期为12个月，现缺陷期已满，工程质量符合合同要求，没有发生质量缺陷。本任务施工单位申请质量保证金的返还，并最后结清工程价款。

【任务分析】

工程项目质量保证金一般按工程价款结算总额乘以合同约定的比例（一般为5%），由建设单位从施工单位工程款中直接扣留，且一般不计利息。施工单位承揽的工程项目越多，扣留的质量保证金累计数额就越大。因此，施工单位及时收回质量保证金对资金周转、生产经营非常重要。要完成本任务，需要掌握缺陷责任期限、保证金返还申请及最终结清价款等内容。

【知识准备】

一、缺陷责任期的概念和期限

1. 缺陷责任期

缺陷责任期是指承包人按照合同约定承担缺陷修复义务，且发包人预留质量保证金（已缴纳履约保证金的除外）的期限，具体期限可由发承包双方在合同中约定。

2. 缺陷责任期的期限

缺陷责任期一般有6个月、12个月或者24个月，具体由发承包双方在合同管理中约定。

缺陷责任期从工程通过竣工验收之日起计算。由于承包人原因导致工程无法按合同约定期限进行竣工验收的，缺陷责任期从实际通过竣工验收之日起计。由于发包人原因导致工程无法按合同约定期限进行竣工验收的，在承包人提交竣工验收报告90天后，工程自动进入缺陷责任期。

缺陷责任期的起算日期必须以工程的实际竣工日期为准，与之相对应的工程照管义务期的计算时间是以业主签发的工程接收证书起。对于有一个以上交工日期的工程，缺陷责任期应分别从各自不同的交工日期起算。

3. 缺陷责任期内的维修及费用承担

缺陷责任期内，由承包人原因造成的缺陷，承包人应负责维修，并承担鉴定及维修费用。如承包人不维修也不承担费用，发包人可按合同约定扣除保证金，并由承包人承担违约责任。承包人维修并承担相应费用后，不免除对工程的一般损失赔偿责任。

发包人有权要求承包人延长缺陷责任期，并应在原缺陷责任期届满前发出延长通知。但缺陷责任期（含延长部分）最长不超过24个月。由他人原因造成缺陷，发包人负责组织维修，承包人不承担费用，且发包人不得从保证金中扣除费用。

二、质量保证金的使用及返还

1. 质量保证金含义

发包人与承包人在建设工程承包合同中约定，从应付的工程款中预留，用以保证承包人在缺陷责任期内对建设工程出现的缺陷进行维修的资金。

2. 质量保证金预留及管理

（1）质量保证金的预留　发包人应按照合同约定的质量保证金比例从结算款中扣留质量保证金。全部或者部分使用政府投资的建设项目，按工程价款结算总额5%左右的比例预留保证金，社会投资项目采用预留保证金方式的，预留保证金的比例可以参照执行。发包人与承包人应该在合同中约定保证金的预留方式及预留比例，建设工程竣工结算后，发包人应按照合同约定及时向承包人支付工程结算价款并预留保证金。

（2）质量保证金的管理　缺陷责任期内，实行国库集中支付的政府投资项目，保证金的管理应按国库集中支付的有关规定执行。其他政府投资项目，保证金可以预留在财政部门或发包方。缺陷责任期内，如发包方被撤销，保证金随交付使用资产一并移交使用单位，由使用单位代行发包人职责。

社会投资项目采用预留保证金方式的，发承包双方可以约定将保证金交由金融机构托管；采用工程质量保证担保、工程质量保险等其他方式的，发包人不得再预留保证金，并按照有关规定执行。

（3）质量保证金的使用　承包人未按照合同约定履行属于自身责任的工程缺陷修复义务的，发包人有权从质量保证金中扣留用于缺陷修复的各项支出。若经查验，工程缺陷属于发包人原因造成的，应由发包人承担查验和缺陷修复的费用。

3. 质量保证金返还

缺陷责任期内，承包人认真履行合同约定的责任，到期后，承包人向发包人申请返还保证金。发包人在退还质量保证金的同时按照中国人民银行发布的同期同类贷款基准利率支付利息。

发包人在接到承包人返还保证金申请后，应于14日内会同承包人按照合同约定的内容进行核实。如无异议，发包人应当在核实后14日内将保证金返还给承包人，逾期支付的，从逾期之日起，按照同期银行贷款利率计付利息，并承担违约责任。发包人在接到承包人返还保证金申请后14日内不予答复，经催告后14日内仍不予答复，视同认可承包人的返还保证金申请。

三、保修期

保修期是发承包双方在工程质量保修书中约定的期限。保修期自实际竣工日期起计算。保修的期限应当按照保证建筑物合理寿命期内正常使用，维护使用者合法权益的原则确定。

【任务实施】

一、初申请

缺陷期满，及时填写质量保证金退还申请书（表4-12）和申请表（表4-13）。

表4-12　工程质量保证金退还申请书

工程名称：××广场景观绿化工程

<table>
<tr><td>施工单位申请</td><td colspan="2">致：××市政府投资项目建设管理办公室
我方承包的××景观绿化工程，已2016年6月结算工程价款审定为：346766.49元。根据合同约定本工程价款的3%已扣留10402.99元作为质量保证金，缺陷期期为1年，现已到期。
我公司已严格履行了本合同工程缺陷责任期义务，施工班组和农民工工资等费用已全部付清，无任何遗留，经现场对原承包范围内所有工程进行自查，工程设施完好，仍无质量问题，按照合同规定，缺陷期满15日内应予以兑付该工程质量保证金和按中国人民银行发布的同期同类贷款基准利率支付利息。利息 = 10402.99 元 × 4.90% = 509.75 元。工程质量保证金和利息合计金额大写为壹万零玖佰壹拾贰元柒角肆分（￥10912.74）。
特此申请，恳请批准为盼。
承包单位（章）
日　期＿＿＿＿＿</td></tr>
<tr><td>监理单位意见</td><td>总　监（签字加盖公章）：</td><td>日期</td></tr>
<tr><td>实施单位意见</td><td colspan="2"></td></tr>
<tr><td rowspan="3">建设单位意见</td><td>分管领导审批意见</td><td>日期</td></tr>
<tr><td>主管领导审批意见</td><td>日期</td></tr>
<tr><td colspan="2"></td></tr>
</table>

表 4-13　建设工程质量保证金返还申请表

<table>
<tr><td>工程名称：</td><td colspan="2">××景观绿化工程</td><td>地址：</td><td colspan="2"></td></tr>
<tr><td>建筑面积</td><td colspan="2"></td><td>竣工时间</td><td colspan="2">2016 年 5 月 29 日</td></tr>
<tr><td>申请返还
质保金数额</td><td>10402.99 元</td><td>开立保函时间</td><td></td><td>保函到期时间</td><td></td></tr>
<tr><td>施工单位
申请返还
质　保　金</td><td colspan="5">有权签字人：
（公　　章）
（附书面申请）　　年　月　日</td></tr>
<tr><td>建设单位
意　　　见</td><td colspan="5">有权签字人：
（公　　章）
（附书面申请）　　年　月　日</td></tr>
<tr><td>工程质量监督员意见</td><td colspan="5">签　　字：
年　月　日</td></tr>
<tr><td>网站公示
情　　　况</td><td colspan="5">签　　字：
年　月　日</td></tr>
<tr><td>分管领导审查　意　见：</td><td colspan="5">签　　字：
年　月　日</td></tr>
<tr><td>站长意见：</td><td colspan="5">签　　字：
年　月　日</td></tr>
</table>

注：建设、施工、物业管理单位需另附返还质量保证金书面申请及说明，说明工程质量保函有效期满后，共同对工程进行核查情况，工程出现的质量缺陷是否已处理完毕等。

二、填写最终结清支付申请表（表4-14）

表4-14　最终结清支付申请（核准）表

工程名称：××广场景观绿化工程

致：××市政府投资项目建设管理办公室（发包人全称）

我方于2016年6月6日至2017年6月6日期间已完成了缺陷修复工作，根据施工合同的约定，现申请支付最终结清合同额为（大写）壹万零玖佰壹拾贰元柒角肆分（小写：10912.74元），请予核准。

序号	名称	申请金额（元）	复核金额（元）	备注
1	已预留的质量保证金	10402.99	10402.99	
2	应增加因发包人原因造成缺陷的修复金额	0	0	
3	应扣减承包人不修复缺陷、发包人组织修复的金额	0	0	
4	最终应支付的合同价款	10912.74	10912.74	

上述3、4详见附件清单（略）

承包人（章）

造价人员________　　承包人代表________　　日　期________

复核意见

□与实际施工情况不相符，修改意见见附件

☑与实际施工情况相符，具体金额由造价工程师复核。

监理工程师________

日　　期________

复核意见：

你方提出的支付申请经复核，最终应支付金额（大写）壹万零玖佰壹拾贰元柒角肆分（小写：10912.74元）。

造价工程师________

日　　期________

审核意见：

□不同意

☑同意，支付时间为本表签发后15天内。

发包人（章）

发包人代表________

日　　期________

注：1. 在选择栏中的“□”内做标示“✓”。

2. 本表一式三份，由承包人填报，发包人、监理人、承包人各存一份。

【任务考核】

序　号	考 核 项 目	评 分 标 准	配　分	得　分	备　注
1	缺陷责任期	缺陷责任期计算准确	20		
2	质量保证金返回申请	申请书写正确、规范	40		
3	最终结清支付申请（核准）表	结清金额准确	40		
	合计		100		

实训指导教师签字：　　　　　　　　　　　　　　　　　　　　　　　　　年　　月　　日

【巩固练习】

根据项目三任务二中扣留的质量保证金数量，依据质量保证金处理方法，学生模拟缺陷期满后，申请返还质量保证金及最后结清工程款。

项目五 园林工程竣工验收与决算

项目概述

竣工验收是园林工程施工全过程的最后一道程序，也是工程项目管理的最后一项工作。它是建设投资成果转入使用的标志，也是全面考核投资效益、检验设计和施工质量的重要环节。

工程竣工决算是指在工程竣工验收交付使用阶段，由建设单位编制的建设项目从筹建到竣工验收、交付使用全过程中实际支付的全部建设费用。竣工决算是整个建设工程的最终价格，是作为建设单位财务部门汇总固定资产的主要依据。

技能要求

1. 能够根据竣工验收的内容和程序准备验收资料。
2. 能够组织园林工程竣工验收和资料归档。
3. 能够根据竣工决算报表分析投资控制、总结经验教训。

知识要求

1. 熟悉园林工程竣工验收程序。
2. 掌握园林工程竣工验收内容。
3. 掌握园林工程竣工验收的标准。
4. 了解园林工程竣工决算的编制步骤。

任务一 园林工程竣工验收

【能力目标】

1. 能够根据园林工程竣工验收的内容准备资料。
2. 能够根据园林工程竣工验收的程序制定验收方案。
3. 能够参与完成园林工程竣工验收工作。

【知识目标】

1. 掌握园林工程竣工验收的概念、作用。
2. 掌握园林工程竣工验收的条件、依据、工作内容和程序。

【思政目标】

1. 通过园林工程竣工验收资料的准备，培养脚踏实地、专注认真的工匠精神。

2. 通过园林工程竣工验收案例的学习，挖掘正确的世界观、人生观、价值观。

【任务描述】

××广场景观绿化工程已经完成施工图纸及合同约定的全部工程内容，资料准备完毕，现已具备竣工验收条件。根据园林工程竣工验收的内容和程序完成本工程的验收和资料归档。

【任务分析】

园林工程的竣工验收是施工全过程的最后一道程序，也是工程管理的最后一项工作。它是建设投资成果转入生产或使用的标志，也是全面考核投资效益、检验设计和施工质量的重要环节。竣工验收是园林工程施工管理的最后阶段，只有通过竣工验收才能实现由园林工程承包人向发包人管理的过渡。要完成竣工验收任务，必须掌握园林工程竣工验收的条件、依据、内容及程序。

【知识准备】

一、园林工程竣工验收的概念

园林工程竣工验收是指由发包人、承包人和项目验收委员会，以项目批准的设计任务书和设计文件，以及国家或部门颁布的施工验收规范和质量检验标准为依据，按照一定的程序和手续，在项目建成并可投入使用后，对工程项目的总体进行检验和认证、综合评价和鉴定的活动。

二、园林工程竣工验收的条件

根据《建设工程质量管理条例》第十六条规定，建设单位收到园林工程竣工报告后，应当根据施工图纸及说明书、国家颁发的施工验收规范和质量检验标准，及时组织设计、施工、工程监理等有关单位进行竣工验收。交付竣工验收的园林工程，应当符合以下条件：

1. 完成园林工程设计和合同约定的各项内容

园林工程设计和合同约定的内容，主要是指设计文件所确定的、在承包合同“承包人承揽工程项目一览表”中载明的工作范围，也包括监理工程师签发的变更通知单中所确定的工作内容。

2. 有完整的技术档案和施工管理资料

工程技术档案和施工管理资料是工程竣工验收和质量保证的重要依据之一，主要包括以下档案和资料：

1）园林工程竣工报告。

2）图纸会审和设计交底记录。

3）设计变更通知单，技术变更核定单。

4）工程质量事故发生后调查和处理资料。

5）隐蔽验收记录及施工日志。

6）质量检验评定资料等。

7）合同约定的其他资料。

8）竣工图。

3. 有材料、设备、构配件的质量合格证明资料和试验、检验报告

对园林工程使用的主要建筑材料、建筑构配件和设备的进场，除具有质量合格证明资料外，还应当有试验、检验报告。试验、检验报告中应当注明其规格、型号、用于工程的哪些部位、批量批次、性能等技术指标，其质量要求必须符合工程验收规范标准。

4. 有勘察、设计、施工、工程监理等单位分别签署的质量合格文件

勘察、设计、施工、工程监理等有关单位依据工程设计文件及承包合同所要求的质量标准，对竣工工程进行检查和评定，符合规定的，签署合格文件。竣工验收所依据的国家强制性标准有土建工程、安

装工程、人防工程、管道工程、桥梁工程、电气工程及铁路建筑安装工程验收标准等。

5. 有施工单位签署的工程质量保修书

施工单位同建设单位签署的工程质量保修书也是竣工验收的条件之一。工程质量保修是指建设工程在办理竣工验收手续后，在规定的保修期限内，因勘察、设计、施工、材料等原因造成的质量缺陷，由施工单位负责维修，由责任方承担维修费用并赔偿损失。施工单位与建设单位应在竣工验收前签署工程质量保修书，保修书是施工合同的附合同。工程保修书的内容包括：保修项目内容及范围；保修期；保修责任和保修金支付方法等。

三、园林工程竣工验收的依据

1）上级主管部门对该项目批准的各项文件。

2）批准的设计文件、施工图纸及说明书。

3）招投标文件和合同。

4）国家或行业颁布的现行施工技术验收规范及工程质量检验评定标准。

5）设计变更通知书。

6）施工验收规范及质量验收标准。

四、园林工程竣工验收内容

（一）工程资料验收

工程资料验收主要包括工程技术资料、工程综合资料和工程财务资料验收。

（二）工程质量验收

园林工程质量验收是按照工程合同规定的质量等级，遵循现行的质量评定标准，采用相应的手段对工程分阶段进行的质量认可与评定。园林工程质量验收应按分项、分部或单位工程进行分类验收，具体内容见表5-1园林工程分项、分部和单位工程分类表。

表5-1 园林工程分项、分部和单位工程分类表

单位工程名称	分部工程名称	分项工程名称
绿化种植	整理绿化用地	客土、整理场地、地形整理、定点放线
	苗木种植	种植穴（槽）、施肥、苗木种植、大树移植、苗木修剪、花卉种植、竹子种植、攀缘植物、色带、绿篱、水生植物的种植、苗木养护管理
	屋顶绿化	防水、排（蓄）水设施、土壤基质、喷灌设施、乔木种植、灌木种植、草坪种植、附属设施
	草坪地被种植	草坪播种、草坪栽植（根）、草卷铺设、地被植物种植、草坪地被养护
园林建筑及附属设施	园林建筑	基础、主体、屋面
	园路广场	混凝土基层、灰土基层、碎石基层、砂石基础、砖面层、料石面层、花岗石面层、卵石面层、木板面层、路缘石
	园林小品	栏杆扶手、景石、花架廊架、亭台水榭、喷泉叠水、桥涵（拱桥、平桥、木桥、其他）、堤、岸、花坛、围牙、园凳、牌示、果皮箱、座椅、雕塑、镌刻
	筑山	土丘、石山、塑山
	理水	河湖、溪流、池塘、涌泉
	建筑装饰	砖砌体、石砌体、抹灰、门窗、饰面砖、涂饰、屋面、匾额、框
	建筑结构	地基、模板、钢筋、混凝土、钢结构、木结构、砌体结构
园林给排水	绿地给水	管沟、井室、管道安装、设备安装、喷头安装、回填
	绿地排水	排水盲沟管道、漏水管道、管沟及井室
	卫生器具	卫生器具及配件、卫生器具排水管
园林用电	景观照明	照明配电箱、电管安装、电缆敷设、灯具安装、接地安装、开关插座、照明通电试用
	其他用电	广播、监控等

1. 隐蔽工程验收

隐蔽工程是指在施工过程中上一工序的工作结束，被下一工序所掩盖，而无法进行复查的部位。由于隐蔽工程在隐蔽后，如果发生质量问题，还得重新检查和覆盖，会造成返工等非常大的损失。因此，这些工程在下一道工序施工前，施工单位自检、监理单位复检。如果符合设计要求及施工规范，监理工程师签署隐蔽工程记录，进入下一道工序；如不合格，监理工程师签发“不合格项目通知”，指令承包单位整改，整改后自检合格再报监理工程师复查。

园林工程隐蔽工程主要包括园林建筑、园路、园桥的地下工程、装饰装修工程；绿化工程的种植土、基肥的厚度与质量、苗木土球及根系发育状况等。

2. 分项工程验收

对于重要的分项工程，应按照合同的质量要求，根据该分项工程施工的实际情况，参照质量评定标准进行验收。

3. 分部工程验收

根据分项工程质量验收结论，参照分部工程质量标准，可得出该工程的质量等级，以便决定能否验收。

4. 单位工程竣工验收

通过对分项、分部工程质量等级的统计推断，再结合对质保材料的核查和单位工程质量观感评分，便可系统地对整个单位工程做出全面的综合评定，从而决定是否达到合同所要求的质量等级，进而决定能否验收。

五、园林工程竣工验收的程序

园林工程全部建成，并具备竣工图表、工程总结等必要文件资料，由建设项目主管部门或发包人向负责验收的单位提出竣工验收申请报告，按程序验收。工程验收报告应经项目经理和承包人有关负责人审核签字。竣工验收的一般程序为：

1. 承包人申请竣工验收

承包人在完成了合同工程或按合同约定可分部移交工程的，可填写单位工程竣工预验收报验表申请竣工验收。承包人施工的工程达到竣工条件后，应先进行预检验，对不符合要求的部位和项目，确定修补措施和标准，修补有缺陷的工程部位。

2. 监理人现场初步验收

监理人收到单位工程竣工预验收报验表后，应由总监理工程师组成验收组，对竣工的工程项目的竣工资料和各专业工程的质量进行初验，在初验中发现的质量问题，要及时书面通知承包人，令其修理甚至返工。经整改合格后监理工程师签署“工程竣工报验单”，并向发包人提出质量评估报告，至此现场初步验收工作结束。

3. 正式验收

当初步验收检查结果符合竣工验收时，监理工程师将施工单位的竣工申请报告报送建设单位。建设单位收到工程验收报告后，应由建设单位负责人组织施工、设计、监理等单位负责人进行单位工程验收。

【任务实施】

一、施工单位自检、申请预验收

施工单位在单位工程完工后，经自检合格并达到竣工条件后，填写单位工程竣工预验收报验表，并附加相应的竣工资料，向监理单位申请竣工预验收，见表5-2。

竣工资料包括单位（子单位）工程质量控制资料核查记录、单位（子单位）工程安全功能和植物成活要素检查资料核查及主要功能抽查记录、单位（子单位）工程观感质量检查记录、单位（子单位）工程植物成活率统计记录。

表 5-2　工程竣工预验收报验表

<table>
<tr><td colspan="2">单位工程竣工预验收报验表</td><td>资 料 编 号</td><td></td></tr>
<tr><td>工程名称</td><td>× ×广场景观绿化工程</td><td>日　期</td><td></td></tr>
<tr><td colspan="4">致　<u>× ×工程监理有限公司</u>（监理单位）：
我方已按合同要求完成了<u>× ×广场景观绿化工程</u>工程，经自检合格，请予以检查和验收。
附件：竣工资料（略）

施工单位名称：　A 园林绿化工程有限公司　　　　项目经理（签字）：× × ×</td></tr>
<tr><td colspan="4">审查意见：
经预验收，该工程：
1. □符合　□不符合　　我国现行法律、法规要求；
2. □符合　□不符合　　我国现行工程建设标准；
3. □符合　□不符合　　设计文件要求；
4. □符合　□不符合　　施工合同要求。
综上所述，该工程预验收结论：　□合格　　□不合格；
可否组织正式验收：　□可　　□否。

监理单位名称：　　　　总监理工程师（签字）：　　　　日期：</td></tr>
</table>

注：本表由施工单位填写。

二、监理单位组织预验收

监理单位（总监）收到单位工程竣工预验收报验表后，及时组织预验收。

（一）工程质量预验收内容

在预验收过程中要全面检查各分项工程，本工程主要是绿化工程、园林建筑及小品分部工程。

1. 绿化工程

（1）苗木验收

1）乔木：胸径、冠幅、分枝点严格按照设计图纸要求，并在不影响整体效果的前提下进行适当的疏枝，力求达到应有的景观效果，保证成活；树干挺直，不应有明显弯曲（即使小弯曲也不得超出两处）；无蛀干害虫和未愈合的机械损伤；树冠丰满，枝条分布均匀、无严重病虫危害；常绿树叶色正常，根系发育良好、保持原有端正形态；没有断枝断梢，并进行牵引和固定处理，并满足应有的观赏效果。

2）灌木：冠幅和枝条数符合设计需要，根系发达，生长茁壮，无严重病虫危害；灌丛匀称，枝条分布合理，高度不得低于设计要求；丛生灌木枝条符合设计要求；有主干的灌木，主干应明显，能够根据苗木的生长特点适当修剪，达到与周围环境相适应的整体观赏效果。

3）地被植物：边缘曲线完整，植株栽植密度符合设计及规范要求；选苗大小均匀，严格按照设计标准；无杂草，无病害，修剪完整。

4）草坪：绿地整洁，无杂草，无病虫害，无斑秃；生长茂盛，适时修剪；地势平整，无积水下沉现象；与相邻植物边缘处理得当，能够及时对草坪绿地进行垃圾的清除。

（2）土壤要求　园林植物生长所需的最小种植土层厚度应大于植物主要根系分布深度；土质为结构疏松、肥力较高的种植土，不含盐、碱、垃圾等对植物生长有害的物质。

（3）整形修剪　剪口平滑，不得劈裂并注意留芽的方位；超过2cm以上的剪口，应用刀削平，涂抹防腐剂；常绿乔木一般不可修剪，仅剪去病虫、枯死、劈、裂、断枝条和疏剪过密、重叠、轮生枝，剪口处留1～2cm小木橛，不得紧贴枝条基部剪去，以达到疏枝整形的美观效果。

（4）苗木栽植密度　对于灌木和地被植物组成的模纹及花境栽植密度以黄土不见天为主；草坪及模纹与路边石衔接的地方应留5cm的空隙（为达到苗木的正常生长需要）。

（5）苗木品种、数量、规格、位置符合设计要求

（6）其他

1）绿地无杂草，修剪完整，栽植深度符合生长需要。

2）微地形做到坡度平缓，自然顺滑，符合整体设计需要。

3）按照设计品种和数量进行栽植苗木，苗木无倾斜倒伏现象。

4）围堰整齐，起到存水功能；与草坪等植物衔接顺畅，起到美化的效果。

5）绿化场地平整，无垃圾，无积水，无死角；在适当的季节进行适当的养护措施，如防寒，涂白，浇水，打药等；树穴内无垃圾。

6）对死树及时进行处理，并根据当时的季节进行及时的补栽。

2. 园林建筑及附属设施

（1）园路广场部分

1）直角路边石：施工稳固，线直、弯顺、无折角；顶面平整无错牙；勾缝严密，无阻水现象；路缘石背后回填密实；整体感官整齐平整，无掉角，缝隙饱满。

2）园路方砖铺设：感官效果铺砌平稳，灌缝饱满，无翘动；面层与其他构筑物衔接顺畅，无积水、无缺棱掉角现象。

3）花岗岩铺装：面层板块的品种、规格、级别、形状、光洁度符合设计要求；面层与基层结合，无空鼓现象；面层板块挤靠严密，无缝隙，接缝通直无错缝；表面平整洁净，图案清晰无划痕；周边顺直方正，擦缝饱满；石板齐平，洁净、美观，无沙土，无水泥，并冲洗干净，无明显色差。

4）卵石铺装：大小均匀，颜色一致，铺装符合设计标高，无超出或低于整体平面现象；卵石安装间距适中，填充缝内光滑饱满，与相临铺装衔接处填充缝适中。

（2）筑山　主次分明，达到自然美观的效果；采取平稳、填缝、胶接、勾缝的安砌措施。

（3）园林小品　防腐木花架结构合理，安装稳固，无变形，符合设计尺寸，防腐木表面进行打磨处理，保证使用功能。

（二）核查竣工资料

对工程实体检查验收、对单位（子单位）工程质量控制资料核查记录、单位（子单位）工程安全功能和植物成活要素检查资料核查及主要功能抽查记录、单位（子单位）工程观感质量检查记录、单位（子单位）工程植物成活率统计记录的内容进行核查。

通过预验收后，施工单位编写工程质量竣工报告；监理单位编写质量评估报告。监理单位及时回复单位工程竣工预验收报验表，并汇齐附件报建设单位准备工程竣工验收。

附件包括：

1）工程质量竣工报告（见表5-3）及竣工图（略）。

表 5-3　工程质量竣工报告

<table>
<tr><td>工 程 名 称</td><td colspan="3">××广场景观绿化工程</td></tr>
<tr><td>施工单位</td><td>A 绿化工程有限公司</td><td>联系电话</td><td></td></tr>
<tr><td>绿化面积</td><td>1043. 42m²</td><td>结构层</td><td></td></tr>
<tr><td colspan="4">1. 施工单位的质量责任行为的履行。
2. 本工程已按要求完成工程设计和强制性条文的各项内容。
3. 在施工过程中，执行强制性标准和强制性条文。
4. 施工过程中对监理和监督机构提出要求整改的质量问题已整改。
5. 工程完工后，企业自查是否确认工程达到竣工标准，工程质量达到合格质量等级，满足结构安全和使用功能要求。
6. 工程质量保证资料基本齐全且已按要求装订成册。</td></tr>
<tr><td colspan="4">质量验收意见：
该工程在施工过程中，严格按照国家标准、规范、施工合同及设计图纸执行，很好地履行合同约定的各项内容，严格执行强制性标准和强制性条文，原材料方面坚持先试后用，不合格材料杜绝入场，各种试块经现场取样试压合格，工程实体经监督站检验、主体检测，均符合设计要求，对于监督机构和监理提出的问题能及时整改。工程各分部、分项检验批通过自检符合要求，保证试验报告符合规范要求，工程完工后达到合格等级，满足结构安全和使用功能要求。</td></tr>
<tr><td>项目经理</td><td></td><td colspan="2" rowspan="4">施工企业盖章</td></tr>
<tr><td>企业质量负责人</td><td></td></tr>
<tr><td>企业技术负责人</td><td></td></tr>
<tr><td>企业法人代表</td><td></td></tr>
</table>

2）工程质量评估报告（见表 5-4）。

表 5-4　工程质量评估报告

<table>
<tr><td>单位工程</td><td>××广场景观绿化工程</td><td>建设单位</td><td>××市政府投资项目建设管理办公室</td></tr>
<tr><td>监理单位</td><td>××监理有限公司</td><td>联系电话</td><td></td></tr>
<tr><td>开工日期</td><td>2016 年 3 月 1 日</td><td>竣工日期</td><td>2016 年 5 月 29 日</td></tr>
<tr><td colspan="4">××监理公司受××委托，从 2016 年 3 月 1 日开始对××广场景观绿化工程进行施工阶段的监理工作，经建设、设计、施工、监理单位的共同努力，该工程于 2016 年 5 月 30 日通过竣工预验收，下面对该工程各分部工程进行质量评估：
一、绿化种植工程
该分部工程共 3 个分项工程，均验收合格，该分部工程验收合格，观感“一般”。
二、园路广场工程
该分部工程共 3 个分项工程，均验收合格，该分部工程验收合格，观感“一般”。
三、园林小品工程
该分部工程 3 个分项工程，均验收合格，该分部工程验收合格，观感“一般”。</td></tr>
<tr><td colspan="4">安全功能检验（检测）报告检查情况：
园林建筑与结构共 3 项，核查了 3 项，核查结果全部符合要求。</td></tr>
<tr><td colspan="4">质量控制资料、文件的检查情况：
1. 园林建筑与结构相关资料完整，各方签字齐全。
2. 绿化种植相关资料完整，各方签字齐全。
3. 园路相关资料完整，各方签字齐全。</td></tr>
<tr><td colspan="4">观感质量初验：
1. 园林建筑与结构共抽查 5 项，质量评价为一般的 3 项，评价为好的 2 项。
2. 绿化种植共抽查 4 项，质量评价为一般的 3 项，评价为好的 1 项。
3. 园路共抽查 3 项，质量评价为一般的 2 项，评价为好的 1 项。
单位工程的观感质量综合评价为“一般”。</td></tr>
</table>

（续）

<table>
<tr><td colspan="2">初验结果：
经预验收，该单位工程包括的三分部工程质量全部达到合格，工程质量控制资料和安全功能检验（检测）资料齐全完整，主要使用功能符合验收规范要求，观感质量综合评价为“一般”。该单位工程验收合格。</td></tr>
<tr><td>项目总监理工程师：　　　　年　　月　　日</td><td rowspan="2">监理单位（公章）</td></tr>
<tr><td>单位有关负责人：　　　　年　　月　　日</td></tr>
</table>

三、建设单位编制建设工程竣工验收通知书

建设单位收到上述文件后，及时编制建设工程竣工验收通知书（表5-5），报质监站。

表5-5　建设工程竣工验收通知书

监督申报号：__________

<table>
<tr><td>

__××市__质量监督站：

我单位建设的××广场景观绿化工程，已完成设计文件和合同约定的内容，工程资料完整，工程质量符合国家规范及相关技术标准要求，具备竣工验收的条件，现拟订于__2016__年__6__月__6__日（地点：__管委会__）进行竣工验收，现将已经我们审核工程质量验收资料，竣工验收方案和验收员组成名单报送（提交）你站审核，如符合竣工验收条件，请按拟订验收时间派员参加竣工验收，予以监督。

附件：1. 竣工验收人员组成名单（略）
2. 竣工验收方案（略）
3. 有关资料：施工单位建设工程施工质量竣工报告（略）
勘察单位建设工程勘察质量检查报告（略）
设计单位建设工程设计质量检查报告（略）
监理单位建设工程监理质量评估报告（略）
4. 其他资料
单位（子单位）工程质量控制资料核查记录（略）
单位（子单位）工程安全功能和植物成活要素检查资料核查及主要功能抽查记录（略）
单位（子单位）工程观感质量检查记录（略）
单位（子单位）工程植物成活率统计记录（略）

质监站（盖章）：　　　　　　　　建设单位：（盖章）
年　　月　　日　　　　　　　　　年　　月　　日

</td></tr>
</table>

注：1. 建设单位应在工程竣工验收15个工作日前，将本通知报质监站。
2. 竣工验收组应包括建设、勘察、设计、施工（含分包单位）、监理单位（项目）负责人及其他有关方面方案。
3. 此通知书一式四份，建设、监理、施工、质监站各一份。

四、质监站确认竣工验收方案

质监站确认竣工验收方案，并在竣工验收通知书上签署意见。

五、正式竣工验收

建设单位组织验收小组成员进行正式竣工验收，并形成单位（子单位）工程质量竣工验收记录（见

表5-6，质监站开展同步监督。最后形成工程竣工验收监督检查记录表，见表5-7。具体程序如下：

1. 准备工作

1）建设单位向验收委员会各单位发出请柬，并书面通知设计、施工及质量监督等有关单位。

2）拟定竣工验收的工作议程，报验收委员会主任审定。

3）选定会议地点。

4）准备好一套完整的竣工和验收的报告及有关技术资料。

2. 正式验收程序

1）由验收委员会主任主持验收委员会会议。会议首先宣布验收委员会名单，介绍验收工作会议议程及时间安排，简要介绍工程概况，说明此次竣工验收工作的目的、要求及做法。

2）由设计单位汇报设计施工情况及对设计的自检情况。

3）由施工单位汇报施工情况以及自检自验的结果情况。

4）由监理工程师汇报工程监理的工作情况和预验收结果。

5）在实施验收中，验收人员可先后对竣工验收技术资料及工程实物进行验收检查；也可分为两组，分别对竣工验收的技术资料及工程实物进行验收检查。在检查中可吸收监理单位、设计单位、质量监督人员参加。在广泛听取意见、认真讨论的基础上，统一提出竣工验收的结论意见，如无异议，则予以办理竣工验收证书和工程验收鉴定书。

表5-6　单位（子单位）工程质量竣工验收记录

<table>
<tr><td colspan="2">工程名称</td><td colspan="3">××景观绿化工程</td><td>结构类型</td><td></td><td colspan="2">层数/建筑　面积</td><td></td></tr>
<tr><td colspan="2">施工单位</td><td colspan="3">A绿化工程有限公司</td><td>技术负责人</td><td>×××</td><td colspan="2">开工日期</td><td>2016年3月1日</td></tr>
<tr><td colspan="2">项目经理</td><td colspan="3">×××</td><td>项目技术负责人</td><td>×××</td><td colspan="2">竣工日期</td><td>2016年5月29日</td></tr>
<tr><td>序号</td><td colspan="2">项　目</td><td colspan="4">验　收　记　录</td><td colspan="3">验　收　结　论</td></tr>
<tr><td>1</td><td colspan="2">分部工程</td><td colspan="4">共3分部，经查3分部
符合标准及设计要求</td><td colspan="3">合格</td></tr>
<tr><td>2</td><td colspan="2">质量控制资料核查</td><td colspan="4">共12项，经审查符合要求12项，
经核定符合规范要求12项</td><td colspan="3">合格</td></tr>
<tr><td>3</td><td colspan="2">安全和主要使用功能核查及抽查结果</td><td colspan="4">共核查5项，符合要求5项，
共抽查3项，符合要求3项，
经返工处理符合要求0项</td><td colspan="3">合格</td></tr>
<tr><td>4</td><td colspan="2">观感质量验收</td><td colspan="4">共抽查6项，符合要求6项，
不符合要求0项</td><td colspan="3">合格</td></tr>
<tr><td>5</td><td colspan="2">综合验收结论</td><td colspan="4">合格</td><td colspan="3"></td></tr>
<tr><td rowspan="2">参加验收单位</td><td colspan="3">建　设　单　位</td><td colspan="2">监　理　单　位</td><td colspan="2">施　工　单　位</td><td colspan="2">设　计　单　位</td></tr>
<tr><td colspan="3">（公章）
单位（项目）负责人：
年　月　日</td><td colspan="2">（公章）
总监理工程师：
年　月　日</td><td colspan="2">（公章）
单位负责人：
年　月　日</td><td colspan="2">（公章）
单位（项目）负责人：
年　月　日</td></tr>
</table>

表 5-7　工程竣工验收监督检查记录表

工程名称	××景观绿化工程	验收时间	2016 年 6 月 6 日
现场验收同步监督情况	2016 年 6 月 6 日，由建设单位组织了工程竣工验收，监督检查情况记录如下： 1. 参加单位及现场验收人员资格符合规定要求。 2. 建设单位验收结论明确，验收程序符合规定要求。 3. 各参建单位签署了工程质量竣工验收记录文件。 4. 该工程能按建设强制性标准执行。 5. 经抽查，该工程实体质量符合相关要求。 6. 经抽查，该工程行为质量（原材料检验、检测试验、隐蔽工程验收及分部验收的相关资料等）符合相关要求。		
存在质量问题处理意见	限　　年　月　日前完成整改。 1. 施工单位整改，建设（监理）单位检查（　）。 2. 施工单位整改，建设（监理）单位检查后书面报本站（　）。 3. 施工单位整改，建设（监理）单位检查后书面报我站复查（　）。 4. 建设（监理）单位整改后书面报我站（　）。		
监督意见	经××市园林绿化工程质量监督站同步监督工程竣工验收，认为此次验收符合法定程序和相关要求。建设单位应在 7 个工作日内，向××市园林绿化局工程竣工备案部门进行备案。		
监督员签字： 年　月　日	建设单位负责人签字： 年　月　日		

六、备案

建设单位在验收完成后 7 个工作日持竣工报告、单位（子单位）工程质量竣工验收记录报质监站存档；15 个工作日内持×××工程园林绿化工程竣工验收备案表（表 5-8）到当地园林绿化局办理备案手续。

表 5-8　竣工验收备案表

建设单位	××市政府投资项目建设管理办公室建设	备案日期	2016 年 6 月 20 日
工程名称	××景观绿化工程	工程造价	34.6766 万元
工程类别	园林四类	设计工艺	
开工日期	2016 年 3 月 1 日	竣工验收日期	2016 年 6 月 6 日
施工图审查意见	合格	设计使用年限	
勘察单位	合格	资质等级	乙级
设计单位	合格	资质等级	乙级
监理单位	合格	资质等级	乙级
施工单位（总包）	合格	资质等级	三级
主要分包单位	合格	资质等级	无
工程质量监督机构	合格	施工许可证号	××××××

（续）

<table>
<tr><td rowspan="5">竣工验收意见</td><td>勘察单位
意　　见</td><td>按勘察报告进行了设计、施工，工程质量合格
法人代表：　　　　（公章）　　　　年　　月　　日</td></tr>
<tr><td>设计单位
意　　见</td><td>按设计文件要求完成了施工，质量符合设计要求，工程质量合格。
法人代表：　　　　（公章）　　　　年　　月　　日</td></tr>
<tr><td>施工单位
意　　见</td><td>工程质量符合验收标准及相关规范、设计和合同要求，工程质量合格
法人代表：　　　　（公章）　　　　年　　月　　日</td></tr>
<tr><td>监理单位
意　　见</td><td>按强制性标准及相关规范、设计文件进行施工，工程质量合格。
法人代表：　　　　（公章）　　　　年　　月　　日</td></tr>
<tr><td>建设单位
意　　见</td><td>完成了设计和合同内容，质量合格。
法人代表：　　　　（公章）　　　　年　　月　　日</td></tr>
<tr><td colspan="3">工程竣工验收备案文件目录</td></tr>
<tr><td colspan="3">1. 工程竣工验收备案表
2. 工程竣工验收报告
3. 工程施工承包合同
4. 勘察单位出具的工程质量检查报告
5. 设计单位出具的工程质量检查报告
6. 监理单位出具的工程质量检查报告
7. 施工单位出具的工程竣工报告
8. 施工单位签署的工程质量保修书
9. 工程款支付证明
10. 建设工程施工许可证（简易工程不作要求）
11. 工程竣工验收意见会签表
12. 绿化养护计划
13. 绿地面积测量报告（住宅小区类）
14. 有关质量检测和功能性试验资料</td></tr>
<tr><td colspan="3">该工程的竣工验收备案文件已于　　年　月　日收讫。文件齐全。

备案机关（公章）
年　　月　　日</td></tr>
</table>

<table>
<tr><td>备案机关负责人</td><td></td><td>备案经手人</td><td></td></tr>
<tr><td colspan="4">备案机关处理意见：

备案机关（公章）
年　　月　　日</td></tr>
<tr><td>备案</td><td colspan="3"></td></tr>
</table>

（本表一式三份）

【任务考核】

序　号	考核项目	评分标准	配　分	得　分	备　注
1	竣工验收资料	准备资料齐全、内容完整	15		
2	竣工预验收报验表	填写正确、规范	10		
3	建设工程竣工验收通知书	填写正确、规范	10		
4	竣工验收内容	验收内容全面、没有遗漏	15		
5	竣工验收程序	验收程序符合	15		
6	工程质量竣工验收记录	验收记录准确、符合规范	15		
7	工程竣工验收监督检查记录表	填写正确、规范	10		
8	竣工验收备案表	填写正确、规范	10		
			100		

实训指导教师签字：　　　　　　　　　　　　年　　月　　日

【巩固练习】

根据本书配套电子资源提供的××别墅景观绿化工程施工内容，在教师指导下，组织学生模拟园林工程竣工验收程序和验收内容。

任务二　竣工决算

【能力目标】

1. 能够根据竣工决算表格进行工程造价对比分析。
2. 能够参与编制园林工程竣工决算。

【知识目标】

1. 了解园林工程竣工决算的概念及作用。
2. 了解园林工程竣工决算的内容和编制。

【思政目标】

1. 通过园林工程竣工决算，树立责任担当意识。
2. 通过学习园林工程决算的特点，培养实事求是的职业道德和一丝不苟的工匠精神。

【任务描述】

××景观绿化工程竣工验收和结算已经完毕，建设单位拟编制竣工决算来核算建设项目实际造价和投资效果。本任务主要完成竣工决算的过程。

【任务分析】

竣工决算是在建设项目或单项工程完工后，由建设单位财务及有关部门，以竣工结算等资料为基础，编制的反映建设项目实际造价和投资效果的文件。它包括建设项目从筹建到竣工投产全过程的全部实际支出费用，即工程费用、工程建设其他费用、预备费、建设期贷款利息等。完成园林工程竣工决算任务，必须熟悉竣工财务决算说明书、竣工财务决算报表、工程竣工图和工程竣工造价对比分析四部分内容，其中前两项是工程决算的核心内容。

【知识准备】

一、建设项目竣工决算的概念

竣工决算是以实物数量和货币指标为计量单位，综合反映竣工项目从筹建开始到项目竣工交付使用为止的全部建设费用、投资效果和财务情况的总结性文件，是竣工验收报告的重要组成部分。竣工决算是正确核定新增固定资产价值，考核分析投资效果，建立健全经济责任制的依据，是反映建设项目实际造价和投资效果的文件。通过竣工决算，既能够正确反映建设工程的实际造价和投资结果；又可以通过竣工决算与概算、预算的对比分析，考核投资控制的工作成效，为工程建设提供重要的技术经济方面的基础资料，提高未来工程建设的投资效益。

二、建设项目竣工决算的作用

1）建设项目竣工决算是综合全面地反映竣工项目建设成果及财务情况的总结性文件，它采用货币指标、实物数量、建设工期和各种技术经济指标综合、全面地反映建设项目自开始建设到竣工为止全部建设成果和财务状况。

2）建设项目竣工决算是办理交付使用资产的依据，也是竣工验收报告的重要组成部分。建设单位与使用单位在办理交付资产的验收交接手续时，通过竣工决算反映了交付使用资产的全部价值，包括固定资产、流动资产、无形资产和其他资产的价值。及时编制竣工决算可以正确核定固定资产价值并及时办理交付使用，可缩短工程建设周期，节约建设项目投资，准确考核和分析投资效果。

3）建设项目竣工决算是分析和检查设计概算的执行情况，考核建设项目管理水平和投资效果的依据。竣工决算反映了竣工项目计划、实际的建设规模、建设工期以及设计和实际的生产能力，反映了概算总投资和实际的建设成本，同时还反映了所达到的主要技术经济指标。通过对这些指标计划数、概算数与实际数进行对比分析，不仅可以全面掌握建设项目计划和概算执行情况，而且可以考核建设项目投资效果，为今后制订建设项目计划、降低建设成本，提高投资效果提供必要的参考资料。

三、建设项目竣工决算的内容

建设项目竣工决算应包括从筹建到竣工投产全过程的全部实际费用。按照财政部、国家发展改革委员会、住房和城乡建设部的有关文件规定，竣工决算是由竣工财务决算说明书、竣工财务决算报表、工程竣工图和工程竣工造价对比分析四部分组成。其中，竣工财务决算说明书和竣工财务决算报表两部分又称建设项目竣工财务决算，是竣工决算的核心内容。

1. 竣工财务决算说明书

竣工财务决算说明书综合反映竣工工程建设成果和经验，是全面考核分析工程投资与造价的书面总结，是竣工决算报告的重要组成部分。其主要内容包括：

1）建设项目概况，对工程总的评价。一般从进度、质量、安全和造价方面进行分析说明。进度方面主要说明开工和竣工时间，对照合理工期和要求工期分析是提前还是延期；质量方面主要根据竣工验收委员会或相当一级质量监督部门的验收评定等级、合格率和优良率；安全方面主要根据劳动工资和施工部门的记录，对有无设备和人生事故进行说明；造价方面主要对照概算造价，说明节约或超支的情况，用金额和百分率进行分析说明。

2）资金来源及运用等财务分析。主要包括工程价款结算、会计账务的处理；财产物资情况及债权债务的清偿情况。

3）基本建设收入、投资包干结余、竣工结余资金的上交分配情况。通过对基本建设投资包干情况的分析，说明投资包干数、实际支用数和节约额、投资包干结余的有机构成和包干结余的分配情况。

4）各项经济技术指标的分析。概算执行情况分析，根据实际投资完成额与概算进行对比分析；新增生产能力的效益分析，说明支付使用财产占总投资额的比例、占支付使用财产的比例，不增加固定资

产的造价占投资总额的比例，分析有机构成和成果。

5）工程建设的经验及项目管理和财务管理工作以及竣工财务决算中有待解决的问题。

6）需要说明的其他事项。

2. 竣工财务决算报表

（1）建设项目竣工财务决算审批表（表5-9）　该表作为竣工决算上报有关部门审批时使用，大、中、小型项目均要按照下列要求填报此表。

表5-9　建设项目竣工财务决算审批表

建设项目法人（建设单位）		建设性质
建设项目名称		主管部门
开户银行意见： 盖章 年　月　日		
专员办审批意见： 盖章 年　月　日		
主管部门或地方财政部门审批意见： 盖章 年　月　日		

（2）大、中型建设项目概况表（表5-10）　此表用来反映建设项目总投资、基本投资支出、新增生产能力、主要材料消耗和主要技术经济指标等方面的设计或概算数与实际完成数的情况。

表5-10　大、中型建设项目概况表

建设项目（单项工程）名称			建设地址						项目	概算（元）	实际（元）	主要指标
主要设计单位			主要施工企业					基建支出单位	建筑安装工程			
占地面积	计划	实际	总投资（万元）	设计		实际			设备工具器具			
				固定资产	流动资金	固定资产	流动资金		待摊投资其中：建设单位管理费			
新增生产能力	能力（效益）名称		设计	实际					其他投资			
									待核销基建支出			
建设起止时间	设计	从　年　月开工至　年　月竣工							非经营项目转出投资			
	实际	从　年　月开工至　年　月竣工							合计			
设计概算批准文号								主要材料消耗	名称			
									钢材			
									木材			
完成主要工程量	建筑面积（m^2）			设备（台、套、吨）					水泥			
	设计	实际		设计		实际		主要技术经济指标				
收尾工程	工程内容			投资额单位		完成时间						

（3）大、中型建设项目竣工财务决算表（表5-11） 此表是用来反映建设项目的全部资金来源和资金占用（支出）情况，是考核和分析投资效果的依据。该表是采用平衡表形式，即资金来源合计等于资金占用（支出）合计。

表5-11 大、中型建设项目竣工财务决算表

资金来源	金额（元）	资金占用	金额（元）	补充资料
一、基建拨款		一、基本建设支出		1. 基建投资借款期末余额
1. 预算拨款		1. 交付使用资产		
2. 基建基金拨款		2. 在建工程		
3. 进口设备转账拨款		3. 待核销基建支出		
4. 器材转账拨款		4. 非经营项目转出投资		
5. 煤代油专用基金拨款		二、应收生产单位投资借款		2. 应收生产单位投资借款期末数
6. 自筹资金拨款		三、拨付所属投资借款		
7. 其他拨款		四、器材		
二、项目资本		其中：待处理器材损失		
1. 国家资本		五、货币资金		
2. 法人资本		六、预付及应收款		3. 基建结余资金
3. 个人资本		七、有价证券		
三、项目资本公积		八、固定资产		
四、基建借款		固定资产原值		
五、上级拨入投资借款		减：累计折旧		
六、企业债券资金		固定资产净值		
七、待冲基建支出		固定资产清理		
八、应付款		待处理固定资产损失		
九、未交款				
1. 未交税金				
2. 未交基建收入				
3. 未交基建包干节余				
4. 其他未交款				
十、上级拨入资金				
十一、留成收入				
合计		合计		

（4）大、中型建设项目交付使用资产总表（表5-12） 交付使用资产总表反映了建设项目建成交付使用新增固定资产、流动资产、无形资产和递延资产的全部情况及价值，作为财产交接、检查投资计划完成情况和分析投资效果的依据。

表5-12 大、中型建设项目交付使用资产总表

单项工程项目名称	总计	固定资产					流动资产	无形资产	递延资产
		建筑工程	安装工程	设备	其他	合计			
1	2	3	4	5	6	7	8	9	10
交付单位盖章 年 月 日						接受单位盖章 年 月 日			

（5）建设项目交付使用资产明细表（表5-13）　大、中型和小型建设项目均要填列此表，该表是交付使用财产总表的具体化、反映交付使用固定资产、流动资产、无形资产和递延资产的详细内容，是使用单位建立资产明细账和登记新增资产价值的依据。

表5-13　建设项目交付使用资产明细表

单项工程项目名称	建筑工程			设备、工具、器具、家具						流动资产		无形资产		递延资产	
	结构	面积（m^2）	价值（元）	名称	规格型号	单位	数量	价值（元）	设备安装费（元）	名称	价值（元）	名称	价值（元）	名称	价值（元）
合计															
交付单位盖章　　年　　月　　日									接受单位盖章　　年　　月　　日						

（6）小型建设项目竣工财务决算总表（表5-14）　该表是由大、中型建设项目概况表与竣工财务决算表合并而成的，主要反映小型建设项目的全部工程和财务情况。

3. 建设项目竣工图

建设工程竣工图是真实地记录各种地上、地下建筑物、构筑物等情况的技术文件，是工程进行交工验收、维护、改建和扩建的依据，是国家的重要技术档案。全国各建设、设计、施工单位和各主管部门都要认真做好竣工图的编制工作。国家规定：各项新建、扩建、改建的基本建设工程，特别是基础、地下建筑、管线、结构、井巷、隧道、港口、水坝以及设备安装等隐蔽部位，都要编制竣工图。为确保竣工图质量，必须在施工过程中（不能在竣工后）及时做好隐蔽工程检查记录，整理好设计变更文件。编制施工图的形式和深度，应根据不同情况区别对待，其具体要求如下：

1）凡按图竣工没有变动的，由承包人（包括总包和分包承包人，下同）在原施工图上加盖“竣工图”标志后，即作为竣工图。

2）凡在施工过程中，虽有一般性设计变更，但能将原施工图加以修改补充作为竣工图的，可不重新绘制，由承包人负责在原施工图（必须是新蓝图）上注明修改的部分，并附以设计变更通知单和施工说明，加盖“竣工图”标志后，作为竣工图。

3）凡结构形式改变、施工工艺改变、平面布置改变、项目改变以及有其他重大改变，不宜再在原施工图上修改、补充时，应重新绘制改变后的竣工图。由原设计原因造成的，由设计单位负责重新绘制；由施工单位原因造成的，由承包人负责重新绘图；由其他原因造成的，由建设单位自行绘制或委托设计单位绘制。承包人负责在新图上加盖“竣工图”标志，并附以有关记录和说明，作为竣工图。

4）为了满足竣工验收和竣工决算的需要，还应绘制反映竣工工程全部内容的工程设计平面示意图。

5）重大的改建、扩建工程项目涉及原有的工程项目变更时，应将相关项目的竣工图资料统一整理归档，并在原图案卷内增补必要的说明。

4. 工程造价对比分析

对控制工程造价所采取的措施、效果及其动态的变化需要进行认真的对比，总结经验教训。批准的概算是考核建设工程造价的依据。在分析时，可先对比整个项目的总概算，然后将建筑安装工程费、设备工器具费和其他工程费用逐一与竣工决算表中所提供的实际数据和相关资料及批准的概算、预算指标、实际的工程造价进行对比分析，以确定竣工项目总造价是节约还是超支，并在对比的基础上，总结先进经验，找出节约和超支的内容和原因，提出改进措施。在实际工作中，应主要分析以下内容：

表 5-14　小型建设项目竣工财务决算总表

<table>
<tr><td>建设项目名称</td><td colspan="3"></td><td colspan="2">建设地址</td><td colspan="2"></td><td colspan="2">资金来源</td><td colspan="2">资金运用</td></tr>
<tr><td>初步设计概算批准文号</td><td colspan="7"></td><td>项目</td><td>金额（元）</td><td>项目</td><td>金额（元）</td></tr>
<tr><td rowspan="4">占地面积</td><td rowspan="2">计划</td><td rowspan="2">实际</td><td rowspan="4">总投资（万元）</td><td colspan="2" rowspan="2">计划</td><td colspan="2" rowspan="2">实际</td><td rowspan="2">一、基建拨款其中：预算拨款</td><td rowspan="2"></td><td>一、交付使用资产</td><td></td></tr>
<tr><td>二、待核销基建支出</td><td></td></tr>
<tr><td></td><td></td><td>固定资产</td><td>流动资产</td><td>固定资产</td><td>流动资产</td><td>二、项目资本金</td><td></td><td rowspan="2">三、非经营项目转出投资</td><td></td></tr>
<tr><td></td><td></td><td></td><td></td><td></td><td></td><td>三、项目资本公积金</td><td></td><td></td></tr>
<tr><td rowspan="2">新增生产能力</td><td colspan="2">能力（效益）名称</td><td colspan="2">计划</td><td colspan="3">实际</td><td>四、基建借款</td><td></td><td rowspan="2">四、应收生产单位投资借款</td><td></td></tr>
<tr><td colspan="2"></td><td colspan="2"></td><td colspan="3"></td><td>五、上级拨入借款</td><td></td><td></td></tr>
<tr><td rowspan="2">建设起止时间</td><td colspan="2">计划</td><td colspan="5">从　年　月开工至　年　月竣工</td><td>六、企业债券资金</td><td></td><td>五、拨付所属投资借款</td><td></td></tr>
<tr><td colspan="2">实际</td><td colspan="5">从　年　月开工至　年　月竣工</td><td>七、待冲基建支出</td><td></td><td>六、器材</td><td></td></tr>
<tr><td rowspan="9">基建支出</td><td colspan="4">项目</td><td>概算（元）</td><td>实际（元）</td><td></td><td>八、应付款</td><td></td><td>七、货币资金</td><td></td></tr>
<tr><td colspan="4">建筑安装工程</td><td></td><td></td><td></td><td rowspan="3">九、未付款其中：未交基建收入未交包干收入</td><td></td><td>八、预付及应收款</td><td></td></tr>
<tr><td colspan="4">设备、工具、器具</td><td></td><td></td><td></td><td></td><td>九、有价证券</td><td></td></tr>
<tr><td colspan="4" rowspan="2">待摊投资
其中：建设单位管理费</td><td rowspan="2"></td><td rowspan="2"></td><td></td><td></td><td>十、原有固定资产</td><td></td></tr>
<tr><td></td><td>十、上级拨入资金</td><td></td><td></td><td></td></tr>
<tr><td colspan="4">其他投资</td><td></td><td></td><td></td><td>十一、留成收入</td><td></td><td></td><td></td></tr>
<tr><td colspan="4">待核销基建支出</td><td></td><td></td><td></td><td rowspan="2"></td><td rowspan="2"></td><td rowspan="2"></td><td rowspan="2"></td></tr>
<tr><td colspan="4">非经营性醒目转出投资</td><td></td><td></td><td></td></tr>
<tr><td colspan="4">合计</td><td></td><td></td><td></td><td>合计</td><td></td><td>合计</td><td></td></tr>
</table>

1）主要实物工程量。对于实物工程量出入比较大的情况，必须查明原因。

2）主要材料消耗量。考核主要材料消耗量，要按照竣工决算表中所列明的三大材料实际超概算的消耗量，查明是在工程的哪个环节超出量最大，再进一步查明超耗的原因。

3）考核建设单位管理费、措施费和间接费的取费标准。建设单位管理费、措施费和间接费的取费

标准要按照国家和各地的有关规定，根据竣工决算报表中所列的建设单位管理费与概预算所列的建设单位管理费数额进行比较，依据规定查明多列或少列的费用项目，确定其节约超支的数额，并查明原因。

四、竣工决算的编制

1. 竣工决算的编制依据

1）经批准的可行性研究报告、投资估算书、初步设计或扩大初步设计，修正总概算及其批复文件。

2）经批准的施工图设计及其施工图预算书。

3）设计交底或图纸会审会议纪要。

4）设计变更记录、施工记录或施工签证单及其他施工发生的费用记录。

5）招标控制价，承包合同、工程结算等有关资料。

6）历年基建计划、历年财务决算及批复文件。

7）设备、材料调价文件和调价记录。

8）有关财务核算制度、办法和其他有关资料。

2. 竣工决算的编制要求

为了严格执行建设项目竣工验收制度，正确核定新增固定资产价值，考核分析投资效果，建立健全经济责任制，所有新建、扩建和改建等建设项目竣工后，都应及时、完整、正确地编制好竣工决算。建设单位要做好以下工作：

1）按照规定组织竣工验收，保证竣工决算的及时性。竣工结算是对建设工程的全面考核。所有的建设项目（或单项工程）按照批准的设计文件所规定的内容建成后，具备了投产和使用条件的，都要及时组织验收。对于竣工验收中发现的问题，应及时查明原因，采取措施加以解决，以保证建设项目按时交付使用和及时编制竣工决算。

2）积累、整理竣工项目资料，保证竣工决算的完整性。积累、整理竣工项目资料是编制竣工决算的基础工作，它关系到竣工决算的完整性和质量的好坏。因此，在建设过程中，建设单位必须随时收集项目建设的各种资料，并在竣工验收前，对各种资料进行系统整理，分类立卷，为编制竣工决算提供完整的数据资料，为投产后加强固定资产管理提供依据。在工程竣工时，建设单位应将各种基础资料与竣工决算一起移交给生产单位或使用单位。

3）清理、核对各项账目，保证竣工决算的正确性。工程竣工后，建设单位要认真核实各项交付使用资产的建设成本；做好各项账务、物资以及债权的清理结余工作，应偿还的及时偿还，该收回的应及时收回，对各种结余的材料、设备、施工机械工具等，要逐项清点核实，妥善保管，按照国家有关规定进行处理，不得任意侵占；对竣工后的结余资金，要按规定上交财政部门或上级主管部门。在完成上述工作，核实了各项数字的基础上，正确编制从年初起到竣工月份止的竣工年度财务决算，以便根据历年的财务决算和竣工年度财务决算进行整理汇总，编制建设项目决算。

按照规定竣工决算应在竣工项目办理验收交付手续后一个月内编好，并上报主管部门，有关财务成本部分，还应送经办行审查签证。主管部门和财政部门对报送的竣工决算审批后，建设单位即可办理决算调整和结束有关工作。

3. 竣工决算的编制步骤

1）收集、整理和分析有关依据资料。在编制竣工决算文件之前，应系统地整理所有的技术资料、工料结算的经济文件、施工图纸和各种变更与签证资料，并分析它们的准确性。完整、齐全的资料，是准确而迅速编制竣工决算的必要条件。

2）清理各项财务、债务和结余物资。在收集、整理和分析有关资料中，要特别注意建设工程从筹建到竣工投产或使用的全部费用的各项账务，债权和债务的清理，做到工程完毕账目清晰，既要核对账目，又要查点库存实物的数量，做到账与物相等，账与账相符，对结余的各种材料、工器具和设备，要逐项清点核实，妥善管理，并按规定及时处理，收回资金。对各种往来款项要及时进行全面清理，为编制竣工决算提供准确的数据和结果。

3）核实工程变动情况。重新核实各单位工程。单项工程造价，将竣工资料与原设计图纸进行查对、核实，必要时可实地测量，确认实际变更情况；根据经审定的承包人竣工结算等原始资料，按照有关规定对原概、预算进行增减调整，重新核定工程造价。

4）编制建设工程竣工结算说明。按照建设工程竣工决算说明的内容要求，根据编制依据材料填写在报表中的结果，编写文字说明。

5）填写竣工决算报表，按照建设工程决算表格中的内容，根据编制依据中的有关资料进行统计或计算各个项目和数量，并将其结果填到相应表格的栏目内，完成所有报表的填写。

6）做好工程造价对比分析。

7）清理、装订好竣工图。

8）上报主管部门审查存档。

将上述编写的文字说明和填写的表格经核对无误，装订成册，即为建设工程竣工决算文件。将其上报主管部门审查，并把其中财务成本部分送交开户银行签证。竣工决算在上报主管部门的同时，抄送有关设计单位。大中型建设项目的竣工决算还应抄送财政部、建设银行总行和省、自治区、直辖市的财政局和建设银行各一份。建设工程竣工决算的文件，由建设单位负责组织人员编写，在竣工建设项目办理验收使用一个月之内完成。

【任务实施】

一、收集、整理和分析有关依据资料

在编制竣工决算文件之前，系统地收集、整理所有的项目批复文件、可研及设计资料、各类工程结算资料、竣工图和竣工验收资料等，并从项目立项阶段至项目竣工验收阶段进行全面梳理，分析它们的完整性、准确性，为编制竣工决算提供必要条件。

二、债权、债务清理和资产物资的清点

竣工决算阶段，债权、债务的清理时，要注意应对从建设项目筹建到竣工决算日发生全部支出的各类账项进行全面的债权和债务清理，为编制竣工决算报表提供准确的数据和结果。

核对账目，盘点实物的数量，做到账实相符、账账相符，对于交付使用资产及结余的各种材料、工器具和设备物资要逐项清点核实，妥善管理，按规定及时处理，收回资金。

三、编制竣工决算报表

根据编制依据中的有关资料进行统计或计算各个项目和数量，并将其结果填到相应表格的栏目内，完成所有报表的填写、账表相符。

四、概算对比分析

对比整个项目的总概算，将建安投资、设备投资、待摊投资和其他投资与竣工决算表中的实际数据和概算批准的概数、概数指标、实际的工程造价对比分析，分析增、减原因，以确定竣工项目的经营成果。

五、编制建设工程竣工决算说明

依据上述收集的资料、编制完成的竣工决算报表及概算对比分析结果，按照竣工决算说明书的内容要求，逐项编写文字说明。

六、清理、装订好竣工图

七、上报竣工决算成果文件

上述编写的竣工决算说明书和竣工决算报表经核对无误，装订成册，即为竣工决算成果文件。根

据要求项目竣工决算如需经会计师事务所审核，需同时提交竣工决算审核报告共同上报主管部门审查。

【任务考核】

序　　号	考 核 项 目	评 分 标 准	配　　分	得　　分	备　　注
1	收集、整理和分析有关依据资料	收集资料完整、全面	25		
2	编制竣工决算报表	报表格式正确、内容真实准确	25		
3	编制建设工程竣工决算说明	说明准确、全面	25		
4	清理、装订好竣工图	竣工图符合规范要求	25		
			100		

实训指导教师签字：　　　　　　　　　　　　　　　　　　年　　月　　日

【巩固练习】

根据本书配套电子资源提供的××别墅景观绿化工程施工内容，在教师指导下，编制竣工决算报表和建设工程竣工决算说明。

附　　录

项目名称：××广场景观绿化工程

工 程 号：

设计阶段：　　施 工 图

专　　业：　　风景园林

2015年10月

目　录

	序号　图纸名称	图号	张数	图幅	备注
01	封面		1	A2	
	总施				
02	目录	ZS-00			
03	设计说明	ZS-01	1	A2	
04	景观总平面图	ZS-02	1	A2	
05	景观索引图	ZS-03	1	A2	
06	景观竖向图	ZS-04	1	A2	
07	景观定位尺寸平面图	ZS-05	1	A2	
08	景观网格放线图	ZS-06	1	A2	
09	景观铺装平面图	ZS-07	1	A2	
	建施				
10	花架详图	JS-01~02	2	A2	
11	假山详图	JS-03	1	A2	
12	花坛坐凳详图	JS-04	1	A2	
13	铺装结构做法详图	JS-05	1	A2	
	绿施				
14	绿化设计说明	LS-01	1	A2	
15	绿化种植平面图	LS-02	1	A2	
16	植物材料表	LS-03	1	A2	
	水施				略
	电施				略

■会签

总图		暖通	
规划		电气	
建筑		园林	
结构		种植	
给排水			

■备注

■单位出图章

■签署

项目负责人		
专业负责人		
审定		
审核		
校对		
设计		

■工程名称

××广场园林绿化工程

■子项名称

总施

■图纸名称

目录

工程号	2015D001	图号	ZS-00
专业	园林	阶段	施工图
比例		日期	2015年10月
版次	第一版	备注	

设计说明

一、工程概况
1. 工程名称：××广场景观绿化工程
2. 工程编号：工程2016D001
3. 工程地点：×××××
4. 建设单位：×××××
5. 景观面积：xxxxm^2
6. 设计范围：景观工程各种铺地及路面材质，各构筑物材质、造型，植物布置及品种规格
7. 选用图集：参见05JX系列建筑标准设计图集相关内容

二、设计依据

《民用建筑设计通则》	GB 50352—2005
《公园设计规范》	CJJ 48—1992
《城市道路绿化规划与设计规范》	CJJ 75—1997
《园林绿化工程施工及验收规范》	CJJ 82—2012

建设方提供的协议书（设计委托书）
建设方提供的电子图形文件，及其说明

三、基本要求
1. 本说明与施工图互为补充。有关施工质量操作规程、验收标准均以国家及本地区颁发的相关规程、规范及规定为准。
2. 施工单位应事先熟悉本图纸，经我公司各专业负责人向施工单位技术交底后方能施工，做法不当之处应与我公司联系解决，不得自行变更做法。
3. 本工程选用建材及配件，均应确保质量，并应符合现行国家部颁标准，须持由当地建委核发的建筑产品准用证。

四、总图部分
(一) 定位
1. 本工程图纸所注尺寸以图面标注为准。距离均以毫米为单位，标高以米为单位。
2. 本工程中的曲线园路采用网格定位与精确定位相结合的方式，施工单位根据网格放线图的网格交点判断基准距离放线。

(二) 竖向及排水
1. 本工程场地高程采用1972年大沽高程系，2008年成果，所注标高均为完成后高程，坐标系同建筑坐标系。
2. 本工程中侧石的高程见工程做法，当图中标注侧石降为缘石时，要求侧石降坡长度至少两块（不小于1000）。道路在转弯时应优先考虑选用配套的转弯侧石，不得现场切割拼接，如转弯过小，需考虑定制。
3. 如图中无注明，则道路不考虑纵坡；横坡，车行道路为0.5%；广场向排水口方向找坡，坡度为0.3%。如图中有注明按图设计。

(三) 地面材料及工程做法，消防车道
具体铺装形式见相关详图，各种地面做法见工程做法。

五、铺装材料部分
1. 本工程中所标注的花岗岩部分未预留工程缝，相关扣缝计算由施工方自行确定，广场上的石材铺设时缝隙为2mm。
2. 此工程中的花岗岩均需刷防护剂做六面防护（不得对石材原有色泽造成影响）。
3. 地面铺装中的花岗岩部分，在遇到弧形铺设时，应在加工厂一次加工成型，尽量避免现场切割。当图中缺少异形块放样时，应与建设方及设计方联系，不得以此为原因不进行加工。

■ 会签

总图		暖通	
规划		电气	
建筑		园林	
结构		种植	
给排水			

■ 备 注
*本图纸的版权属×××建筑规划设计有限公司所有，不得用于本工程以外范围。
*本图纸需手续齐全方可用于施工。

■ 单位出图章

■ 签 署

项目负责人		
专业负责人		
审 定		
审核		
校对		
设计		

■ 工程名称
××广场景观绿化工程

■ 子项名称

■ 图纸名称
设计说明

工程号	2015D001	图 号	ZS-01
专 业	园林	阶 段	施工图
比 例		日 期	2015年10月
版 次	第一版	备 注	

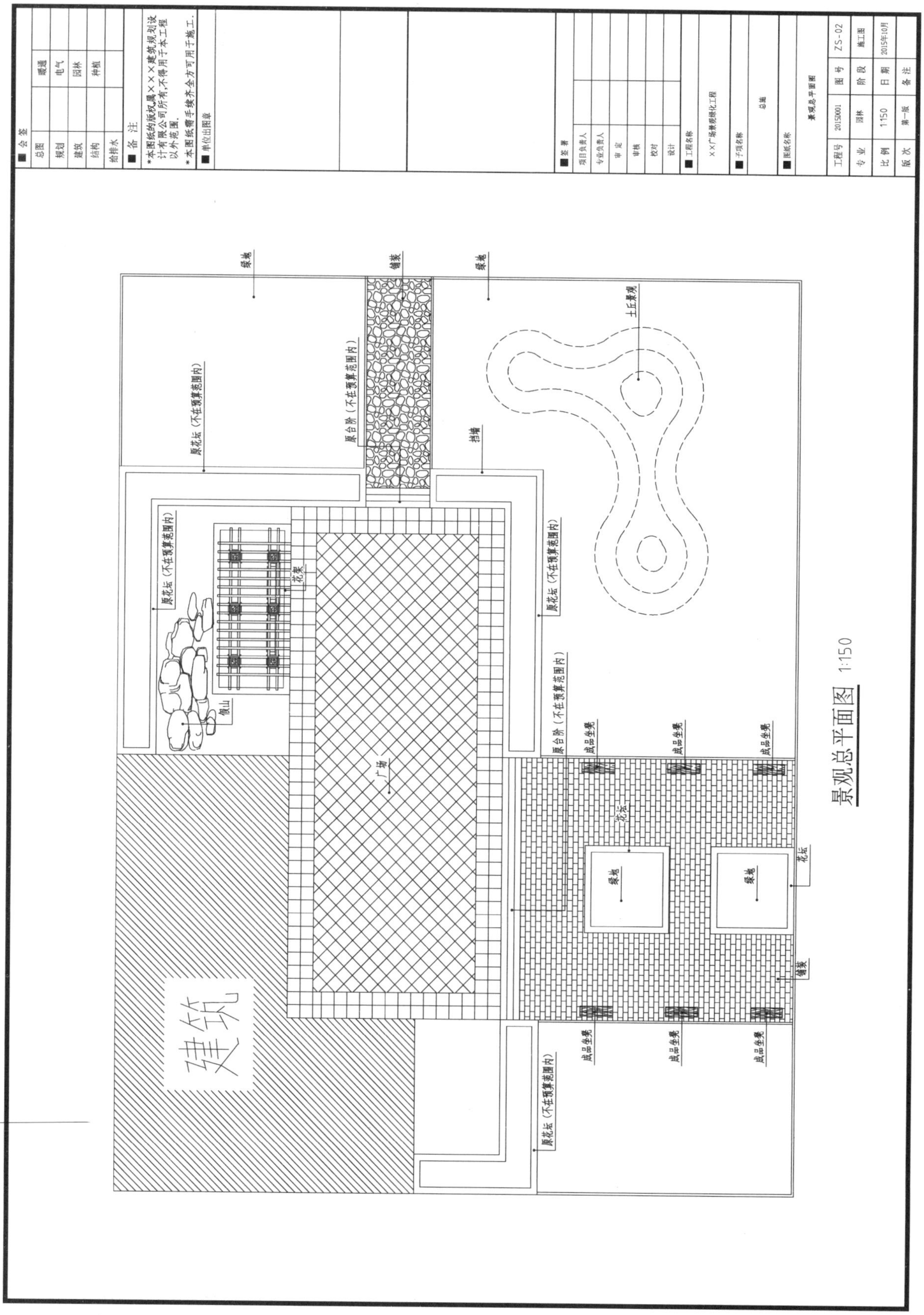

建筑

原花坛（不在预算范围内）

假山

花架

原花坛（不在预算范围内）

绿地

广场

原台阶（不在预算范围内）

铺装

挡墙

绿地

原花坛（不在预算范围内）

原台阶（不在预算范围内）

原花坛（不在预算范围内）

成品坐凳

成品坐凳

成品坐凳

成品坐凳

成品坐凳

成品坐凳

绿地

花坛

绿地

土丘景观

铺装

花坛

景观总平面图 1:150

■ 会签

总图		暖通	
规划		电气	
建筑		园林	
结构		种植	
给排水			

■ 备 注

*本图纸的版权属×××建筑规划设计有限公司所有,不得用于本工程以外范围。

*本图纸需手续齐全方可用于施工。

■ 单位出图章

■ 签 署

项目负责人		
专业负责人		
审 定		
审核		
校对		
设计		

■ 工程名称

××广场景观绿化工程

■ 子项名称

总施

■ 图纸名称

景观总平面图

工程号	2015D001	图 号	ZS-02
专 业	园林	阶 段	施工图
比 例	1:150	日 期	2015年10月
版 次	第一版	备 注	

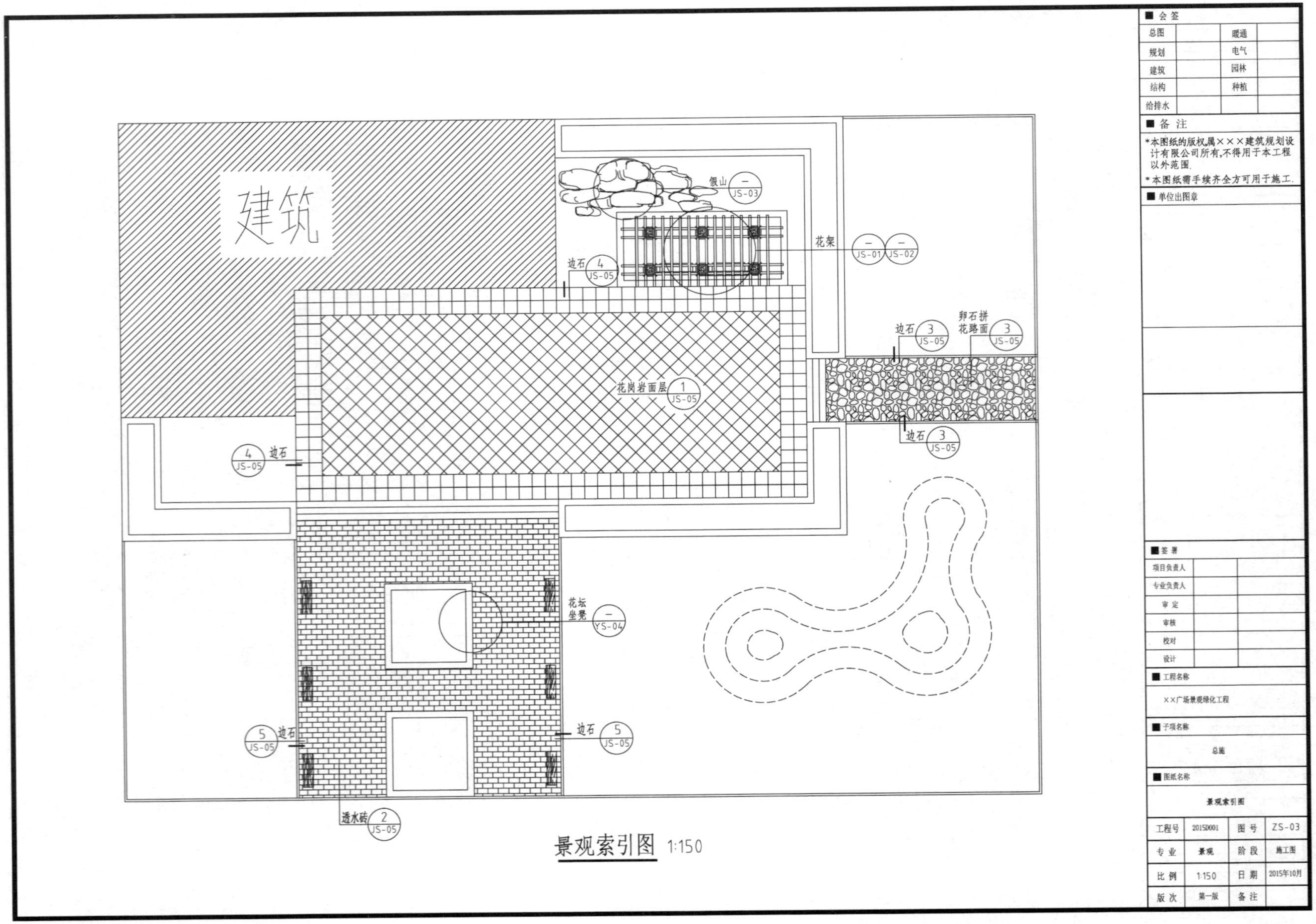
建筑
假山 — JS-03
花架 — JS-01 — JS-02
边石 4 JS-05
边石 3 JS-05
卵石拼花路面 3 JS-05
花岗岩面层 1 JS-05
花坛坐凳 — YS-04
边石 5 JS-05
透水砖 2 JS-05
会签
总图
规划
建筑
结构
给排水
暖通
电气
园林
种植
备 注
*本图纸的版权属×××建筑规划设计有限公司所有,不得用于本工程以外范围.
*本图纸需手续齐全方可用于施工.
单位出图章
签 署
项目负责人
专业负责人
审 定
审核
校对
设计
工程名称
××广场景观绿化工程
子项名称
总施
图纸名称
景观索引图
工程号 2015D001
图 号 ZS-03
专 业 景观
阶 段 施工图
比 例 1:150
日 期 2015年10月
版 次 第一版
备 注
景观索引图 1:150

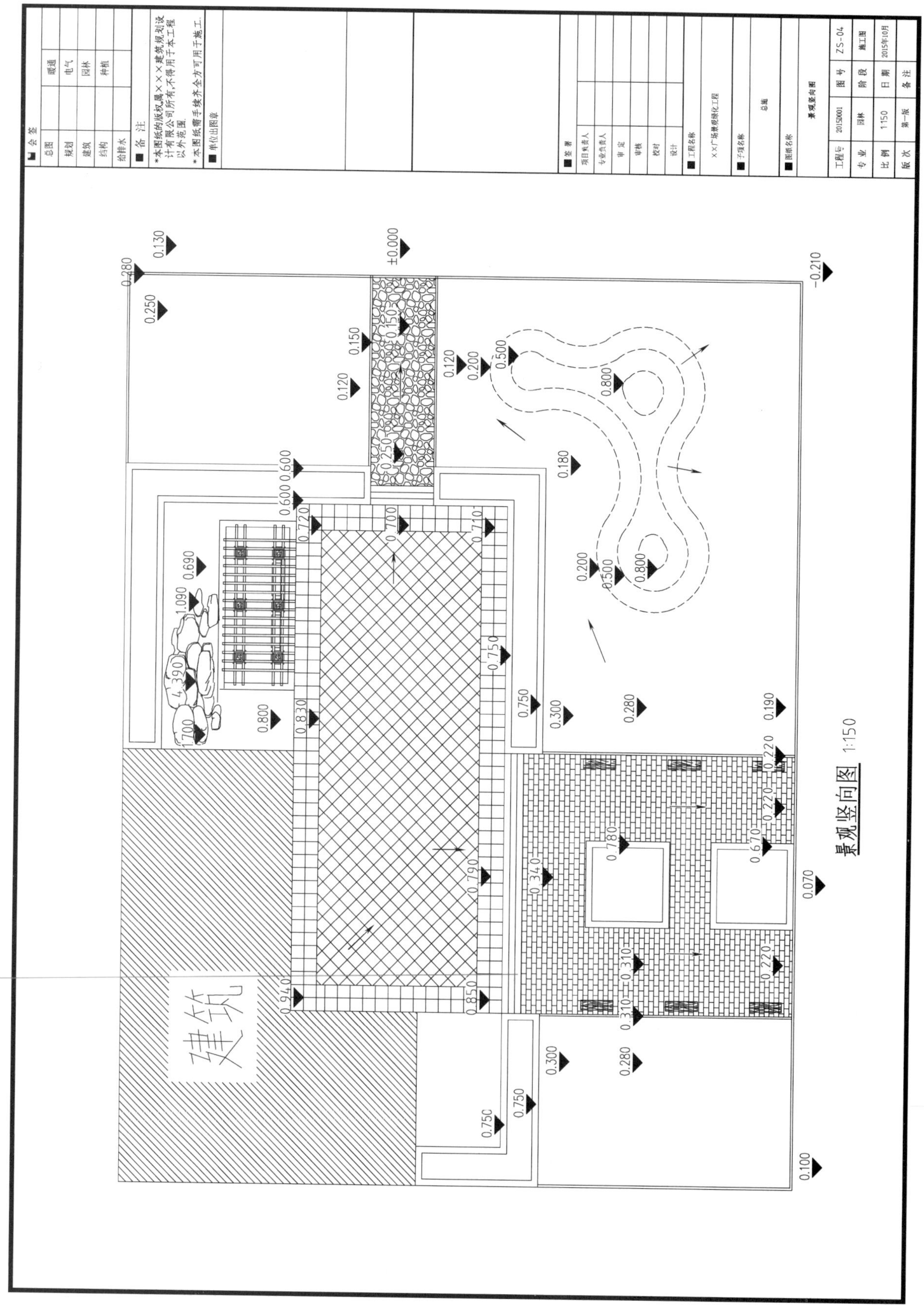

■ 会签

总图		暖通	
规划		电气	
建筑		园林	
结构		种植	
给排水			

■ 备注

*本图纸的版权属×××建筑规划设计有限公司所有,不得用于本工程以外范围.

*本图纸需手续齐全方可用于施工.

■ 单位出图章

■ 签署

项目负责人		
专业负责人		
审定		
审核		
校对		
设计		

■ 工程名称

××广场景观绿化工程

■ 子项名称

总施

■ 图纸名称

景观竖向图

工程号	2015D001	图号	ZS-04
专业	园林	阶段	施工图
比例	1:150	日期	2015年10月
版次	第一版	备注	

建筑

景观竖向图 1:150

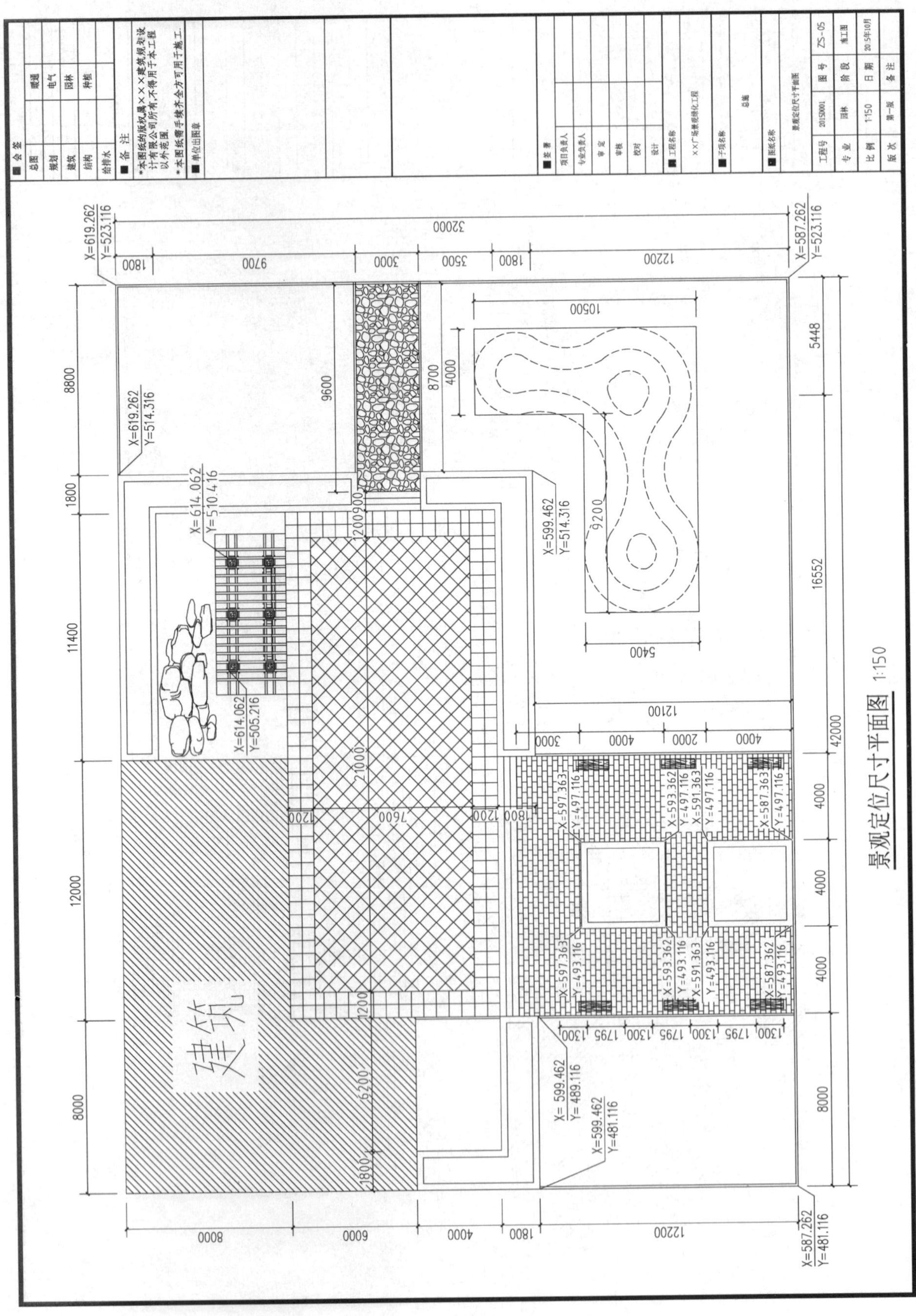

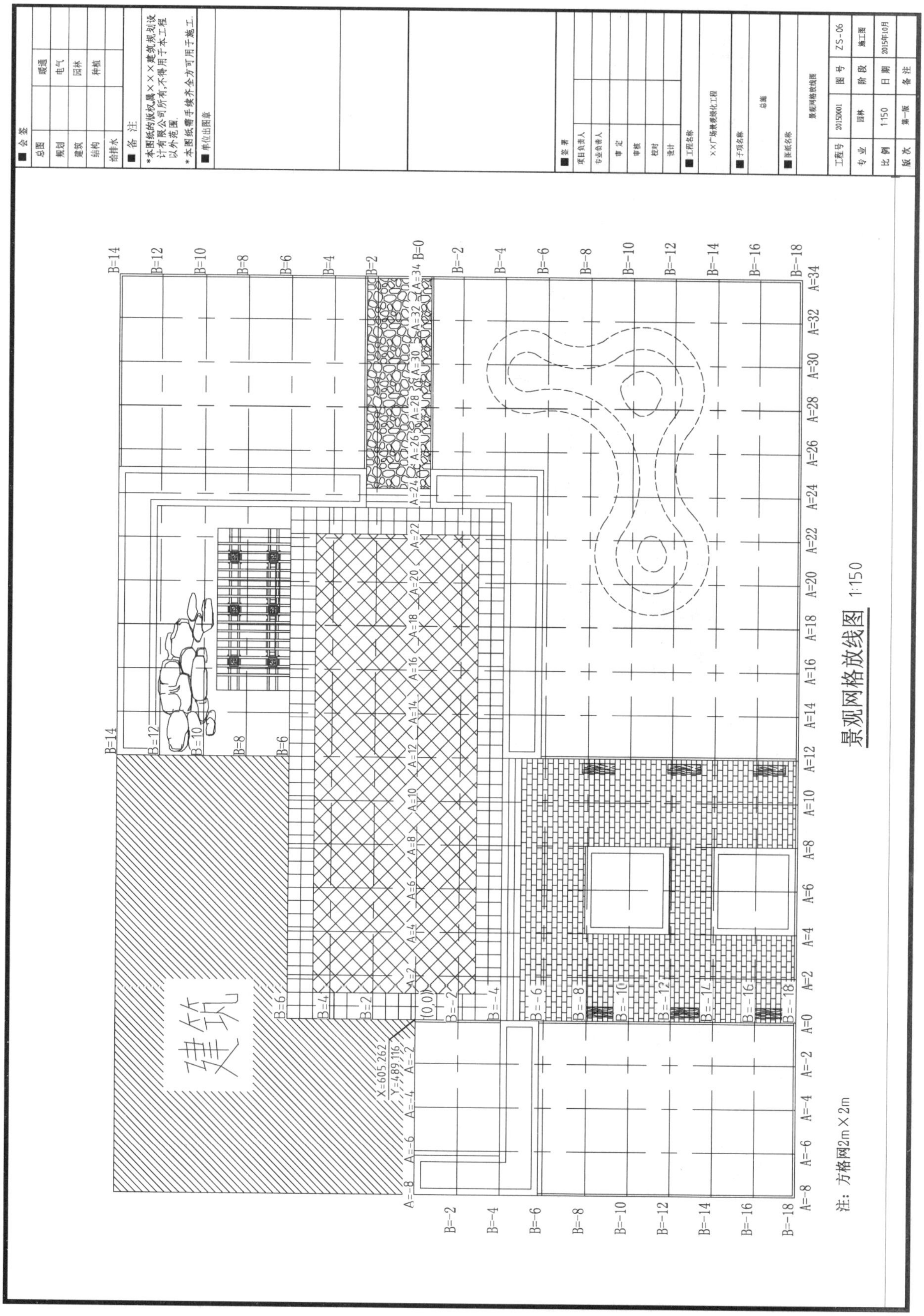

建筑

X=605.262
Y=489.116
(0,0)

A=-8 A=-6 A=-4 A=-2 A=0 A=2 A=4 A=6 A=8 A=10 A=12 A=14 A=16 A=18 A=20 A=22 A=24 A=26 A=28 A=30 A=32 A=34

B=14 B=12 B=10 B=8 B=6 B=4 B=2 B=0 B=-2 B=-4 B=-6 B=-8 B=-10 B=-12 B=-14 B=-16 B=-18

注：方格网2m×2m

景观网格放线图 1:150

■ 会签			
总图		暖通	
规划		电气	
建筑		园林	
结构		种植	
给排水			

■ 备 注

*本图纸的版权属×××建筑规划设计有限公司所有，不得用于本工程以外范围。

*本图纸需手续齐全方可用于施工。

■ 单位出图章

■ 签 署		
项目负责人		
专业负责人		
审 定		
审核		
校对		
设计		

■ 工程名称

××广场景观绿化工程

■ 子项名称

总施

■ 图纸名称

景观网格放线图

工程号	2015D001	图 号	ZS-06
专 业	园林	阶 段	施工图
比 例	1:150	日 期	2015年10月
版 次	第一版	备 注	

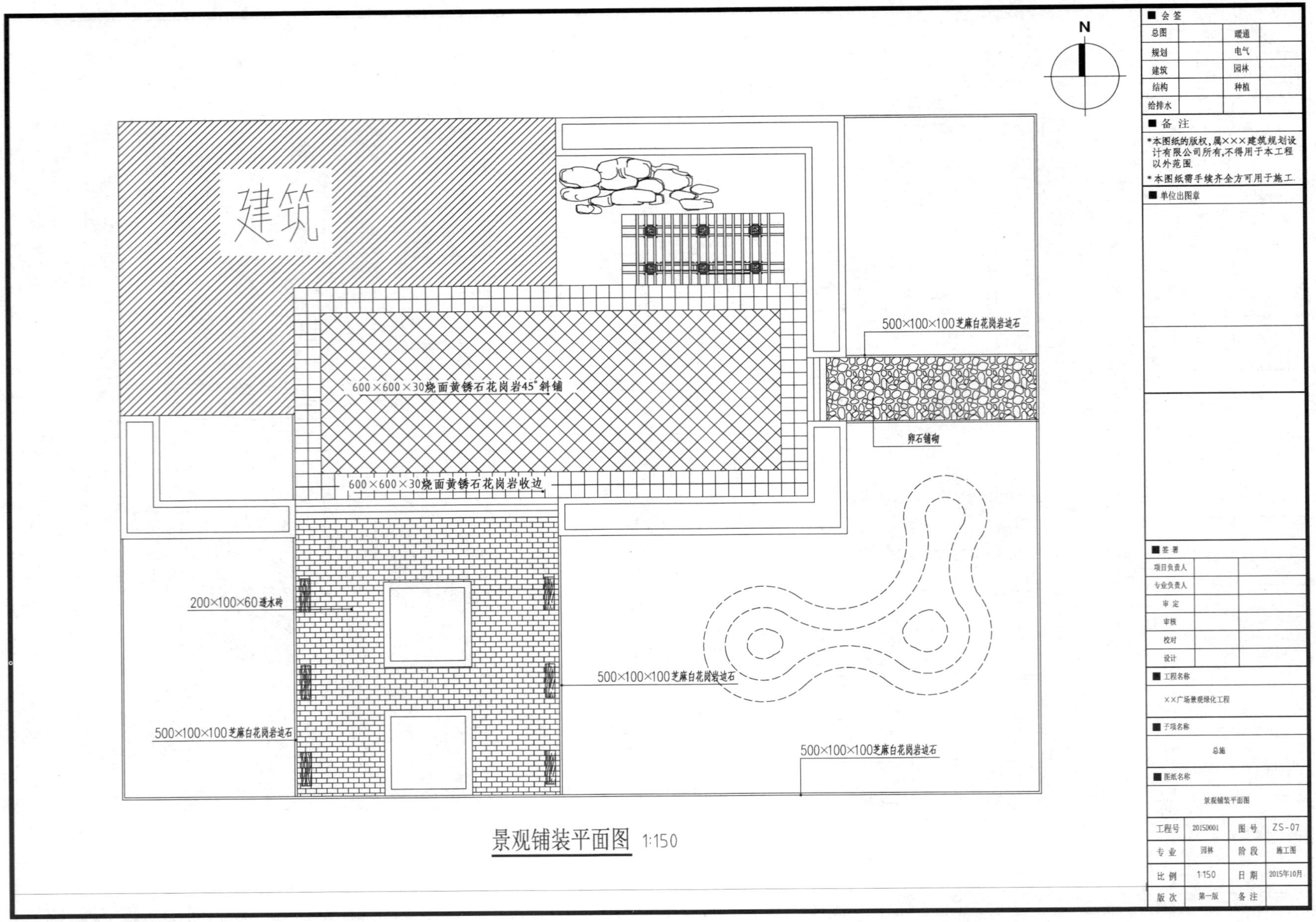
N
建筑
600×600×30烧面黄锈石花岗岩45°斜铺
600×600×30烧面黄锈石花岗岩收边
500×100×100芝麻白花岗岩边石
卵石铺砌
200×100×60透水砖
500×100×100芝麻白花岗岩边石
500×100×100芝麻白花岗岩边石
500×100×100芝麻白花岗岩边石
景观铺装平面图 1:150
■ 会签
总图
暖通
规划
电气
建筑
园林
结构
种植
给排水
■ 备 注
*本图纸的版权,属×××建筑规划设计有限公司所有,不得用于本工程以外范围.
*本图纸需手续齐全方可用于施工.
■ 单位出图章
■ 签 署
项目负责人
专业负责人
审 定
审核
校对
设计
■ 工程名称
××广场景观绿化工程
■ 子项名称
总施
■ 图纸名称
景观铺装平面图
工程号
2015D001
图 号
ZS-07
专 业
园林
阶 段
施工图
比 例
1:150
日 期
2015年10月
版 次
第一版
备 注

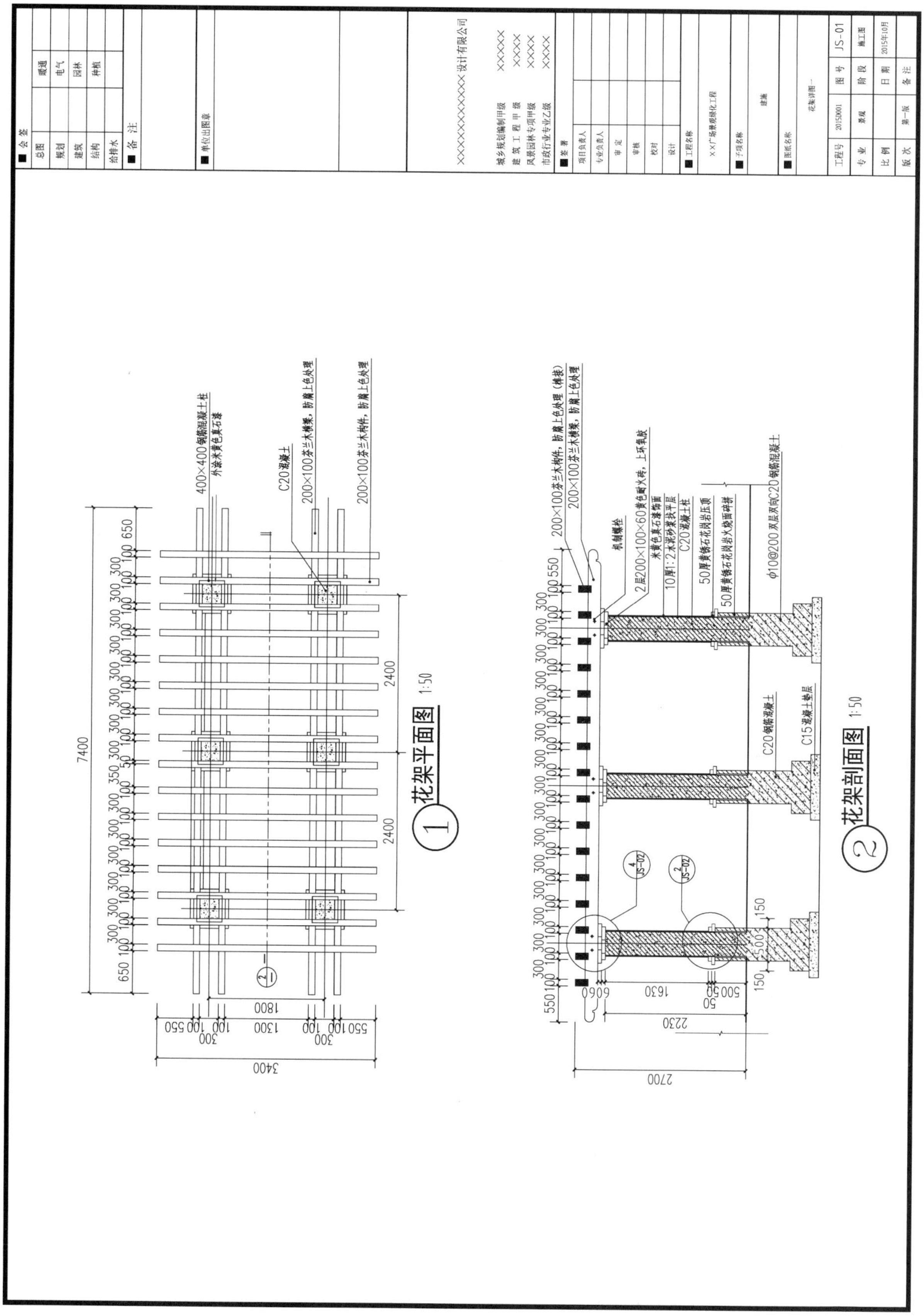

400×400钢筋混凝土柱
外涂米黄色真石漆
C20混凝土
200×100芬兰木横梁，防腐上色处理
200×100芬兰木构件，防腐上色处理

7400
650 100 300 100 300 100 300 100 300 100 300 100 300 100 350 50 300 100 300 100 300 100 300 100 300 100 300 100 300 100 300 100 650
3400
550 100 300 100 1800 1300 100 300 100 550
2400 2400

①花架平面图 1:50

200×100芬兰木构件，防腐上色处理（榫接）
200×100芬兰木横梁，防腐上色处理
机制螺栓
2层200×100×60黄色耐火砖，上环氧胶
米黄色真石漆饰面
10厚1:2水泥砂浆找平层
C20混凝土柱
50厚黄锈石花岗岩压顶
50厚黄锈石花岗岩火烧面碎拼
C20钢筋混凝土
φ10@200双层双向C20钢筋混凝土
C15混凝土垫层
4/JS-02
2/JS-02

550 100 300 100 300 100 300 100 300 100 300 100 300 100 300 100 300 100 300 100 300 100 300 100 300 100 300 100 300 100 300 100 550
2700
2230
60 60 1630 50 50 500
150 500 150

②花架剖面图 1:50

■ 会签

总图		暖通	
规划		电气	
建筑		园林	
结构		种植	
给排水			

■ 备 注

■ 单位出图章

××××××××××× 设计有限公司

城乡规划编制甲级	×××××
建筑工程甲级	××××
风景园林专项甲级	××××
市政行业专业乙级	××××

■ 签 署

项目负责人		
专业负责人		
审 定		
审核		
校对		
设计		

■ 工程名称
××广场景观绿化工程

■ 子项名称
建施

■ 图纸名称
花架详图一

工程号	2015D001	图 号	JS-01
专 业	景观	阶 段	施工图
比 例		日 期	2015年10月
版 次	第一版	备 注	

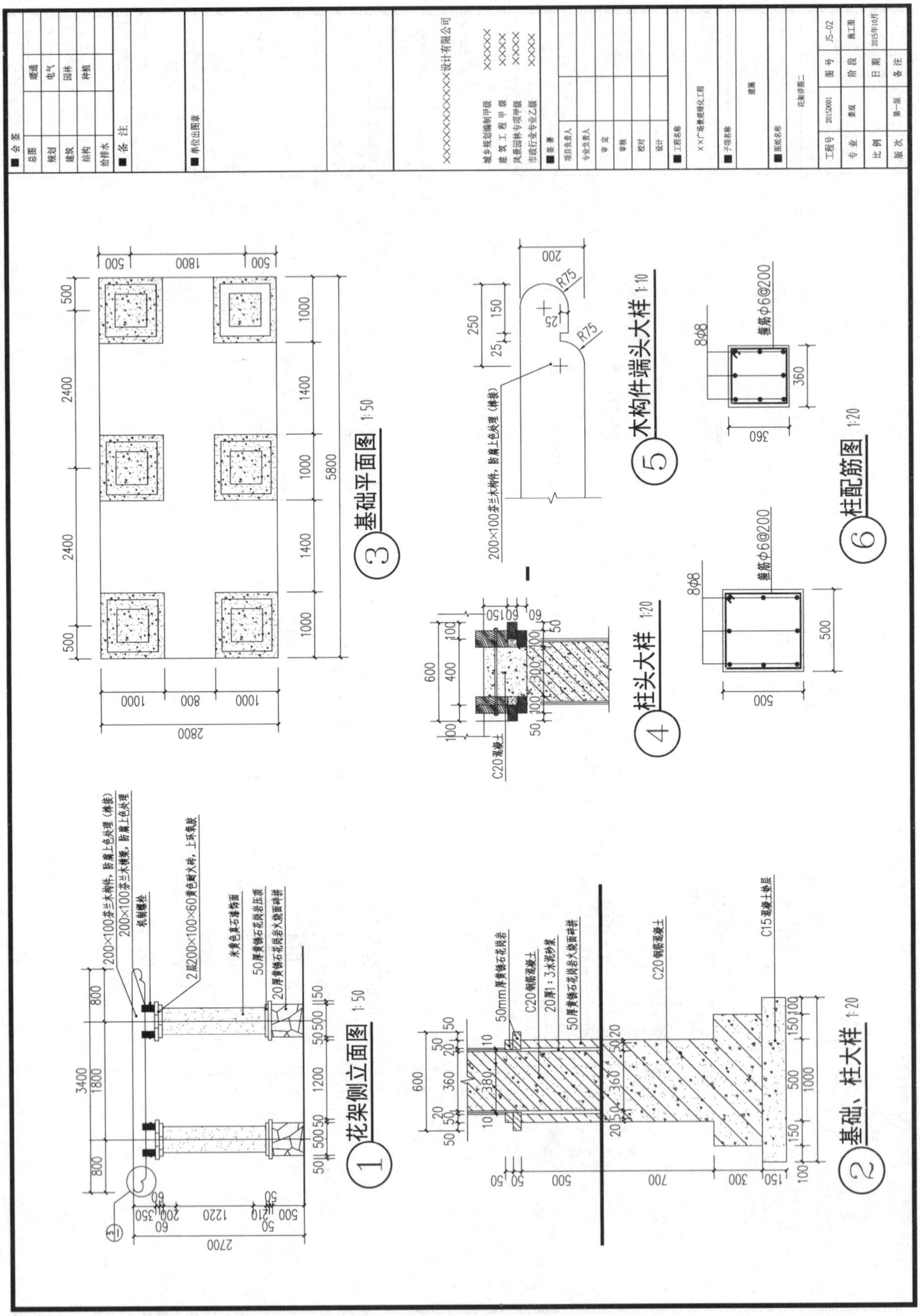

① 花架侧立面图 1:50

200×100芬兰木构件，防腐上色处理（榫接）
200×100芬兰木横梁，防腐上色处理
机制螺栓
2层200×100×60黄色耐火砖，上环氧胶
米黄色真石漆饰面
50厚黄锈石花岗岩压顶
20厚黄锈石花岗岩火烧面碎拼

3400　800　1800　800
2700　350　60　200　60　1220　210　50　50　500
50　500　50　1200　50　500　50

② 基础、柱大样 1:20

50mm厚黄锈石花岗岩
C20钢筋混凝土
20厚1:3水泥砂浆
50厚黄锈石花岗岩火烧面碎拼
C20钢筋混凝土
C15混凝土垫层

600　50　20　50　360　20　50　50　10　380　10
50　50　500　20　50　360　50　20　700　300　150　100
150　500　150　100　1000

③ 基础平面图 1:50

500　2400　2400　500
1000　800　1000　2800
500　1800　500
1000　1400　1000　1400　1000　5800

④ 柱头大样 1:20

C20混凝土
600　100　400　100
150　60　60
50　100　300　100　50

⑤ 木构件端头大样 1:10

200×100芬兰木构件，防腐上色处理（榫接）
250　25　150　200　25　R75　R75

⑥ 柱配筋图 1:20

8ϕ8　箍筋ϕ6@200　500　500
8ϕ8　箍筋ϕ6@200　360　360

■ 会签			
总图		暖通	
规划		电气	
建筑		园林	
结构		种植	
给排水			

■ 备 注

■ 单位出图章

××××××××××××设计有限公司

城乡规划编制甲级	×××××
建 筑 工 程 甲 级	××××
风景园林专项甲级	××××
市政行业专业乙级	××××

■ 签 署

项目负责人		
专业负责人		
审 定		
审核		
校对		
设计		

■ 工程名称

××广场景观绿化工程

■ 子项名称

建施

■ 图纸名称

花架详图二

工程号	2015D001	图 号	JS-02
专 业	景观	阶 段	施工图
比 例		日 期	2015年10月
版 次	第一版	备 注	

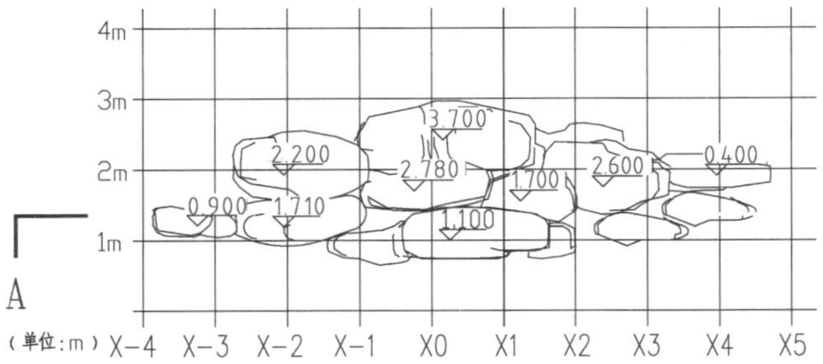

① 假山示意平面图 1:100

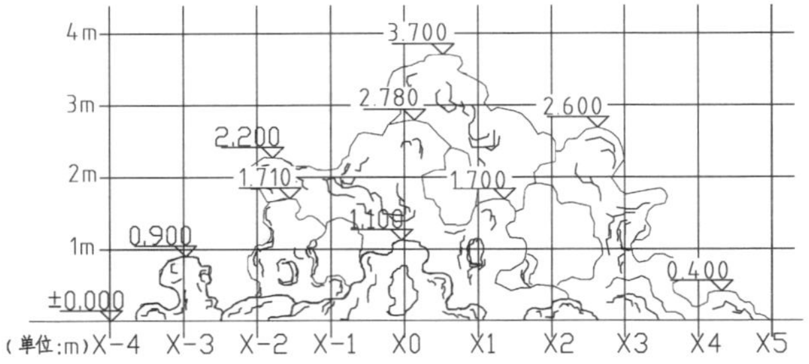

② 假山示意正立面图 1:100

③ 假山基础平面图 1:100

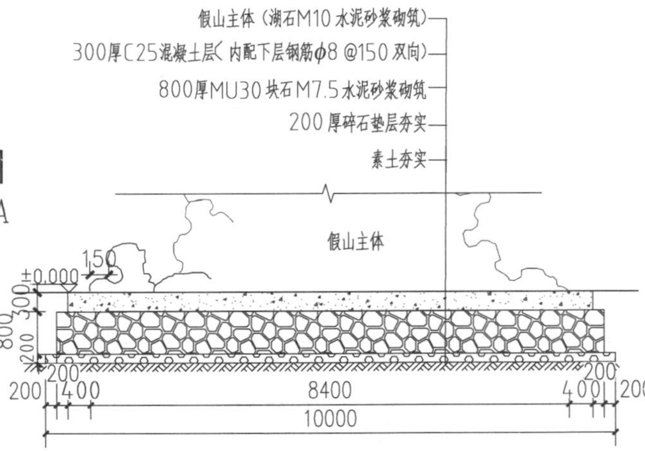

④ A-A假山基础剖面图 1:100

说明：

1. 本工程±0.000标高为相对高程。本图中除标高以米计外，其余均以毫米计。
2. 本设计假山最终外形按实际结果。在施工过程中如遇到问题请及时与相关设计人员联系。
3. 采用浆砌块石基础时，石料应坚硬、不宜风化，块体尺寸控制在180~400mm之间。
4. 假山施工必须结合其专业施工工艺。
5. 本设计未详尽之处应严格按现行有关建筑结构设计规范执行。

■ 会签

总图		暖通	
规划		电气	
建筑		园林	
结构		种植	
给排水			

■ 备 注

■ 单位出图章

××××××××××××设计有限公司

城乡规划编制甲级	×××××
建 筑 工 程 甲 级	××××
风景园林专项甲级	××××
市政行业专业乙级	××××

■ 签 署

项目负责人	
专业负责人	
审 定	
审核	
校对	
设计	

■ 工程名称

××广场景观绿化工程

■ 子项名称

建筑

■ 图纸名称

假山详图

工程号	2015D06	图 号	JS-03
专 业	景观	阶 段	施工图
比 例	1:100	日 期	2015年07月
版 次	第一版	备 注	

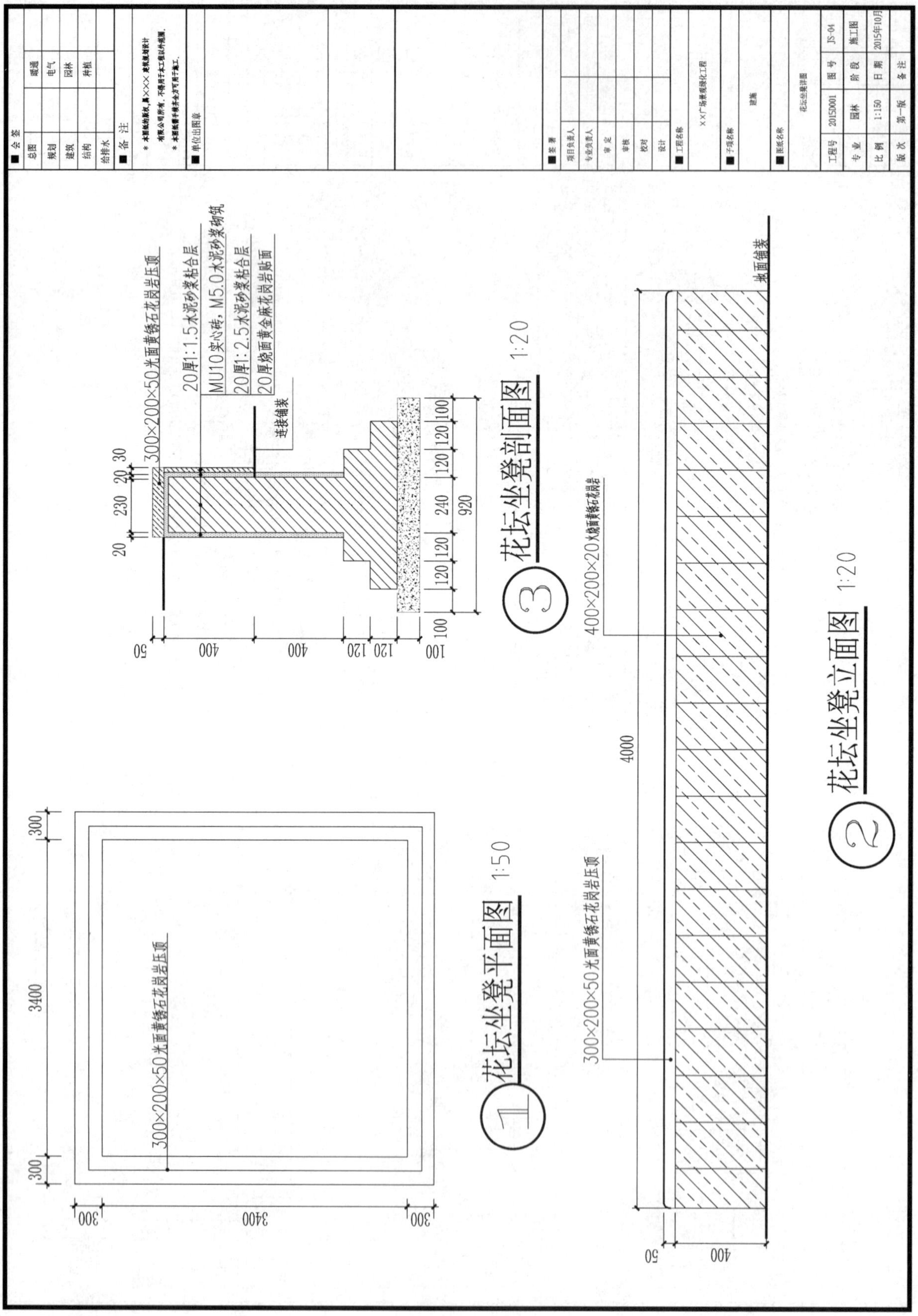

300 3400 300

300×200×50光面黄锈石花岗岩压顶

①花坛坐凳平面图 1:50

20 230 20 30

300×200×50光面黄锈石花岗岩压顶

20厚1:1.5水泥砂浆粘合层

MU10实心砖，M5.0水泥砂浆砌筑

20厚1:2.5水泥砂浆粘合层

20厚烧面黄金麻花岗岩贴面

连接铺装

50 400 400 120 120 100

100 120 120 240 120 120 100

920

③花坛坐凳剖面图 1:20

300×200×50光面黄锈石花岗岩压顶

400×200×20火烧面黄锈石花岗岩

4000

50 400

地面铺装

②花坛坐凳立面图 1:20

■ 会签

总图		暖通	
规划		电气	
建筑		园林	
结构		种植	
给排水			

■ 备注

* 本图纸的版权，属×××建筑规划设计有限公司所有，不得用于本工程以外范围。
* 本图纸需手续齐全方可用于施工。

■ 单位出图章

■ 签署

项目负责人	
专业负责人	
审定	
审核	
校对	
设计	

■ 工程名称

××广场景观绿化工程

■ 子项名称

建施

■ 图纸名称

花坛坐凳详图

工程号	2015D001	图号	JS-04
专业	园林	阶段	施工图
比例	1:150	日期	2015年10月
版次	第一版	备注	

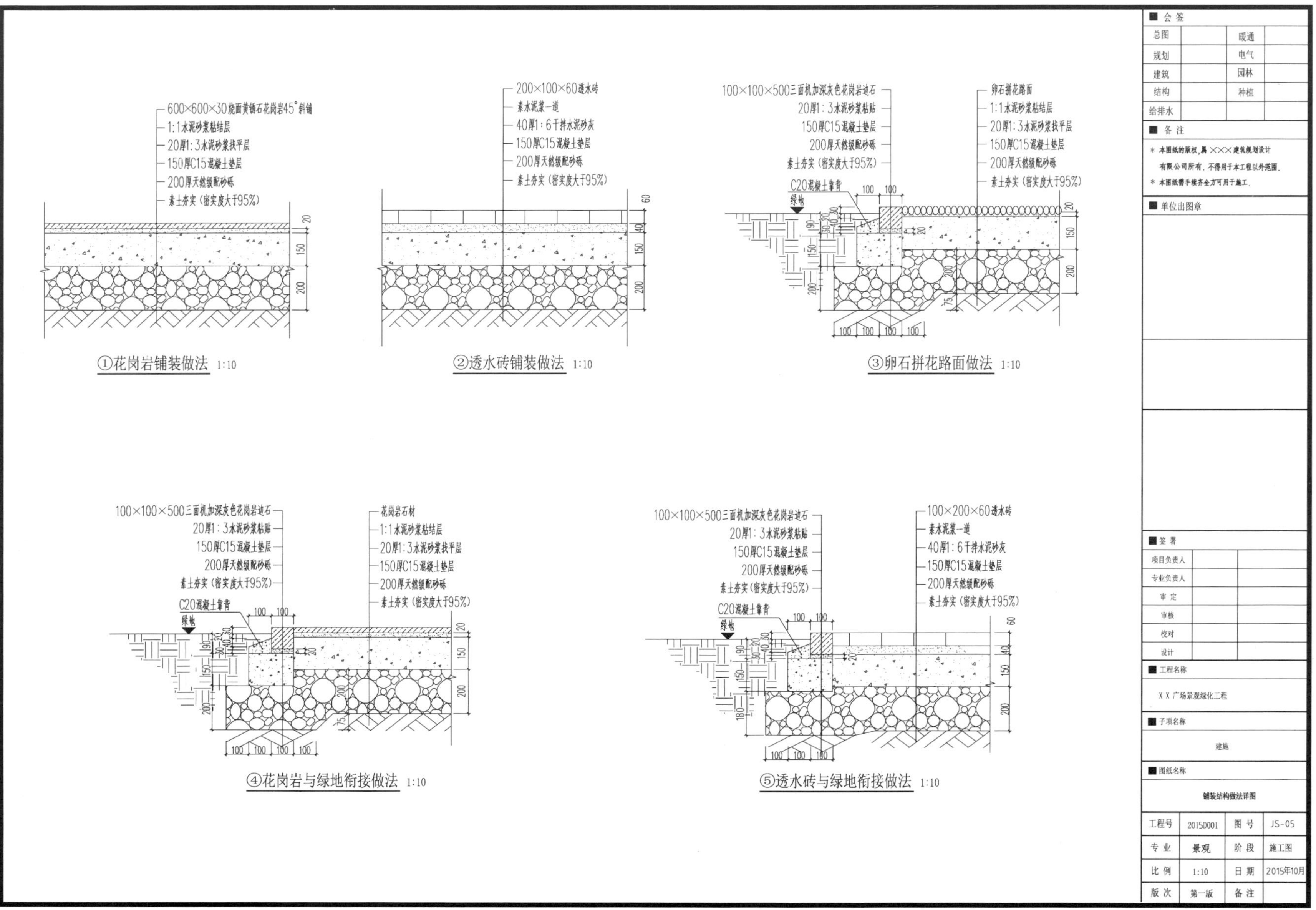
600×600×30烧面黄锈石花岗岩45°斜铺
1:1水泥砂浆粘结层
20厚1:3水泥砂浆找平层
150厚C15混凝土垫层
200厚天然级配砂砾
素土夯实（密实度大于95%）
①花岗岩铺装做法 1:10
200×100×60透水砖
素水泥浆一道
40厚1:6干拌水泥砂灰
150厚C15混凝土垫层
200厚天然级配砂砾
素土夯实（密实度大于95%）
②透水砖铺装做法 1:10
100×100×500三面机加深灰色花岗岩边石
20厚1:3水泥砂浆粘贴
150厚C15混凝土垫层
200厚天然级配砂砾
素土夯实（密实度大于95%）
C20混凝土靠背
绿地
卵石拼花路面
1:1水泥砂浆粘结层
20厚1:3水泥砂浆找平层
150厚C15混凝土垫层
200厚天然级配砂砾
素土夯实（密实度大于95%）
③卵石拼花路面做法 1:10
100×100×500三面机加深灰色花岗岩边石
20厚1:3水泥砂浆粘贴
150厚C15混凝土垫层
200厚天然级配砂砾
素土夯实（密实度大于95%）
C20混凝土靠背
绿地
花岗岩石材
1:1水泥砂浆粘结层
20厚1:3水泥砂浆找平层
150厚C15混凝土垫层
200厚天然级配砂砾
素土夯实（密实度大于95%）
④花岗岩与绿地衔接做法 1:10
100×100×500三面机加深灰色花岗岩边石
20厚1:3水泥砂浆粘贴
150厚C15混凝土垫层
200厚天然级配砂砾
素土夯实（密实度大于95%）
C20混凝土靠背
绿地
100×200×60透水砖
素水泥浆一道
40厚1:6干拌水泥砂灰
150厚C15混凝土垫层
200厚天然级配砂砾
素土夯实（密实度大于95%）
⑤透水砖与绿地衔接做法 1:10
会签
总图 暖通
规划 电气
建筑 园林
结构 种植
给排水
备注
* 本图纸的版权，属×××建筑规划设计有限公司所有，不得用于本工程以外范围。
* 本图纸需手续齐全方可用于施工。
单位出图章
签署
项目负责人
专业负责人
审定
审核
校对
设计
工程名称
XX广场景观绿化工程
子项名称
建施
图纸名称
铺装结构做法详图
工程号 2015D001 图号 JS-05
专业 景观 阶段 施工图
比例 1:10 日期 2015年10月
版次 第一版 备注

绿化设计说明

一、工程名称

××广场绿化工程

二、设计依据

见工程设计总说明

三、执行标准

见工程设计总说明

四、植物配置说明

植物配置采取规则式与自然式相结合的混合式手法。采用统一性为主，兼顾多样性。

五、树木栽植施工技术规范及要求

1. 绿化地的平整、构筑与清理

按城市园林绿化规范规定在10cm以上，30cm以内平整绿化地面至设计坡度要求，平面绿化地平整坡度控制在2.5%～3%坡度。根据实际的线形与标高构筑微地形，0.02≤i≤0.1，确保水能排到指定的蓄水池。同时清除现场碎石及杂草杂物。

2. 土壤要求

2.1施工方应对现场使用的种植土进行土壤检测。施工前应将检测结果及改良方案提交甲方和景观设计师认可，得到书面确认后方可施工。

2.2甲方有权对土壤进行重新检测，测试结果未满足要求，由施工方支付检测费，并返工至达标为止。

2.3土壤应疏松湿润，排水良好，pH=5~7，含有机质的肥沃土壤，禁用强酸碱，盐土、重黏土、沙土等。

2.4对草坪，花卉种植地应施基肥，翻耕25~30cm，搂平耙细，去除杂物，平整度和坡度符合设计要求。确定基肥。建议依实选用以下基肥施用，施前须经业主和景观设计师认可。

2.5植物生长最低种植土层厚度应符合表1规定。

表1　植物生长最低种植土层厚度						
植被类型	深根乔木	浅根乔木	大灌木	小灌木	草坪地被	草本花卉
土层厚度(cm)	150	90	60	45	30	30

3. 树穴要求

3.1树穴应符合设计要求，位置要准确。

3.2土层干燥地区应在种植前浸树穴。

3.3树穴应根据苗木根系，土球直径和土壤情况而定，树穴应垂直下挖，上口下底规格应符合设计要求及相关的规范。

4. 基肥

要求施工种植前必须依实施足基肥，弥补绿地瘠薄对植物生长的不良影响，以使绿化尽快见效。必须依据当地园林施工要求确定基肥。

5. 苗木要求

5.1严格按苗木规格购苗，应选择枝干健壮，形体优美的苗木，苗木移植尽量减少截枝量，严禁出现没枝的单干苗木，乔木的分枝点应不少于四个，树型特殊的树种，分枝必须有4层以上。

5.2规则式种植的乔灌木，如车行道旁列植乔木等，苗木其相邻同种苗木的高度要求相差不超过50cm，干径差不超过1cm。

5.3丛植或群式种植的乔灌木，同种或不同种苗木都应高低错落，充分体现自然生长的特点。植后同种苗木高度相差30cm左右。

5.4孤植树应选种树形姿态优美、造型奇特、冠形圆整耐看的优质苗木。

5.5整形装饰篱木规格大小应一致，修剪整形的观赏面应为圆滑曲线弧形，起伏有致。

5.6分层种植的灌木花带边缘轮廓线上种植密度应大于规定密度，平面线形流畅，外缘成弧形，高低层次分明，且与周边点种植物高差不少于300mm。

5.7具体苗木品种规格见植物表。

6. 定点放线

按施工平面图所标尺寸定点放线，如图中未标明尺寸的种植，按图比例依实放线定点，要求定点放线准确，符合设计要求。

7. 种植

按园林绿化常规方法施工，要求基肥应与碎土充分混匀。成列的乔木应按苗木的自然高度依次排列；点植的花草树木应自然种植，高低错落有致。种植土应击碎分层捣实，最后起土围并淋足定根水。草坪区的树木需保留一个直径900mm的树圈。

8. 修剪造型

花草树木种植后，因种植前修剪主要是为运输减少水分损失和保证植物成活率等而进行的，种植后应考虑植物造型，重新进行修剪造型，使花草树木种植后初始冠型能有利于将来形成优美冠型，达到理想绿化景观。

9. 种植时间

以上规范均适用于正常植树季节施工，若在非植树季节进行栽植工程，需采取相应技术措施（如带土球、叶面喷雾、加设遮阴网、叶面喷洒化学药剂等）。

10. 苗木的挖掘、包装应符合现行标准《城市绿化和园林绿地用植物材料　木本苗》(CJ/T 24—1999)的规定。苗木的运输、栽植、后期养护管理及其他未尽事宜皆参照以上规范进行施工。

11. 设计按现场平整为标准，如发生土方倒运及客土改良，以现场监理签证量为准。

12. 现场乔木种植点按照实际地下电缆铺设地点进行调整，乔木中心点距离电缆最小距离为1.0m。

13. 挖种植穴、槽必须垂直下挖，上口下底相等，规格符合表2～表5的规定。

表2　常绿乔木类种植穴规格(cm)			
树高	土球直径	种植穴深度	种植穴直径
150	40~50	50~60	80~90
150~250	70~80	80~90	100~110
250~400	80~100	90~110	120~130
400以上	140以上	120以上	180以上

表3　绿篱类种植槽规格(cm)		
种植方式 / 深×高 / 苗高	单行	双行
50~80	40x40	40x60
100~120	50x50	50x70
120~150	60x60	60x80

表4　落叶乔木类种植穴规格(cm)					
胸径	种植穴深度	种植穴直径	胸径	种植穴深度	种植穴直径
2~3	30~40	40~60	5~6	60~70	80~90
3~4	40~50	60~70	6~8	70~80	90~100
4~5	50~60	70~80	8~10	80~90	100~110

表5　花灌木类种植穴规格(cm)		
冠径	种植穴深度	种植穴直径
200	70~90	90~100
100	60~70	70~90

表6　土球规格(cm)			
胸径	土球直径	土球高度	留底直径
10~12	胸径8~10倍	60~70	土球直径的1/3
13~15	胸径7~10倍	70~80	

14. 种植胸径5cm以上的乔木，应设支柱固定。支柱应牢固，绑扎树木处应夹垫物，绑扎后的树干应保持直立。

15. 攀援植物种植后，应根据植物生长需要，进行绑扎或牵引。线形种植至少保证300cm宽。

16. 大树移植，必须按树木胸径的7～9倍挖掘土球或方形土台装箱。土球规格参考表1－6。

17. 大树移植后，两年内应配备专职技术人员做好修剪、剥芽、喷雾、叶面施肥、浇水、排水、设置风障、荫棚、包裹树干、防寒和病虫害防治等一系列养护管理工作，在确认大树成活后，方可进入正常养护管理。

18. 草坪、花坛的种植土下部应铺设5~10cm厚粗砂滤层，防止积水。

19. 特殊土质地质条件下，需进行土质、地质化验，提交化验单。

六、植物种植定位要求

1. 树木与地下管线外缘的最小水平距离宜符合表7的规定，行道树绿带下方不得敷设管线。

2. 绿化树木与其他设施的最小水平距离宜符合表8的规定。

表7　树木与地下管线外缘最小水平距离		
管线名称	距乔木中心距离（m）	距灌木中心距离（m）
电力电缆	1.0	1.0
电信电缆（直埋）	1.0	1.0
电信电缆（管道）	1.5	1.0
给水管道	1.5	—
雨水管道	1.5	—
污水管道	1.5	—
燃气管道	1.2	1.2
热力管道	1.5	1.5
排水盲沟	1.0	—

表8　树木与其他设施最小水平距离		
设施名称	至乔木中心距离（m）	至灌木中心距离（m）
低于2m的围墙	1.0	—
挡土墙	1.0	—
路灯杆柱	2.0	—
电力、电信杆柱	1.5	—
消防龙头	1.5	2.0
测量水准点	2.0	2.0

■ 会签 Joint Check up

总图		暖通	
规划		电气	
建筑		园林	
结构		种植	
给排水			

■ 备注 Notes

* 本图纸的版权，属华诚博远（北京）建筑规划设计有限公司所有，不得用于本工程以外范围。
* 本图纸需手续齐全方可用于施工。

■ 单位出图章 Company Seal

签署		
项目负责人		
专业负责人		
审定		
审核		
校对		
设计		

工程名称

××广场景观绿化工程

子项名称

绿施

图纸名称

绿化设计说明

工程号	2015D001	图号	LS-01
专业	园林	阶段	施工图
比例		日期	2015年10月
版次	第一版	备注	

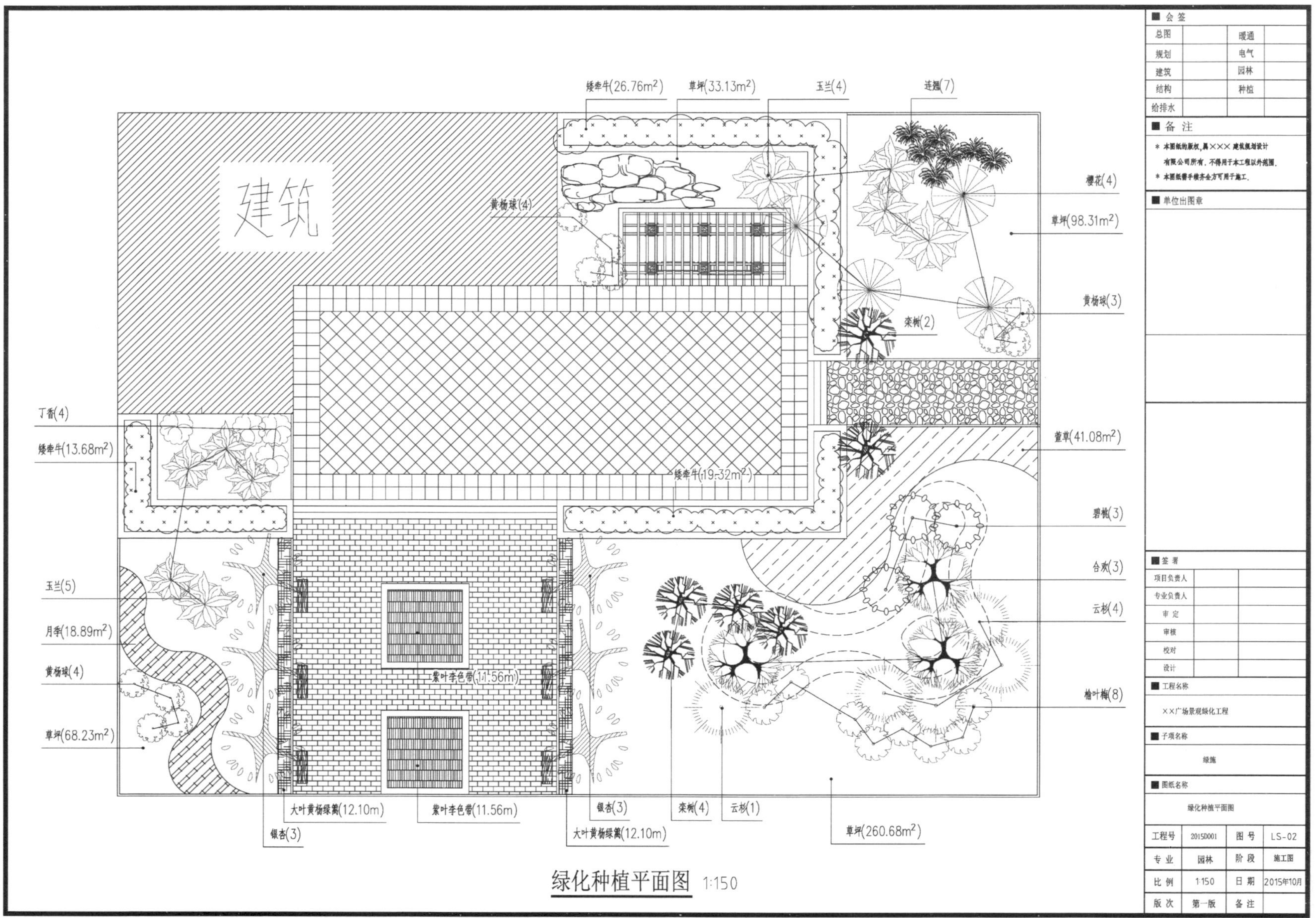

绿化种植平面图 1:150

植物材料表

序号	图例	苗木名称	数量	单位	规格				备注
					地径	胸径	冠幅	高度	
1		乔木							
2		银杏	6	株		10~12cm	3.5~4.0m	7.0~8.0m	冠形丰满，不修剪
3		樱花	4	株		6~8cm	2.5~3.0m	3.0~3.5m	冠形丰满，轻剪，保留原有树形
4		栾树	6	株		10~12cm	3.5~4.0m	5.0~6.0m	冠形丰满，轻剪，保留原有树形
5		合欢	3	株		10~12cm	3.5~4.0m	5.0~6.0m	冠形丰满，轻剪，保留原有树形
6		玉兰	9	株		8~10cm	2.5~3.0m	4.0~5.0m	冠形丰满，轻剪，保留原有树形
7		碧桃	3	株	4-6cm		1.5~2.0m	2.5~3.0m	冠形丰满，轻剪，保留原有树形
8		云杉	5	株			2.0~3.0m	4.5~5.5m	冠形丰满，轻剪，保留原有树形
9		灌木							
10		丁香	4	株			1.2~1.5m	1.5~1.8m	每株15~20分枝
11		连翘	7	株			1.2~1.5m	1.5~1.8m	每株15~20分枝
12		榆叶梅	8	株			1.2~1.5m	1.5~1.8m	每株15~20分枝
13		黄杨球	11	株			1.0~1.2m	1.0~1.2m	球形
14		地被植物							
15		紫叶李色带	23.12	m^2			0.2~0.3m	0.6m	16株/m^2
16		大叶黄杨篱	24.20	m				0.8m	25株/m，双行0.6m宽
17		月季	18.89	m^2					9株/m^2
18		矮牵牛	59.76	m^2					5芽/株，36株/m^2
19		萱草	41.08	m^2					5芽/株，25株/m^2
20		草坪	484.75	m^2					
21									

■ 会签

总图		暖通	
规划		电气	
建筑		园林	
结构		种植	
给排水			

■ 备注

＊本图纸的版权，属×××建筑规划设计有限公司所有，不得用于本工程以外范围。

＊本图纸需手续齐全方可用于施工。

■ 单位出图章

■ 签署

项目负责人	
专业负责人	
审定	
审核	
校对	
设计	

■ 工程名称

××广场景观绿化工程

■ 子项名称

绿施

■ 图纸名称

植物材料表

工程号	2015D001	图号	LS-03
专业	园林	阶段	施工图
比例		日期	2015年10月
版次	第一版	备注	

参考文献

[1] 中华人民共和国住房和城乡建设部. 建设工程工程量清单计价规范 GB 50500—2013 [S]. 北京：中国计划出版社. 2013.

[2] 中华人民共和国住房和城乡建设部. 园林绿化工程工程量计算规范 GB 50858—2013 [S]. 北京：中国计划出版社. 2013.

[3] 全国造价工程师执业资格考试培训教材编审委员会. 建设工程计价 [M]. 6 版. 北京：中国计划出版社，2013.

[4] 吴小青. 园林工程识图与预算精解 [M]. 北京：化学工业出版社. 2014.

[5] 李丹雪，于立宝，陶良如. 园林工程招投标与预决算 [M]. 武汉：华中科技大学出版社. 2014.

[6] 吴立威，周业生. 园林工程招投标与预决算 [M]. 北京：科学出版社. 2010.

[7] 吴立威. 园林工程招投标与预决算 [M]. 北京：高等教育出版社. 2005.

[8] 史静宇. 园林工程造价与招投标 [M]. 北京：化学工业出版社. 2014.

[9] 张建新. 园林工程造价员速学手册 [M]. 北京：知识产权出版社. 2011.

[10] 黄凯，郑强. 园林工程招投标概预算 [M]. 重庆：重庆大学出版社. 2011.

[11] 陈科东. 园林工程 [M]. 北京：高等教育出版社，2014.

[12] 张舟. 园林景观工程工程量清单计价编制实例与技巧 [M]. 北京：中国建筑工业出版社，2005.

[13] 谢洪学. 工程造价基础知识 [M]. 北京：中国计划出版社，2005.

[14] 危道军. 招投标与合同管理实务 [M]. 2 版. 北京：高等教育出版社，2009.

[15] 邹庆梁，杨南方，王世超. 建筑工程造价管理 [M]. 北京：中国建筑工业出版社，2005.